A Hunter-Gatherer's Guide to the 21st Century

Evolution and the Challenges of Modern Life

21世紀狩獵採集者的
生存指南

讓
演化生物學
為你的人生
效力

Heather Heying & Bret Weinstein

希瑟・赫因、布萊特・韋恩斯坦 ——著　鄧子衿 ——譯

目次

推薦文　新世紀狩獵採集者教戰守則　黃貞祥　009

推薦文　追求成長是生物天性，為何只有人類會造成問題？　王弘毅　013

引　言　021

第一章　人類的生態區位　031

其他生物無法打破生態區位間的界限，但人類可以。我們同時也打破了個體間的界限。從生態區位的角度來看，人類是通才物種，其中又包含許多專家個體。正是人與人之間的聯繫，讓我們超越了個人能力的限制，既能專注在自己的專長上，又可以依靠他人的專業來維持生活。

第八章　親職與伴侶關係

一夫一妻制擴大了愛的範圍，從母子之愛，擴大到夫妻之愛，通常還擴及父子之愛。一夫一妻制也可以促進友誼。配對連結也讓有效的勞動分工得以出現。在單親系統中，單親（通常是母親）必須做所有事情；配對連結讓她的工作量減少一半。

189

第九章　童年

在「詭異」社會中，父母不僅關注孩子，還關注容易記錄並傳達給他人的指標，例如孩子第一次微笑、第一次說話，或是跨出第一步的時間。掌握這些指標，我們就認為那些時間點不僅衡量了孩子的健康狀況，也衡量了孩子的未來能力。我們相信達到標準就代表健康和進步，這觀念助長現代人對於風險的恐懼。

217

第十章　學校

利用恐懼讓兒童坐得整整齊齊、眼睛朝前、閉上嘴巴，每天除了幾個預定時刻外根本不運動身體，這樣長大後，就更難調節自己的身體和感官，也難以相信自己有能力做決定，並在成年後可能仍持續生活在類似的受控制環境中，總是需要預先警告和安全空間等措施。

243

通過儀式是代表轉變的有效標誌。但在「詭異世界」的人幾乎不進行通過儀式，就算有也往往少了儀式感，導致我們忘了成年的特徵。在過往歷史中，成年人是知道如何餵飽自己、成為群體中具生產力的一分子，同時能進行批判性思考的人。但這些知識不因年紀增長就自然出現，而是必須費力掙扎才能獲得的。

當祖先的智慧耗盡時，人類會匯集不同的經驗和專業知識，去找出打開生路的新方式。確定祖先的智慧何時會在特定領域中耗盡並不容易，堅守傳統到底的人和想要打破傳統並嘗試新方法的人之間總是關係緊張。所有運作良好的系統都需要能夠接納兩者——同時倡導文化和意識、正統和異端、神聖和巫術。

以為成長就像是個東西，只要追逐就能抓到，是愚蠢的行為。期望能夠永久成長在許多方面來說，與追求永久的幸福很相似，都是通往龐大痛苦的道路。我們執著於成長及其創造出的經濟思維，催生了一個以生產率為基準的社會，文明的健康狀況是依據商品和服務的產出量來評估，人們認為消費越多越好。

推薦文

新世紀狩獵採集者教戰守則

黃貞祥（清華大學生命科學系副教授）

您是否也感覺到，成為一個好人並不簡單？

這個問題遠超越了人際關係中的挑戰。在當今社會，我們常常對於健康、飲食、睡眠等基本生活方面感到迷茫，不確定什麼才是「正確」的做法。

我在課堂上經常被學生問及如何過一個健康的生活。在回答之前，我總是先設置一個前提，告訴他們答案可能比他們想像的要簡單。然而，當提到「多運動、充足睡眠、飲食均衡」這些基本原則時，學生們往往顯得半信半疑，似乎他們更期待一個來自生物科技的革命性解決方案。但當我追問他們是否真的知道如何培養良好的運動、睡眠和飲食習慣時，他們就顯得面有難色了。

實際上，即便是我自己，也不能肯定地說我知道如何在這個現代化的社會中過上一個身心全面健康的生活。畢竟，自從我們的祖先與黑猩猩在四百萬年前分道揚鑣以來，工業化社會的歷史不過才百來年左右，而我們的身心狀態在很多時候似乎還停留在幾千甚至幾萬年前。面對現代生活與我們的身體及心理的不匹配，引發了五花八門的問題，為什麼我們不嘗試順水推舟，讓自己在這個現代社會中過得更加舒適呢？

這正是《21世紀狩獵採集者的生存指南：讓演化生物學為你的人生效力》（*A Hunter-Gatherer's Guide to the 21st Century: Evolution and the Challenges of Modern Life*）一書所要探討的。這本書由演化生物學家夫婦希瑟・赫因（Heather Heying）和布萊特・韋恩斯坦（Bret Weinstein）共同撰寫，深入分析了現代人類面臨的難題，並提供了一個演化生物學的視角來理解這些挑戰。他們提出了一系列基於演化原則的自助建議，目的是幫助解決我們石器時代的大腦與現代高科技社會之間存在的不匹配問題。

在《21世紀狩獵採集者的生存指南》中，所指的現代文明社會特指在所謂「詭異」（WEIRD）國家內，即那些教育水準較高、擁有工業化經濟基礎、通常較為富裕且實行民主制度的西方國家（亞洲富裕的國家如新加坡、日本、韓國、台灣，某個程度上也越來越像「詭異」國家）。在這些「詭異」國家裡，人們經常面臨不健康的飲食習慣、過度用藥、以及在育兒和教育方法上的諸多誤區。

赫因和韋恩斯坦採用跨學科的分析方法，巧妙總結了生物學、自然史和演化的基本知識，並透過動物界的生動例子，來闡述演化生物學的理論與現代科學的研究成果，為身心健康、教育、社會和環境問題提供實際的建議。他們的豐富經驗和獨到見解，也為我們開闢了新的視野，並提供了一套適應二十一世紀生活的策略和指引，激勵我們在面對現代社會挑戰時展現出更多智慧和適應力。

赫因和韋恩斯坦主張，透過深入瞭解和尊重人類的演化過程，我們能夠針對當下社會的各項挑戰找到解決之道。在考量當代社會的眾多問題時，他們提出了一個關鍵問題：在這些挑戰面前，哪些人類的固有特性應當被我們更加重視？他們認為，那些在人類演化和文化歷史中根深蒂固、代價昂貴且複雜的特質，極有可能是適應性的表現——這些特質的存在背後隱含著深刻的意義，而不是偶然的現象。果然要「世界越快，心，則慢」。

為此，赫因和韋恩斯坦引入眾多例證，從我們祖先的飲食習慣到昔日繁星下的睡眠，乃至人與人之間的關係，都指出了現代人類與狩獵採集時代祖先在基因和行為上的脫節。他們認為，文化演化的速度遠遠超過人類基因的變化，導致我們與自己的心理和身體遊戲規則不一致。世界的變化速度和我們適應這些變化的能力之間的失衡，造成了我們的大腦、身體和社會系統不同步。

換言之，世界變化之迅速，超越了我們的適應範圍，讓我們在身心、社會和環境層面遭受困擾。赫因和韋恩斯坦將此現象稱為「過度新奇」（hyper-novel），並將這一概念應用於諸如藥物、飲食、睡眠、性愛、育兒、人際關係、教育、文化等多個「過度新奇」的問題上。

舉例來說，在《21世紀狩獵採集者的生存指南》裡，赫因和韋恩斯坦指出學校教育是歷史上相對較新的概念，並且在自然界中，類似的教學模式相當罕見。他們強調，人類的學習主要是通過觀察和親身體驗來完成的，而不是在嚴格的教室環境中透過死記硬背來實現。他們認為，這種學習方式更多地反映了順從和服從性，而不是真正的學習過程。

同時，赫因和韋恩斯坦挑戰了主流的看法，他們認為老化對文化的進步非常關鍵。長者不只是後代的經濟支柱，也是知識和智慧的寶庫。因此，他們對當前延年益壽的抗衰老趨勢表示擔憂，認為這一趨勢可能對人性本質構成威脅，進而對我們珍貴的文化資產和適應、掌握世界的能力產生不利影響。

想當然地，《21世紀的狩獵採集者的生存指南》提出的一些建議可能會激起爭議。作為演化生物學的同行，我對他們提出的某些見解和建議持保留態度，例如鼓勵常赤腳行走、主張市場不應影響音樂選擇、以及提出水中氟對兒童具有神經毒性等觀點。可能是因為他們作為田野生物學家，對於現代工商社會的一些「常態」持批判態度。他們對於新冠疫苗的公開反對和對伊維菌素（ivermectin）的支持，也在學術圈內引發了廣泛爭議。然而，這些僅代表他們的一家之言，我們應運用獨立思考和批判性思維來判斷其觀點的正確性以及是否採納。

如果您對於演化生物學在當代生活中的應用、尋求科學方法來提升生活品質，或者簡單地希望深入探索人類行為與社會結構的演化基礎感興趣，《21世紀的狩獵採集者的生存指南》無疑是一本理想的好書。這本書以科學證據和深刻的見解提供了理解現代生活複雜性的獨特視角，非常適合渴望深入瞭解人性並希望在生活中達到更好適應的讀者。

推薦文

追求成長是生物天性，為何只有人類會造成問題？

王弘毅（台灣大學臨床醫學研究所、生態學與演化生物學研究所教授）

人類確實是優秀的物種

提到人類與其他物種的比較，許多人直覺地認為人類除了有一個大腦袋以外，其他基本上一無是處。我們沒有尖銳的爪子與牙齒，跑不過獅子獵豹等掠食者，也競爭不過其他的近親如大猩猩。充其量不過就是瘦弱的身軀上頂著一個大腦袋，就像是竹籤上面插著一顆貢丸。

然而上述的一切不僅錯誤，而且與事實相差甚遠。從任何角度來看，即使撇開我們的大腦袋，人類都是一個優秀的物種。就像非洲瞪羚不需要強壯的下顎，只需要具備善於奔跑的身體，就可以繁衍於非洲草原。一個物種是否優秀，取決於牠的族群是否在激烈的生存競爭環境中能夠繁衍壯大，而不是跟其他的物種的優點比較。

人類的祖先早在發展出大腦袋之前就已經悠遊於非洲大地，憑藉的不是牙尖爪利，而是無與倫比的耐力。人類其實是動物界的長跑冠軍。我們雖然跑不快、跳不高，但可以比其他動物跑的更遠、更持久。大部分稍微經過訓練的人，都可以輕鬆跑完五公里，這個距離已超越許多動物不間斷奔跑的極限了。而許多長跑選手一次動輒跑四十二甚至一百公里。

人類的適應

人類身上的毛髮退化，有發達的汗腺，使我們快速排除熱量。直立的身體減少陽光照射的面積，可減少熱量的吸收。再加上發達的臀部以及大腿肌肉，有利於長途奔跑。所有這些都讓我們可以大面積的探索附近的環境。所以人類在大約六、七萬年前離開非洲之後，「僅僅」花了數萬年的時間，就已經散布在地球上幾乎所有的地區。

當然人類快速適應不同的環境靠的不只是無與倫比的耐力，還有彼此合作以及富有創造力的大腦，其中許多細節書中已有描述。我要強調的是，人類確實具有驚人的適應力，而且勇於面對改變，所以才能在短短幾萬年間適應地球的不同環境。

現代的環境下，我們擁有的是古代的身體（Evolutionary mismatch）

人類面對改變的快速適應能力，除了表現在對自然環境的適應外，也表現在適應我們自身創造的環境。大約在一萬年前，人類脫離了百萬年以來採集打獵的生活，開始進入農耕時代。此後我們快速地改造生存的環境，而我們也必須適應被自己改變的環境。從這個角度而言，人類其實是一種被自己馴養的生物，就像我們馴養的動物一樣。

而生存環境快速的改變，也帶給人類族群許多的問題，因為生物的適應是需要許多世代的累積。例如人類的祖先大約在三百萬年前演變成兩足步行，然而至今仍飽受這個改變所造成的困擾。老年人常見的腰痛即是一例，在動物世界裡這種經常性的腰痛很少見。人類因為直立的關係，讓腰椎承受了巨大壓力，所以大部分的老年人都有腰痛的現象。

人類開始農耕之後，雖然使得人口數量上升，但是生活水準並沒有因此而有很大的提升。從許多面向來看，農耕時期人類生活的狀況反而比狩獵採集時更差。一些考古研究指出，進入農耕後由於飲食的多樣化降低，人類的身材變得矮小，得到傳染病增多，特定的營養成分缺乏（例如維生素、鐵元素和礦物質），使得骨質和牙齒的狀況變差。這些都是面對改變所付出的代價。

人類的困境

十八世紀進入工業革命後，機械力量大幅取代人力與獸力，人類也因此獲得大量開採天然資源的能力。同樣地，也產生了許多的問題。例如，現代人類因為活動降低使得慢性疾病、炎症、退化性疾病（例如肥胖、第2型糖尿病和心腦血管疾病）增加。此外，人類超限利用了地球的資源，使得環境永續的議題變成所有人類必須面對的重要問題。

從上個世紀末開始的資訊革命，又使得改變的速度加劇。這樣的改變早已超出人類可以適應的範圍，我們面對這些改變所產生的問題，從心理、生理以及環境等面相來看也慢慢地浮現。我們面對的是快速改變的環境，而且這些改變是人類自己造成的，然而在許多情況下我們顯得不知所措。

以前一陣子新冠病毒流行時期疫苗的施打為例，許多人在面對RNA疫苗（莫德納、BNT）、腺病毒疫苗（AZ）或是次蛋白疫苗（高端）時，不知如何選擇。當時因為疫苗施打順序考量，輪到青少年和小朋友的時候，只有RNA疫苗可以施打。其實如果有選擇的話，小朋友以及青少年應施打次蛋白疫苗，原因是次蛋白疫苗已有數十年的歷史，我們對於其可能的副作用有很好的掌握。反之，RNA疫苗是新開發的疫苗，其長期副作用仍有待觀察。

學習祖先的智慧

我們的身體是設計來在非洲狩獵採集，而不是在現代化的大樓裡寫字、操作電腦的。披著古代人的身體，過著現代人的生活，當然會造成衝突。本書作者從演化生物學的角度說明，人類所面對的這些問題是怎麼產生的，並提出他認為我們應該如何因應。

作者提出我們應該尊重前人的智慧。來自不同地方的族群，必定有適應當地環境的能力。這種適應可能是基因上的也可能是文化上的。作者用了很大篇幅說明我們應該如何利用理性的思考以及祖先的智慧，來面對在當前快速改變的環境之下的困境。其實本書雖然名為《21世紀採集狩獵者的生存指南》，其實也可以是《21世紀的育兒指南》。因為書中提到的問題從童年、學校甚至到成人，作者也從不同面向說明父母應該如何陪伴並教育下一代。

成長是所有生物的本性

除了個人生活之外，人類面對最大的危機是永續成長的困境。這裡要強調的是，追求成長並非是人類獨特的貪婪所致。事實上，所有生物都在追求族群的成長。從生物學角度看，一個基因的成功與否，是以此基因在子代的比例是否成長來衡量。若基因在子代的比例不斷成長，代表它是成功的基因，反之則是不成功的基因。因此基因的目的就是不斷地成長。

因為所有現存生物的基因都是經歷無數代篩選的結果，它們也因此是最精通如何成長的。因此，所有生物骨子裡都是追求成長的，那些不追求成長或是無法追求成長的，早就被掃進歷史的洪流之中了。

既然追求成長是所有生物的天性，那為何只有人類會造成問題呢？這就回到書中一開始的概念了。所有生物都有特定的生態區位（niche），所謂的區位就是一個生物在生態系所扮演的角色，如食物、居所等等。一個生態系中的這些資源是固定的，所以每個生物在生態系中有都有固定的承載量（carrying capacity）。當生物數量接近或是超過環境承載量的時候，物種就無法再成長，數量甚至會下降。如果生物繼續成長超越了環境所能負荷的數量，生態環境就會崩壞。

不過，也正是因為所有生物都有特定的生態區位，所以當他們居住的生態系崩壞，所影響的僅僅只是那一個特定的生態系而已，其他生態系並不會受到太大的波及。假以時日，同樣地方又會有另一群生物遷入，組成新的生態系。

然而，由於人類幾乎主宰了地球上的每一個棲地，環境對人類的承載量就等同於整個地球的承載量。因此人類造成的生態崩壞，意味著整個地球的崩壞。

突破演化的限制

如果追求成長是根植於數十億年演化的基因之中，我們又該怎麼突破演化的限制，避免自身以及地球環境的崩壞呢？本書作者在最後一章提供了答案。筆者在這裡想要強調的是，得益於我們的大腦，我們是地球上唯一能夠理解過去並規劃未來的生物。正是這個預見未來的能力，有機會把我們從盲目追求成長中拯救出來。我們其實擁有心智上的裝備，可以規劃長期的利益而不僅著眼於短期的好處。套一句「自私的基因」作者道金斯的話：**固然我們生而為基因的機器，但我們還是有能力反抗基因的天性**。地球上也僅有我們可以反叛成長這個生物的本性。

引言

一九九四年，研究生生涯第一年夏天，我們待在哥斯大黎加薩拉皮克（Sarapiquí）地區一座超小的田野工作站。希瑟研究劍毒蛙，布萊特專注在築帳蝙蝠（tent-making bat）之上。每天早上，我們都在雨林中進行田野工作。雨林中植物茂密，氣氛深邃幽暗。

我們還記得七月那個特別的午後。一對金剛鸚鵡的黑影在藍天上飛過，河水冰涼澄澈，河岸邊的樹木生長濃密，樹上爬滿蘭花。這樣的環境抹去了白天的炎熱和工作的汗水。在這個美麗午後，我們穿越通往首都的馬路，踏上泥路，走過橫跨薩拉皮克河的鐵橋，在下面的河灘裡游泳。

我們停在橋上欣賞風景：河流在濃密的森林中蜿蜒，一隻大嘴鳥在林木間飛翔，吼猴的叫聲從遠方傳來，一位我們不認識的當地人走近，開始對我們說話。

他問道：「你們要去游泳嗎？」手指向我們要前往的沙灘。

「是的。」

他指著南方，說：「今天山上下雨了。」河水源自那片山脈。我們點點頭，之前在田野工作站，我們確實看到山上有雷雨雲密布。他又說一次：「今天山上下雨了。」

我們當中一個人輕笑說：「但這裡沒下雨。」我們其實不知道該如何用自己還不流利的語言和人聊天。站在橋上，我們一心只想著游泳。

「今天山上下雨了。」他說了第三次，這次語氣加重。我們彼此對看一眼，心想應該快點離開這裡，下去河裡游泳了。陽光正直射著我們，熱得不得了。

「好的，待會兒見。」我們揮手道別，然後離開，現在距離河水不到二十公尺。

「但是那河……」那人現在語帶焦急。

「是的，怎麼了？」我們一頭霧水地問他。

他指著河說：「仔細看河。」我們往下瞧，河流一如往常，乾淨的河水快速流著，光滑平順，而且……。

「等等。」布萊特說：「河裡有個漩渦？之前沒有的。」我們一臉問號，再次看向那人，他又指著南方。

「今天山上下了很多雨。」然後看著河說：「現在來看河水。」

當我們看著其他地方時，河水不知何時上漲了。現在河中水流混亂洶湧，顏色也改變了，原本透明平靜的河水充滿了泥沙、變得混濁。沒過多久，河中的泥沙又更多了。

我們三人呆呆看著河水快速上漲，幾分鐘內就漲了一兩公尺。沙灘已被淹沒在洶湧而來的河水下，如果有人在沙灘上肯定會被沖走。河水帶著許多東西沖下，包括幾塊大木頭。任何碰上那個新漩渦的東西被捲入後都消失不見，然後在橋的另一側重新出現。

那人回頭開始往原來的路走去。他是個農夫，但我們不知他住在哪兒，也不知道他是怎麼知道我們在這裡，準備下到輕易就能讓人滅頂的河水中。

布萊特叫住他。「等等。」我們應該做些什麼表達感激，但我們除了衣服之外什麼都沒有。我們說：「謝謝，非常感謝。」布萊特把T恤脫下來交給他。

「真的？」他問。布萊特再次遞上T恤。

「是的。」布萊特確定。

「謝謝。」他收下T恤，說：「祝你們好運。記得山上下雨時多留意。」之後便離開了。

一個月以來我們都住在河邊，幾乎每天都下河游泳，有時還和當地人一起游。但突然之間，我們覺得自己像個陌生人。在這條河中游泳的少許經驗，讓我們自以為能勝過真正瞭解這條河的人。我們實在錯得離譜。

在我們的一生中從未出現這種情況。我們自以為是當地人，卻沒有真正深入瞭解過這個地方，以確保自己在突發的罕見事件中生命無虞。出於許多原因，我們現代人很難跨過這道知識的鴻溝。首先，我們不再像不久之前的人類那樣依賴關係緊密的社區而活，並對自己居住的地方有著深刻的瞭解。由於現今在不同地區之間遷徙要容易上太多，許多人並不長久居於一地。事實上，我們從不覺得個人主義和短暫如過客般的生活方式有什麼奇怪，只因為我們不曾見過、也無法想像與我們現今所處的世界不同的世界。如今到處都資源豐富，有各式各樣的選擇，我們賴以維生的全球系統則太過複雜，讓人難以瞭解。但每個人都覺得自己很安全。

直到不安全的狀況出現為止。

真實的情況是，安全往往只是一種假象：超級市場貨架上的商品往往危害人們的身體。一項令人恐懼的研究揭露，我們的醫療體系因為太過專注於症狀和獲利而出現弱點。經濟衰退加速了社會安全網瓦解的速度。對不公平現象的合理擔憂，轉為人們採用暴力和無政府的藉口。對此，公民領袖只提得出平淡單調的論點，而非有效的解決方案。

我們今日所面臨的問題，遠比專家所認為的更複雜也更簡單。依據你所詢問的對象不同，你可能得到的答案是我們生活在人類歷史上最棒、最繁榮的時代，也可能聽說我們正處在最糟、最危險的時期。你可能不知道該相信哪一邊，只知道自己似乎跟不上這些說法。

近幾百年來，科技、醫學、教育等許多方面的發展，使得我們的所處環境（包括地理環境、社會環境和人際環境）更為急遽變化。其中一些變化是正面的，但並非全都如此。此外，還有一些變化看似正面，所引發的後果卻造成嚴重的破壞，導致我們就算發現也很難摸清楚它的來龍去脈。以上種種都刺激我們步入如今的後工業、高科技以及求進步文化。我們認為這種文化多少解釋了人類目前為何面臨種種麻煩，包括政治動盪、大眾健康狀況惡化，以及社會系統的破碎。

描述現在人類世界的最佳、最全面詞彙，就是「過度新奇」（hyper-novel）。正如我們會在這本書中說明的，人類非常善於適應變化，並且會為變化做好準備。但現今世界的變化速度太快，以致我們的大腦、身體和社會系統永遠都跟不上。數百萬年來人類與朋友和大家庭共同生活，但如今許多人甚至連鄰居的名字都不知道。有些最基本的事實（如性別有兩種）漸漸被視為謊言而被拋棄。在變化速度超出自己所能適應的社會中奮力生活所導致的認知失調（cognitive dissonance），把我們變成無法照顧好自己的人。

簡單來說，這種狀況正在毀滅人類。

在某種程度上，本書目的是把「山上下雨時遠離河流」這類信息，推廣到人類生活的所有層面。

許多人嘗試解釋我們現在面臨的文化解體現象，但幾乎沒人能夠提供一個全面性的解釋，不僅可以用來檢視現在，還能回顧過去（人類所有歷史）以及預測未來。我們是演化生物學家，從事性擇和社會演化的實證工作，並對於交換、老化和道德的演化科學進行理論研究。我們兩人結婚、共組家庭，也經常一起探索世界各地。十多年前我們還是大學教授時便開始構思本書。我們站在巨人的肩膀上：包括我們的導師和資深同儕，以及許多從未謀面的聰慧先人。我們也設計了不同於以往的課程。我們開闢了新道路，並對舊模式和新模式提出了新解釋。我們越來越瞭解我們所教授的大學生；他們上課時總是提出跨領域的問題：我應該吃什麼？為什麼約會那麼困難？要如何建立更公正、更自由的社會？在教室和實驗室、叢林和營火周圍，這些對話的共同主題是邏輯、演化和科學。

科學研究反覆使用到歸納和演繹兩種方法。我們觀察模式，提出解釋，然後查看這解釋能否預測我們還不知道的事情。我們用這種方式建立了解釋世界的模型，如果我們以正確的方式進行科學研究，就會達成三個目標：**能預測的事情比以前更多、需要假設的事情比以前更少，以及種種發現能夠彼此契合成**沒有縫合痕跡的整體。

藉由這本書和那些模型，我們尋求對於這個可觀測宇宙融會貫通的單一解釋。這個解釋方式沒有空隙，與任何信仰無關，並且嚴格描述了各個尺度下的每種模式。這項目標幾乎肯定無法實現，但種種跡象顯示是可以接近的。儘管我們從現代角度可以看見這個終點，但距離達到已知的極限還非常遙遠。

不過比起其他領域，我們在某些領域可以更接近目標。在物理學中，我們似乎就快發展出萬有理論（theory of everything），這是最不複雜且最能解釋最基礎層面的完整模型。隨著複雜度增加，現象就越發難以預測。最上層的是生物學，我們對於最基本層次的活細胞中所發生的事情，離完全瞭解還差得遠，更不要說論及其他生物。當細胞彼此間開始協調合作，成為有各個不同組織的生物，深奧神祕的程度便一路持續增加。到了動物層次，不可預期的程度再次大幅提升，因為動物由精密的神經回饋所掌控，並且本身就能探索世界並做出預測。當動物形成社會，開始匯集對世界的認識並且分工合作後，複雜程度又再次拉升。但比起其他的研究領域，人類在瞭解人類本身時更常遇到障礙。我們智人（*Homo sapiens*）充滿了各種巨大的謎團，又被自相矛盾的事情所包圍。然而正是這些矛盾，讓人類有別於其他生物。

人類為何會笑、會哭、會做夢？為何會因為死亡而哀慟？我們為何會以從沒活過的人為角色編寫故事？我們為何唱歌、陷入情網、發動戰爭？如果這些全是為了生殖，我們為何要花許多年時間才達到目標，而在選擇伴侶時卻又那麼挑剔？為何其他人的生殖行為會讓我們深深著迷？我們為何有時候會選擇損害並擾亂自己的認知？人類的謎團真是數不盡。

本書會回答其中許多問題，也會跳過一些問題。我們的主要目標不只是回答問題，而是引導讀者進入瞭解人類本身的扎實科學框架中。數十年來，我們都在這領域進行教學與研究。你不會在其他地方發現這個框架，我們盡可能利用「第一原則」（first principle）把這個框架建立起來。

所謂的第一原則，是無法由其他設想演繹出的設想的原則。它最為基礎，就如數學中的公設。因此以第一原則為基礎的思考，是演繹真實的強大工具，如果有興趣的是真實而非幻想，這就會是一個有價值的目標。

從第一原則出發的思維方式有許多優點，其中一個是讓人免於陷入「自然主義謬誤」（naturalistic fallacy），也就是認為自然界中出現的「東西」就是「該要有的東西」。我們在本書中提出的框架，是為了讓我們避免落入陷阱而打造的，目的是讓我們人類充分瞭解自己，或者至少可以保護自己免受自己傷害。在本書中，我們指出當前這個時代最大規模的問題時，並非站在造成限制和分裂的政治觀點，而是通過演化的無差別觀點。我們的願望是幫助讀者過濾現代世界中的雜訊，更妥當地解決問題。

現代智人大約於二十萬年前出現，是地球上三十五億年適應性演化（adaptive evolution）的產物。人類在絕大部分的層面上就是個普通物種。若單獨來看，人類的形態構造和生理機能的確驚人又神奇，可是與跟人類親緣關係最近的物種相比時，人類並沒有那麼特別。然而，我們卻是唯一改變了世界並對我們賴以維生的星球造成威脅的物種。

我們本來大可將這本書命名為《後工業時代者的21世紀指南》，或是《猴子的21世紀指南》、《哺乳動物的21世紀指南》，《魚類的21世紀指南》也行，其中每一個名稱都代表人類在演化史中的適應階段，在跨過這些階段時，我們也背負了演化包袱；用行話來說，便是人類的「演化適應環境」（Environment of Evolutionary Adaptedness, EEA）。在本書中，我們會提到的演化適應環境並不只有書名提到的那個，即人類祖先還是狩獵採集者時長期居住的非洲草原、林地與海岸，還包括人類適應過的其他環境。我們以早期四足動物的模樣登上陸地，成為能泌乳、具毛髮的哺乳動物。在成為猴子後，我們的手部變得靈巧，視覺變得銳利。成為農耕者後，我們能夠栽培與收穫農作物。後工業時代的我們，則與數以百萬計的不知名的同類密切地共同生活。

我們選擇把「狩獵採集者」放入本書書名中，是因為我們最近的祖先花費了數百萬年時間適應這個生態區位。出於這個原因，許多人對於人類演化的這個時期充滿了浪漫幻想。但是狩獵採集者的生活方式並非只有一種，就像是哺乳動物的生活方式不只一種，或是農耕生活不只有一種一樣。人類不只適應成為狩獵採集者；很久之前，我們適應了魚類的生活；過了很久之後，又適應了靈長類的生活；而最近，我們適應了後工業時代者的生活，這些全都屬於人類演化史的一部分。

這樣寬廣的視野對於瞭解當前最大問題來說是必須的，而我們最大的問題就是：人類物種改變的速度已超過人類的適應能力。人類以前所未見的速度持續加速地製造問題，使得人類的身體、心理、社會和環境都生了病。若我們能找出對策，解決新奇事物加速出現的問題，人類就不會成為自身成功的受害者而步向滅亡。

本書不僅說明人類這物種正面臨毀滅自己世界的危險，也提到人類發現和創造出的美麗事物，以及該如何保留它們。人類非常善於應對變化和適應未知事物，這個無法否認的演化事實就是本書的基礎。人類生來就是探索者和創新者，這樣的本能造成人類當前的困境，也是突破困境的唯一希望。

第一章

人類的生態區位

其他生物無法打破生態區位間的界限，但人類可以。我們同時也打破了個體間的界限，而這是其他任何物種都無法徹底打破的界限。從生態區位的角度來看，人類是通才物種，其中又包含許多專家個體。

那是最美好的時光，也是最惡劣的時光；那是充滿智慧的年代，也是愚昧橫行的年代；那是信仰的時期，那是懷疑的時期；那是光明的季節，也是黑暗的季節；那是希望的春天，也是失望的冬天；我們眼前有所有的事物，也都一無所有。

——狄更斯小說《雙城記》的開頭，這本小說在一八五九年出版，同年達爾文出版了《物種源始》

白令亞陸（Beringia）是一片希望滿溢的土地，是一片巨大遼闊的草原，面積是加州的四倍，往東連接阿拉斯加，往西通到俄羅斯。對人們來說，它不只是一個連接亞洲和美洲的通道、暫時出現的陸橋；雖然升起的海水拍打著人們的腳踝，但它並非一片毫無生機的荒原。人類並不是匆匆過客。此處的生活當然很艱困，但在數千年中，白令亞陸供養了一群把這裡當成家園的人類。

來到白令亞陸的人類，不論從遺傳或從外觀上來看，都是完完全全的現代人類。他們來自西邊的亞洲，而白令亞陸東部邊緣始終存在著冰塊形成的屏障，讓他們只能停下腳步定居於此，並繁衍了許多代。後來全球回暖，冰層開始融化，海平面上升，白令亞陸逐漸消失，海岸線吞噬了原本是家園的土地。此刻該上哪兒去才好？

有些人毫不猶豫地朝西回到亞洲，那是祖先的故鄉，是擁有神話和集體記憶的土地。可能在前些年當中，還有人從亞洲來到白令亞陸，捎來他們西方家園的最新消息。

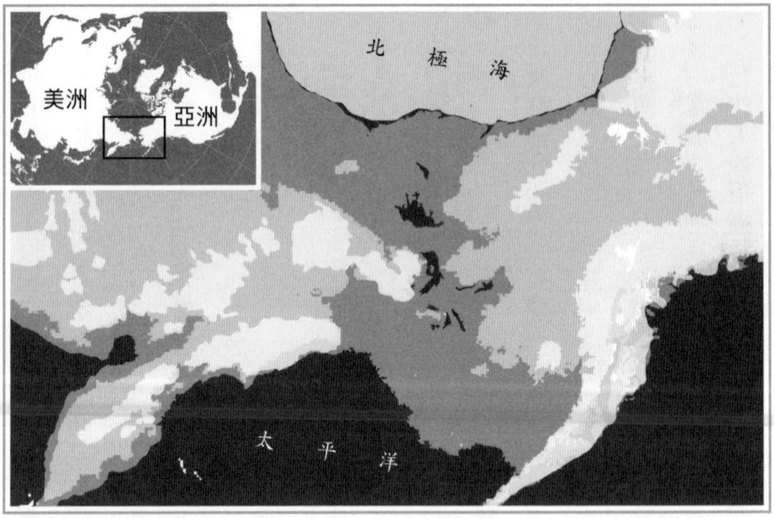

白令亞陸的想像圖。

當白令亞陸海平面上升，有些人開始朝東走去，進入了過去從沒有人去過的土地。他們是最早的美洲人。白令亞陸人可能搭乘船隻，沿著美洲北部海岸前進，當時那兒可能還有冰層覆蓋，但是海岸邊可能零星散布著許多聚集了原生動物、沒有冰雪的地區。這些地區發揮了作用，成為這群最早美洲人的踏板。

依據目前最佳的估算結果，那至少是一萬五千年前的事情，有可能更久之前就開始進行了。根據當時的冰層狀況，他們可能要往南至現在華盛頓州的奧林匹亞市，才能在陸地上永久定居。那裡是冰層南部的邊緣。奧林匹亞以南和以東部的地區廣闊而充滿了起伏變化，山谷平原上蓋滿青翠美麗的植物，當中孕育著吸引人的美味生物。這裡還沒有人類，即將首度由人類探索。

這是危險的一步，整件事其實危險得不得了。種種選擇當中沒有一個是容易的。往西回去亞洲？那地方早就有人居住，對新來者應該不會太友善。朝東走，到那片沒人瞭解的土地，還是繼續待在快被海淹沒的白令亞陸？選擇第三條路不可能活下來。回到族人知道的土地？那兒是自己祖先熟悉卻已拋棄的地方，上面全是競爭者。或是探索完全陌生的地方？後兩者都是合理的選擇，各有不同的風險、不同的優點和缺點。在現代世界中，我們面臨的選擇也是這樣。

白令亞陸人的後代在美洲繁衍時，可能與其他舊世界的人類族群完全隔絕。他們初抵美洲時，地球上的人類還沒有發明書寫文字或是農業，舊世界人類的任何資訊都無法進入美洲，他們得自己從頭發明所有的事物。他們的後代發現了數百種人類生活的新方式。直到萬年以後，西班牙征服者透過暴力征服重新連接新世界與舊世界之前，那裡估計有五千萬至一億人。

我們並不知道前往新世界的旅途會是怎樣。最早的美洲人可能更早就來了，但是並沒有在白令亞陸永久定居，而是乘船以順時鐘方向繞行太平洋沿岸。可想而知，對於最早的美洲人來說，新世界有著前所未見的挑戰。白令亞陸的故事就算只在比喻層面上是真實的，對於人類來說也深具啟發意義。即使可能並不完整，但對當今人類的處境而言，卻是一個恰當的比喻。如今的我們同樣身處在衰敗的土地上，必須尋找新的機會以救贖自己。然而，我們也不知道探索會讓我們得到什麼。

早期美洲人面對的是充滿未知危險與機會的廣袤大陸。祖先傳承下來的知識幾乎無法當成指引，要在新大陸上前進，就必須克服許多挑戰。但是他們成功辦到了。我們應該提出並且與我們當今處境最相關的問題，就是「他們是**如何**辦到的」？答案很大的程度上要從瞭解「是什麼讓人成為人類」中去尋找。

數代以來，早期美洲人每晚都坐在營火旁，餓著肚子，因為野果採摘的高峰季節已經過去，麋鹿也變得稀少。某位早期美洲人，我們稱他貝姆好了，可能看到熊靠吃魚維生，便提出那麼我們也可以吃魚吧？貝姆不懂魚，不過蘇懂，因為她常在河邊看魚，對魚的行為很瞭解。在此之前，蘇不曾和人分享過她對魚的知識，因為對她的族人來說那似乎沒什麼價值。蘇不像高爾那樣具有打造器具的天分，高爾則缺乏如洛克般製造繩子的實驗天賦。當許多擁有不同天分和想法的人，圍坐在火堆邊討論共同面對的問題，很快就會擦出創新的火花。

人類絕大多數的最佳點子，以及最重要且強大的概念，往往是一群人合作討論出來的成果。他們擁有各自不同但同等重要的才能和願景，還有互不重疊的盲點，以及能讓創新出現的政治結構。在這個人類並不熟悉的兩個大陸交會之處，許多充滿洞見的觀察者、工程師、工匠和訊息整合者，聚集在營火周圍，學習（或重新學習）怎樣從河裡捕撈鮭魚，什麼球莖可以吃以及該如何辨別出來，還有如何用樹木打造居所。這些人當中也有守護薪火的人（文化傳承者），也就是後來講述這個故事的人——因為到某個時候，當地的鮭魚也許不再迴游，人們不得不遷居他處，所有最初的創新者都離開此地。

貝姆、蘇、高爾或是洛克到底做了哪些事？他們為人類做了創新。他們測試假說、創造敘事、建立物質和烹飪傳統。他們正在「做人類會做的事」。

人類生態區位的悖論

二十一世紀的人類面臨的機會與挑戰，十分類似於最早來到新世界的人類。科技與科學的創新讓我們進入前人完全無法想像的新境地，但與當初白令亞陸人的不同之處，就在於我們沒有先祖之地可以退回去，因為人類的影響已波及整個星球。我們在地球上狩獵採集、耕種、讓機械遍布，用我們的想法改變地球、改變地景，讓許多地區處於崩潰的邊緣。

有些人回顧人類過往的成功，例如白令亞陸人的成功，就想像人類能夠主宰自然、控制自然。但事實上人類從來都沒能控制自然，將來也不會。這種錯誤的假設造成的結果，說明了現今人類許多問題的由來。想要改正的唯一方法，就是瞭解人類的本質是什麼、可能是什麼，以及如何運用這種見解來造福自己。

我們這物種有發達的大腦、以雙足步行、具社會性並喜愛交談。人類製造工具、耕作土地、創造神話與巫術。在各個不同的時間和地區中，人類一次又一次地重新塑造自己，學會主宰一個又一個棲地。物種是由許多事物定義而成的：形態與行為、基因與發育，以及和其他物種之間的關係。但其中最重要的可能是物種所占據的生態區位（niche），也就是物種和環境互動以及在環境中生存的獨特方式。

人類的經歷和地理分布如此廣闊，那麼，什麼是人類真正的生態區位？

我們這個物種在演化時，似乎擺脫了自然界的一項基本定律：想要樣樣精通結果一樣不通。

為了主宰某個生態區位，生物通常必須犧牲廣度與普遍性，以便專精於某項事物。為了專精，自然難以達成樣樣精通。這個原理已普遍到早在四百年前就刻印在書中（最早是一五二九由演員轉劇本作家的莎士比亞所寫）。「樣樣精通結果一樣不通」這個原理的應用範圍很廣，包括工程、運動到生態科學。至少物種在這方面和工具很像：能做的事越多，做起來就越笨拙。

但不知怎地，人類幾乎每件事都精通，同時幾乎主宰了地球上的每個棲地。人類的生態區位幾乎不受限制，而且如果遇到邊界，還會馬上開始測試那到底是不是邊界，就像是不相信會有終極的邊界那般。

智人不只是例外，還是非常特殊的例外。人類的適應力、創造力和開拓能力都無與倫比，經過數十萬年的發展，已對每件事情都十分專精。我們既擁有專家的競爭優勢，同時又無需付出缺乏廣度的一般性成本。

這是人類生態區位的悖論。

科學中的悖論就像是藏寶圖中標示寶藏位置的X符號，讓我們知道哪些地方可以繼續深入挖掘下去。人類專精的事物多到不可勝數，因此這個悖論代表了存在一個貴重的藏寶地，裡面收藏的不是大批金銀財寶，而是工具的寶庫。只要解開這種人類悖論，就能打造出一個概念架構，讓我們理解人類本身，並能根據自己的意念與技巧掌控生活。這本書將打開人類悖論的寶庫，並描述我們從中發現的工具，同時也加以實際應用。

營火

前面討論最初的美洲人時，我們就已看見在這寶庫中的一項工具，只是它看起來不像是工具，那就是營火。

人類使用火的歷史非常悠久。我們用火照明，帶來溫暖，提高食物的營養價值，同時用來抵禦掠食者。我們放火把樹幹的中央部位燒空製成獨木舟、用火改變地貌，並讓金屬變得柔軟或堅硬。我們還用火進行更重要的工作：營火是鑄造概念的熔爐。在營火旁，我們討論漿果、河流和捕魚。我們分享經驗、彼此交談、一起歡笑、一起哭泣、思考當前的挑戰與分享成功的事蹟。各種想法不斷從這個熔爐湧現，讓人類成為真正的超級物種——成為一種能衝破宇宙規則、引發悖論的物種。

數萬年來在營火周圍進行的思想交流，不僅是單純的交流，而是擁有不同經驗、才能和洞見的人聚在一起進行心智上的激盪。心智之間的聯繫是人類成功的基礎。單獨的個人有多聰明、知曉多少事情並不重要。幾乎在所有的情況下，心智匯聚形成的整體，要遠大於各個部分的總和。人類面臨到的問題，像是哪些球莖可以食用無虞、如何捉到兔子，以及要如何創造免受生存威脅、同時又能實現機會均等的世界等等，我們需要的不只是為了生存而打拼的單獨個體。如果要在未來生存，我們需要許多人參與並同時處理各樣問題。心智之間的聯合可以大幅提高人類解決問題的能力。

其他生物無法打破生態區位間的界限，但人類可以。我們同時也打破了個體間的界限，而這是其他任何物種都無法徹底打破的界限。從生態區位的角度來看，人類是通才物種，其中又包含許多專家個體。某個古代美洲人可能在找路方面很厲害，但在保持營火上很笨拙。某個現代人可能擅長攀岩，但不擅於整理文件；或是擅長處理數字，卻對烘焙麵包一點辦法也沒有。然而作為一個物種，人類對於以上種種事情都很在行。正是人與人之間的聯繫，讓我們超越了個人能力的限制，既能專注在自己的專長上，又可以依靠他人的專業來維持生活。

在個人與個人心智的邊界上，我們有意識地創新並分享概念，把當前最要緊和最好的概念，以文化的形式具體呈現出來。數萬年來，這種魔法一直發生在普通的營火周圍。

在本書的倒數第二章中，會詳細討論意識與文化，這兩者之間的關係既是緊繃的，也是人類非常需要的。

由於我們將「意識」定義為「認知內容中被打包好以利於交換的部分」，因此有意識的想法，指的就是那些可以與他人溝通的想法。我們不耍手段，也不想選擇一個讓棘手問題變簡單的定義。我們之所以選擇這個定義，根本用意在於人類會用「意識」來對思想進行描述。

以這種方式理解意識，我們得到的結果是：去假設個人的意識先演化出來，或者個人意識是意識的最基本形式，並沒有什麼意義。相反地，個人的意識很可能和集體意識同時演化出來，並且只在人類演化的後期才完全出現。對他人想法的理解（稱為「心智理論」）非常有用。我們在許多其他物種中看到這種能力的雛形，而在合作能力高的動物中如大象、齒鯨（海豚）、烏鴉和許多非人靈長類等等，這種能力更是普遍。到目前為止，人類是有史以來最瞭解彼此想法的物種，因為只要願意，唯有人類能夠清楚又明確將認知結果提交出來。只需讓彼此之間的空氣產生聲波震動，我們就能讓複雜又抽象概念準確在心智之間傳遞。這種日常魔法通常在不經意間就發生了。

為了讓心智理論發揮作用，我們必須在自己腦中模仿另一個人。也就是說，如果我想在自己的想法和所理解到的你的想法之間進行比較而獲得好處，我需要得到自己的主觀經驗，並得到你的主觀經驗，然後把兩者整合在一起。共享意識是人與人之間存在的一個無形空間，概念在此暫留並共同成長。每個參與者對空間擁有不同的看法，就像物理事件的各個目擊者會站在對自己有利的位置觀察，但那空間是共有財產。

想像一下有兩個團體，其成員都由聰明程度不相上下的個體所組成。在第一群人中，個人不只能提出想法，還必須回應和修正他人的想法，然後制定出能讓想法獲得實現的策略和計畫，並讓每個人都貢獻所長。第二個團體的成員雖然每個人也都有滿腦子的好主意，但不具備知道他人想法的能力。當這兩個群體彼此競爭時，結果顯然已經注定，因為真正意義上的競爭根本就不會出現。

即便是原始的集體意識也能帶來驚人的優勢，例如狼群合作狩獵時，個體間可能有某種共享意識。獅群獲得的獵物也遠超過個別打獵的總和。集體意識是獨一無二的演化創新，它開啟了認知浮現的道路。

文化與意識

意識在解決問題方面很有用，但在執行方面就不那麼方便了。體操選手、藝術大師和戰士之所以能夠取得成功，在於他們有意識地理解自己發現的東西後，學會在無需刻意思考的情況下就加以應用。此時，具轉化性的洞見和概念離開意識層面，進入「知道如何完成任務」的層面。當人處於「那種狀態」時，有意識的心智是存在的，但會作為一個旁觀者而不介入，以免擾亂心流。當行為變成習慣而出於直覺時，對個人來說，這種習慣會成為技能或表現在工藝技術上；在家庭或部落中，這些習慣會成為傳統，能夠代代相傳。如果規模進一步擴大，就出現了文化。

因此，智人在兩種主要模式之間來回；在所擁有的理解內容不足以解決目前問題時，我們會交由意識主導。「在這片新土地上該如何餵飽自己？」我們會讓心智進入共享的問題解決空間，並分享自己的知識。然後我們同時進行數個程序：提出假設、提供觀察結果、提出挑戰，直到得出新的解決方案為止，然而這是個人很難單獨達成的。如果解決方法實際測試後效果良好，就會經過改善，進入更自動化、更少意識介入的層面，這就成為了文化。文化在它已適應環境中的應用，相當於整個族群都處於個人的心流狀態。

這個模型有其重要意涵。當情況順利時，人們通常不願意挑戰祖先的智慧，也就是自身的文化。換句話說，就是會比較保守。但是當事情進展受阻時，人們就會傾向承受改變所帶來的風險。你可以說這種方式是比較進步而自由的。

當然，在將這模型應用在現代世界時，也有很多要說明的。出於各種原因，對於當前世界發展的狀況是好或壞，我們尚未達成一致的意見。在鐵達尼號撞上冰山前的那一刻，那艘船是人類成就的最佳證明，然而不久後她就成為提醒人類傲慢會招致危險的紀念碑。很多時候，唯有在事後回顧時，我們才會發現在災難發生前重新安排躺椅位置有多荒謬。然而更多的情況是連冰山的影子都沒有。在意識該要凌駕文化的關鍵時刻之前和之後，並不存在明顯的界線。

人類如何打破界限

一、既是通才也是專才，因此能打破生態區位的界限。

二、在文化與意識之間來回移動，從而打破人與人之間的界限。

二〇〇八年的金融崩潰、深水地平線號（Deepwater Horizon）漏油事件，以及日本福島核電廠災難，都是文明階層失調所導致的症狀。這種失調沒有名字，姑且就稱為「傻瓜的愚行」（Sucker's Folly）吧！這種把目光放在短期利益上的傾向，不僅會掩蓋風險和長期成本，也驅動人們接受淨分析結果是負的情況。這些事件證明我們安於文化的成就，加快朝災難走去，並且被富裕環境所蒙蔽，陷入虛假的安全感中，也遠離了集體意識。我們越早認識到這一點，讓船掉頭回到安全航道上的機會就越大，在本書的最後一章會重新討論這個難題。

那麼，對於之前的問題「人類的生態區位是什麼？」的答案就是：就這名詞的標準意義上來說，人類沒有生態區位。我們透過主導完全不同的遊戲規則，逃脫了典範的控制。藉由來回運用文化和意識，我們發現如何在需要時更換想法並加以替換。人類的生態區位是變動的生態區位。

人類的確樣樣精通。如果人類是機器，我們會是能夠兼容許多種軟體的機器。因紐特（Inuit）獵人瞭解北極，但缺乏在喀拉哈里（Kalahari）沙漠或亞馬遜生活所需的技能。只要有適當的工具和知識，藉由分工，人類整體幾乎能擅長任何事情。至於每個個體，要不是限制自己成為某個領域的專家，就是接受成為通才必須付出的代價。

然而，隨著我們所處的世界越來越複雜，對通才的需求也在增加。我們需要能瞭解不同領域並連接各領域的人。我們不僅需要生物學家和物理學家，也需要生物物理學家。已經轉換職業跑道的人，往往會發現在之前職涯得到的能力，在新職涯中也可以好好發揮作用。我們必須想辦法鼓勵通才的發展。在本書中，我們認為實現這目標的關鍵，在於鼓勵人們小心並透徹理解演化是什麼、演化對人類的影響，以及我們要如何抵抗演化的目標。為此我們在本章剩餘部分將說明演化論的最新內容。我們所建議的改變，會開通一條更深入理解演化的道路；同一條道路也會讓我們更瞭解人類、人類的文化以及人類這物種。

適應與譜系

適應性演化（adaptive evolution）提高了生物對環境的「適應」（fit），這點已被眾人接受。然而為了讓演化生物學成為一門實證科學，生物學家最先該做的事是定義適應力（fitness），以便於測量。生物學家選擇了一個幾乎與「繁殖」（reproduction）意義相同的定義。正如許多最終失敗的假設，把「適應力」和「繁殖成功」幾乎當成同義詞的想法，一開始很成功，成功到一代又一代的生物學家把兩者當成同一概念而取得了巨大的進展。在其他條件都相同的情況下，更適應環境的生物往往會生下更多後代，有了這樣優異的概念工具，生物學家便能用來瞭解產生適應力的演化過程。然而在條件不相同的情況下，擁有更多後代的生物為了追求短期繁殖能力而抄捷徑時，結果會如何？在這種情況下，生物學家理解前因後果的能力就會削弱。如果繁殖對適應力的傷害很快就浮現出來——例如一隻動物產生了許多後代，所有後代都在冬天死亡——我們就會瞭解到，從演化的角度來看，這種做法失敗了。然而如果後代繁榮昌盛了很長一段時間，但在下一次旱災或是冰河期時死亡，那麼生物學家就很可能會搞砸我們對「成功」的分析結果。

適應力的確經常關乎於生殖，但更關乎於「存續」（persistence）。一個成功的族群，個體數量可能會隨時間增減，但不會滅絕；滅絕代表失敗，存續代表成功。在存續的方程式中，個體的生殖只是其中一個因子而已。

但存續是什麼意思？我們所追求的是物種存續嗎？我們是否要個別計算同種中各自分開而

獨立的族群？要把單獨個體的後代計算在內嗎？理論上這些都要算在內，而且要包括的東西還更多。

當個體彼此競爭資源時，適應性演化便會發生。每個個體都是某個譜系的後代，這個譜系的後代能夠持續留存的時間，適切代表了這個譜系的適應力。如果貝姆的後代在冰河重現時期死了，而蘇的後代能夠熬到下一個間冰期（interglacial），不論我們是否有辦法測量出兩個譜系之間的差異，後面這個譜系的適應力就是比較高。

但那兩人不僅僅是之後某個譜系的起點而已。每個人同時都是許多譜系交疊產生的後代，從那些譜系往前回溯會有非常多的祖先，而他們也是之後譜系的起點和過往譜系的交疊之處。因此，如果適應力與存續有關，那麼現在就得提出的問題是：是什麼的存續？

到了這個地步，我們就必須放棄非得測量的想法不可。適應性演化（生物對環境「適應程度」增加的過程）同時涉及後代的所有階層。因此適應性演化是碎形的（fractal），而概括適應性的術語是「譜系」（lineage）。

一個個體與其所有的後代，組成了一個譜系。一個物種是與這物種最近的共同祖先流傳下來的譜系；更大的演化分支（clade），如哺乳類、脊椎動物、動物等也是如此，都是從與這個分支最近的共同祖先流傳下來的譜系。演化生物學的任務就是要釐清適應性演化如何利用篩選，在這些譜系的所有層面上發揮作用。在這本書中，我們討論的前提是譜系彼此之間會競爭，因此更適合長期環境的譜系會受到天擇的偏好。這個前提讓我們在闡明人類天性的悖論時得到很多好處，但還遠遠不足。我們必須體認到，與傳統的演化觀念相反，基因並不是讓訊息遺傳下去的唯一形式。

文化也會演化。而且，文化的演化會與基因組的演化並進，並服膺於相同的目標。舉例來說，對於與性相關的典型行為，例如雌性築巢或是雄性虛張聲勢，我們不需要知道其中傳承自遺傳或文化的部分各有多少，因為傳承的方式並不能讓我們瞭解到這些行為模式的意義。性別角色不論是來自文化傳承或是遺傳，或同時來自兩方，都是長久以來祖先面對演化問題時提出的生物學解決方案。簡單來說，這些方案都是為了適應（adaptation），為的是協助譜系在未來能夠存續下去。

對許多人來說，會覺得「文化的存在是為了服務基因」令人難以接受，但這是事實，而且這個概念很有用。長期存在的文化特徵就像眼睛、葉片和觸手一樣，提供了適應性。

在二十一世紀，幾乎每個人都認同演化創造出人類的肢體和肝臟、頭髮和心臟。但是仍有許多人依然拒絕用演化理論來解釋行為和文化。許多科學家也採取這種立場，因為他們相信如果某些問題的答案會令人厭惡，那就不該提出那些問題。這種觀點導致了由意識形態驅動的思想和研究審查，延遲了我們瞭解人類本質以及具備這種本質原因的理解速度。

某些演化的產物的確令人厭惡。殺嬰、強暴、種族屠殺等等，全都是演化的產物。但的確也有許多演化的產物是美麗的，就像母親為孩子犧牲、持久的愛情，以及文明對所屬公民的照顧不分老少、無關是否病痛。很多人並不瞭解事物是「演化而來」代表了什麼意義，也難怪會有這種憂慮。

許多人害怕的是，「演化出來」的特徵就一定「無法改變」。如果真是這樣，那麼某些演化的產物很可怕，我們一定無力抵抗，而且會被迫永遠因殘酷的演化命運而受苦。幸好這種恐懼是錯誤的。某些演化出來的特徵幾乎是無法改變的，例如人有兩隻腳、一顆心臟、一個大的腦部。但是個體之間的差異也是演化出來的，而且這些都和人類與環境的交互作用有密切關聯：人的腿有多長？心跳的力道有多大？腦中的神經元彼此如何連結？同樣地，我們也要瞭解到，就平均來說女性比男性更友善和更容易焦慮，這並非對於任何人的診斷結果，也不是無可改變的命運，而是演化出來的實情。個體和群體並不相同。我們是群體中的個體，男性和女性、嬰兒潮世代和千禧年世代、美洲人和澳洲人，都是不同的群體。這些群體之間確實有心理上的差異，但人類的相同之處要多過差異之處；而那些差異是許多層級的演化力量交互影響的結果。除此之外，不論結果好壞，人類都有能力直接和其他人接觸而改變我們的文化。

為了因應圍繞在文化和遺傳演化的種種混亂，我們發展了一個簡單模型以瞭解參與其中力量的階級架構。我們稱它為「歐米伽原則」（Omega principle）。

歐米伽原則

表觀遺傳（Epigenetic）的意思是「位在基因組之上」，我們最早在一九九〇年代於大學時期接觸到這個詞彙。當時演化生物學家在把文化放入嚴格的演化脈絡下，偶爾才使用這個詞。

文化「位在基因組之上」，意指文化塑造了基因組的表現方式。基因記錄了蛋白質和構成身體的程序。對於具有文化的生物而言，文化有巨大的影響力，包括身體的去向以及要做的事。文化以這種方式調節了基因表現。

在最近一、二十年，表觀遺傳這個詞有了不同的涵義，這個術語現在幾乎專指直接在分子層次上調節基因組表現的機制，顯現某些特徵、抑制另一些特徵，創造出能使身體具有連貫形式和功能的基因表現方式。這些調控機制對於瞭解多細胞生物而言很重要，科學家現在才開始逐漸解開其中的奧祕。如果沒有這些機制，具有相同基因組的細胞都會長得一樣，一大群細胞就只是一大群未分化的細胞。只有藉由表觀遺傳調控基因的緊密表現，能讓動物或植物具備由多細胞組成的組織，這些組織彼此不同但協調良好。

當「表觀遺傳」這個詞的意義發生重大的改變，從描述傳承下來的行為變成描述分子開關，我們可以提出一個有力的論點，即表觀遺傳現象實際上包括了兩類調控機制——分子開關代表了狹義的表觀遺傳，也就是嚴格意義上的表觀遺傳；而分子開關加上行為的傳承，則是廣義的表觀遺傳。

兩者都是表觀遺傳，其中的意義是分子與文化調控基因表現的機制，是由單一個演化規則所控制。

用一位西藏遊牧者來舉例好了。他所承繼的文化限制了他的一些行為，而他的細胞根據基因表現的遺傳模式，採取了不同形式並做了不同的事情。想像他基因組中的基因與調節這些基因的分子之間會彼此競爭，是沒有意義的。如果這位遊牧者身體健康，他的細胞運作便符合生物體的演化利益，而基因的調節是演化來增加適應力的。他的眼睛有許多種類的細胞，各以特定的方式分布，好讓眼睛能夠看見危險和機會。他看到的危險會對他的演化適應力造成威脅，至於他看到的機會則構成能夠增強演化適應力的方式。換句話說，基因和調控子彼此合作讓任務完成，其中不存在緊張的拉鋸跡象。那些基因和調控子的任務是什麼？顯然是演化上的任務——讓這位遊牧者的基因能夠好好地傳遞到未來。有理性的人都不會對此發出異議。

但是，許多理性的人卻無法瞭解到遊牧者的文化也與此有關。他可能遵守了自己譜系中傳承數千年的性別角色，但科學圈通常認為這些文化模式並非演化而來的，不過「就只是文化」而已，好像文化是與科學競爭的領域。

這個問題始於一九七六年，理查．道金斯（Richard Dawkins）在《自私的基因》（*The Selfish Gene*）中提出了「迷因演化」（memetic evolution）的觀念。他對迷因的描述，成為嚴謹的達爾文主義者研究文化適應（cultural adaptation）的基礎。但他犯下一個致命的錯誤，也就是把人類文化描述成一種新的太古濃湯（primeval soup），在其中，文化特徵會讓自己散播，就像基因散播的方式一樣，而不是一種由基因組演化出來讓基因組適應力增強的工具。

這種誤解始終沒有獲得適當的化解，因此造成天性與教養（nature versus nurture）之間的混淆，持續阻礙了研究進展和社會進步。如果要問某種特徵是來自於先天遺傳還是後天造成的，就表示自然、基因和演化在一邊，教養和環境則在另一邊。但是這種二分法是錯誤的，基因與文化全是演化而來的。

想瞭解為什麼必須把文化當成與分子調節子完全相同、同樣是用來幫助基因提高適應力的工具，關鍵就在於權衡的邏輯；我們將在整本書中反覆提到這個概念。

從基因組的角度來看，文化絕非免費的；事實上，沒有什麼比文化的代價更高的了。能夠吸收文化精髓的腦部要很大，而且需要耗費許多能量才能運作，也難怪傳遞文化的過程很容易出錯。人類文化的內容，例如「不可殺人、不可偷竊、不可貪戀他人財物、不可自誇」等，經常阻礙能夠增加適應力的機會。這裡暫且把基因組擬人化一下，我們可以說：如果文化沒有彌補基因組所付出的天文數字代價，基因組就有理由生氣。文化浪費了本來可以由基因組支配的時間、能量和資源。從這點來看，文化可能牢牢寄生在基因組之上。

不過，事實是基因組處於主導地位。在鳥類和哺乳動物的世界中，文化的力量幾乎普遍存在。文化隨著基因組演化的過程，變得精巧、強大並逐漸擴展出去。全世界分布範圍最廣且主宰生態系統的物種，就是我們人類，文化的能力也最極端。這些事實在在告訴我們，不論文化做了什麼，絕不以犧牲遺傳適應力為代價。相反地，文化大幅促進了適應力。如果文化沒有以這種方式回報基因，自身表現受到文化影響的基因不是會滅絕，就是演化成如橡樹般不會受到文化影響的基因。

我們在教授學生演化時，把對於遺傳與表觀遺傳現象之間關聯的瞭解，濃縮成「歐米伽原則」，其中包含兩條敘述。

歐米伽原則

一、文化這類的表觀遺傳調節，因為更具彈性且適應得更快，因此凌駕於基因之上。

二、文化這樣的表觀遺傳調節，是為了服務基因組而演化出來的。

我們選擇了希臘字母歐米伽（Ω）來為其命名，是因為這個符號讓人聯想到圓周率符號 π，代表這種關聯的必要性。文化的適應性質不能獨立於基因之外，就像是圓周不能獨立於直徑之外。我們從歐米伽原則衍伸出強大的概念，就是任何代價高昂又持久的文化特徵（例如在一個譜系中流傳了幾千年的傳統），應該可以被認為是適應的結果。

在這本書中，我們會以演化的角度討論那些特徵，包括收穫宴和金字塔。我們會利用第一原則推斷人類為何如此特別的原因，以及為何現代的創新會讓人類的心理、身體和社會失去健康。為了要發現這些原理，我們必須尋找線索。在下一章中，我們將會探究人類遙遠的歷史，一覽人類採取的多種形式，以及人類祖先所創新的系統與能力，還有那些將所有人類團結在一起的普遍特質。

第二章

人類譜系簡史

二十萬年前，我們共同祖先的身體和腦部已經和現代人類完全相同。居住在東非裂谷的古代智人在刮鬍子、剪頭髮並穿上現代的衣服後，若身處人群擁擠的21世紀街道上，可能沒人會多看他兩眼。當然，他不知道發生了什麼事——他的身體和21世紀的人類相同，只是腦中的東西不同。

人類有好幾種普遍特質。

所有的人類都有語言。我們能夠分辨自己與他人，知道自己是主體（「我為她煮飯」），也知道自己是客體（「她為我煮飯」）。我們可以做出各種普遍又細微的面部表情，包括快樂、悲傷、憤怒、恐懼、驚訝、厭惡和輕視。人類不只使用工具，還使用工具來製造工具。

我們居住在能夠遮風避雨的棲身之地，過著群體生活。我們通常與家人在一起，成年人被期待要幫助兒童社會化，兒童則要觀察年長者並效仿他們。我們也會經由嘗試錯誤來學習。

我們有身分地位，而控制地位的規則根源於親緣關係、年紀、性別等。我們有繼承的規則和代表階級的符號。我們會分工合作。對我們來說，一報還一報的概念很重要，不僅在好的方面，例如幫助鄰居蓋穀倉會得到回禮；在壞的方面也一樣，受到錯誤對待時會報復。我們會交易。

我們會預測未來並據以做出規劃，或者至少會盡力規劃。我們有法律和領導者，不過這兩者可能會依照情況而改變或只是暫時存在。我們有儀式，有宗教活動，有性別舉止（sexual modesty）的標準。我們讚賞殷勤和慷慨。我們有審美觀並會應用在自己的身體、髮型和環境上。我們知道如何跳舞。我們演奏音樂。我們玩耍。

我們花了很長時間才成為現在這個樣子。如果你深入研究地球上的生命歷史，你會看到人類這些普遍特性在數億年中出現的過程。一旦理解了這點，你就會明白為什麼變化（尤其是快速的變化）並不一定是好事。

三十億年前（誤差約有數億年），地球上突然出現了生命。那個生物體是地球上所有生命的共同祖先，我們深受這種生物的恩惠，只不過現在與它長得不太相似。

這個最早的生物是單細胞生物，沒有細胞核，也沒有性別之分。它能夠自己產生能量，可能是把陽光轉換成食物，就像是現代植物那樣；也可能是把無機物分子（例如氨或二氧化碳）轉換成食物。隨著歷史持續推進，人類祖先和人類的親緣關係越來越接近，也越來越相似。

二十億年前，人類祖先用來複製自身的物質已被包入細胞核中。DNA自己形成了組織，這樣在正確的時段仔細解開時就會引發一連串事件。許多複雜性就隱藏在事件的時間安排和編碼方式，以及DNA摺疊起來形成的結構之中。有效的摺疊非常重要，比把行李安置到行李箱中或貨物放到貨櫃中重要得多。在這個時代，人類祖先演化出許多方法以便達成分工：細胞中有胞器，讓細胞執行功能的區域分開；微管（microtubule）和運動蛋白（motor protein）開始推動細胞到處移動。

這時人類的祖先已有細胞核，屬於真核生物，但每個細胞都獨自生活。很久之後，細胞才彼此建立起永久的連結，同心協力，成為多細胞個體，而不只是多個細胞聚集在一起而已。生物體在各個階層都出現了特化（Specialization）。而細胞中的胞器很久之前就發明了特化：葉綠素專門進行光合作用，粒線體專門產生能量，但是這樣的特化只出現在細胞之內。現在有了多細胞生物，生命的等級提升了。

每個熟知生物演化史的人，都有自己最喜歡的演化轉變，那些轉變重要到之後可能就沒機會再次發生。你可能認為腦的起源或是血液或骨骼的出現，是後續其他所有嶄新特徵賴以出現的演化轉變。不過除了最早出現的變化，其餘都取決於已經創造出來的條件，因此沒有一個注定會成為我們目前所知的形式。一開始，能夠自己產生能量的生物被演化出來，這使得那些利用其他生物產出能量的生物被演化出來，也就是異營生物（heterotroph）。人類就屬於異營生物，需要利用植物或是其他光合作用生物所產生的能量來生存。我們演化成異營生物（從其他的生物得到能量）的那個過程並非絕對不可改變。

包括人類在內的所有生物，都需要呼吸、吸收養分、排出廢物以及繁殖。生物的體型越大，對於其他構造的需求往往就越多——要有讓物體在全身流動的管路系統，還要有控制中心負責收集資訊、做出分析並據此產生反應。

大約六億多年前，我們成為從用陽光製造能量的生物那兒竊取能量的多細胞生物，也就是成為了動物。

我們這個譜系還演化出性別，這個特徵一直持續至今。有些特徵在演化史中出現又消失，例如鳥類發展出飛行能力，但有些鳥類又失去飛行能力，成為了企鵝、鸏鴕和鴕鳥。很久以前，蛇和人類的共同祖先有四肢，但後來蛇的四肢消失了。人類最重要的感官是視覺，但就算是眼睛，許多穴居魚類也不再使用，因為居住在幽暗的水中，在危急狀況下即便有眼睛也發揮不了作用。

光是墨西哥穴魚的無眼族群就有幾十種，而牠們有視覺的近親生活在水面附近。

其他特徵演化出來後持續到現在，代表那些特徵有幾乎普遍的價值。沒有哪個動物演化出骨質化的內骨骼後，又演化出不具骨質化內骨骼的生命形式。神經元和心臟也是如此。性別演化（也就是有性生殖的演化）的來龍去脈就沒那麼清楚了，但應該也屬於這種類別。已知地球上目前只有一個譜系曾演化出性別而後來又沒有了，那是蛭形輪蟲（bdelloid rotifer），這種動物在某些方面非常特殊，例如能在極度脫水和高劑量游離輻射（ionizing radiation）的狀況下存活。但人類所屬的譜系進行有性生殖延續了至少五億年，直到今日都沒有間斷過。

在多細胞生物歷史的早期，有些分支譜系形成固著（sessile）形式，也就是在一處固定不動，以此保護自己。其他則形成移動（mobile）形式，會到處移動找尋需要的資源，並且避免自己被獵捕而成為資源。絕大多數的動物都是兩側對稱的：身體分成左右邊，中軸線像是反折點（point of inflection），一邊像是另一邊的鏡像。昆蟲的身體可以分成左右邊，身為脊椎動物的我們也是。不過人類與海星的親緣關係，要比與昆蟲的更近。這代表了即使是兩側對稱這樣顯然非常有用的特徵，也不是完全通用。成年海星顯然放棄了身體的左右對稱，而是偏好輻射對稱。

五億年前，我們身體內部的活動也組織起來了，演化出中央化的單一心臟與腦部。在此之

譜系樹

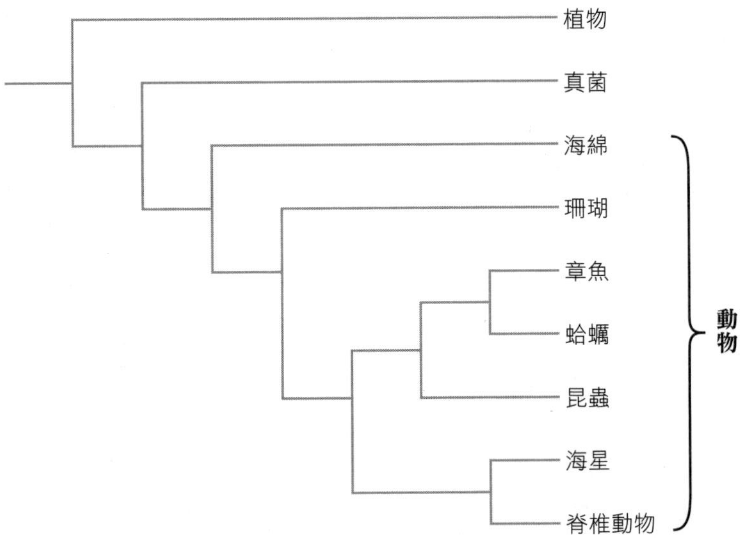

演化樹代表我們目前對於數個現存分類群之間關係的瞭解。許多分類群沒有包括在圖中，不過演化樹的本質就在於即使排除了一些分類群，也不會讓演化樹失真，只是沒那麼完整而已。

這個演化樹並不代表脊椎動物比其他分類群「演化得更高等」，而是確實指出：

- 脊椎動物和海星彼此的親緣關係接近的程度，要超過這兩者與其他類群之間的接近程度。
- 在這個演化樹中，蛤蠣和章魚彼此的親緣關係最接近，昆蟲和前兩者的親緣關係最接近。動物和真菌彼此的親緣關係接近的程度，要超過這兩者和植物之間的接近程度。

前，加壓與鼓動血液的部位有好幾個，神經處理核心也有好幾個。由單一腦部把輸入的資訊組織起來，讓我們發展出更多感覺世界的方式。

不久後（就地質時間而言）我們變成了「有頭蓋類」（craniate），也就是具有腦部，而且用頭顱把珍貴的腦部仔細地保護起來。這個時候骨骼還沒有演化出來，下顎也還沒有，因此我們能做的事還很有限，但是這樣的生物依然存續至今，例如八目鰻到現在依然活得好好的，是早期有頭蓋類的現代代表生物。牠們沒有下顎也沒有骨頭，用小小的腦部努力找到宿主，然後附著其上寄生。

不久後，牙齒和下顎演化出來了，兩者都很有用。之後出現的是髓磷脂（myelin），這種成分包裹在神經元外，能夠讓神經訊號傳遞的速度增加。有了髓磷脂，我們移動、感受和思維的速度變得更快了。

到了四億四千萬年前，許多魚的身體表面出現骨片形成的盔甲（即鱗片），但當時地球上還沒有生物體內具有骨質化的骨架。那些魚類的後代留存到現在，牠們有下顎、有牙齒但沒有骨骼，其中包括了鯊魚、鰩魚和魟魚。鯊魚是許多人非常害怕的動物，牠們的體內沒有骨骼卻能過得好好的。要強大、聰明與成功的方式確實有很多。

骨骼在分子層次上類似於牙齒。當骨骼以內骨骼形式而不是以體外盔甲的形式出現，進而取代較早出現的軟骨（cartilage）時，我們便成了硬骨魚（Osteichthyes）。當然我們也一直是真核生物、動物、脊椎動物、有頭蓋類。類群成員的身分永遠不會消失，但如果生物體的特徵改變得

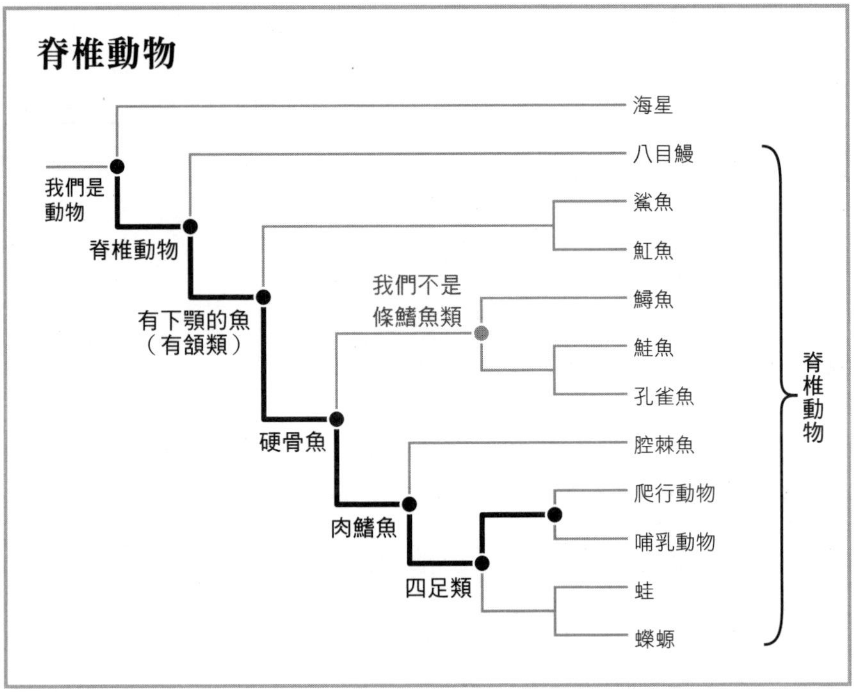

夠多，就會成為不同的類群。我們是具有細胞核、行異營生活、具有脊椎和骨骼的魚類。我們是魚類。

大約在三億八千萬年前，我們魚類當中有一些前往靠近陸地的淺水區域。我們是四足類（tetrapod），我們有些鰭開始看起來像是手腳而非魚鰭，其中的骨骼與肌肉伸展，成了手腳與指頭。不過踏上陸地的道阻且長、困難重重。陸地生活很費力，當然對於能夠在陸上生活的動物而言，陸地廣大而且充滿希望。無論是從讓身體站起、讓自己不被重力壓垮，加上光、聲音與氣味在空氣中的傳播方式也與在水中不同，在陸地世界中，以上種種嶄新的狀況都要需要被好好對應。

幾乎身體的每個系統都需要重新配置。有很長一段時間，我們與水的關係依然非常密切，我們會在水中悠晃，好讓皮膚這個主要呼吸器官發揮功能，我們也會回到水中生產。許多個體犯下錯誤，而且是代價高昂、甚至付出生命的錯誤。一切都可能出現截然不同的結果。從後見之明來看，我們祖先犯下的錯誤有的可以保命，或是並非全然的錯誤。這幾乎是注定的結果，將由人類發現自己的歷史並以書寫的方式流傳下來，而不是由海豚、大象或鸚鵡發現並思索牠們的演化史，講述另一個演化發展方向不同的故事……也不是由與人類親緣關係更遠的蜜蜂、章魚或雞油菌來撰述歷史。

早期的四足動物全都是兩生類（amphibian），只要可能就會待在水邊。那些遠離水的個體顯然冒了極大的風險，而幾乎也都死了。牠們這樣做就像是冒險家，絕大部分也如同人類冒險家一樣，冒了沒有回報的險。但那些沒有死去的個體發現陸地上沒有其他脊椎動物棲息，而且食物豐富。就這樣，我們的兩生類祖先散播到陸地上。當時全世界最早的森林正在形成，環境炎熱潮濕，有許多陰冷的角落，形體巨大的蜈蚣和蠍子四處漫遊。

三億年前，地球上的大陸像拼圖那樣集結起來了，成為單一大陸，稱為盤古大陸（Pangaea）。盤古大陸是個蒼翠溫暖的世界，有茂密的植物和巨大的昆蟲。在當時的地球上，就連南極與北極也沒有冰。那時候新種類的蛋出現了。舊式的蛋構造簡單脆弱，目前鮭魚、蠑螈、蛙類和比目魚的蛋仍是這種型態。新式的蛋則是羊膜蛋（amniotic egg），含有許多保護層和滋養層，因此兩棲動物可以遠離淡水生活。最後，我們終於不再需要那麼大量的水。我們現在是爬行動物，是羊膜動物（amniote），但我們依然是魚類，永遠都是。

三億年前，我們在陸地上生活，有了肺和全新種類的蛋。我們羊膜動物演化自爬行類型（Reptiliomorph），廣義來說就是爬行動物。也就是說，我們羊膜動物全都是爬行動物。爬行動物出現分支，就像是演化樹那樣。在我們還是羊膜動物的早期，有一個分支出現了，這個分支位於後來出現眾多爬行動物的譜系以及後來成為哺乳動物的譜系之間。

我們把其中大部分的種類稱為蜥蜴。後來有些蜥蜴的腿消失了，這些沒腿的蜥蜴現在被稱為蛇。蛇雖然沒有腿，但依然屬於四足類動物，因為就算牠們現在的形態如此，但牠們的演化史並沒有因此而改變。有些爬行動物變成恐龍，有些恐龍變成鳥（所以說恐龍並沒有滅絕。鳥算是恐龍，而鳥也算是魚）。鳥和哺乳動物最近的共同祖先位於爬行動物譜系的底部，這個祖先貼著地面走路，動作遲緩、冷血、不具社會性而且認知能力弱。這譜系後來出現了鳥，也出現了哺乳動物，兩者各自分開、沒有交流，但都演化出血液溫暖、站得高、跑得快，而且腦部構造複雜的動物。在世界上生存時，具有溫暖血液的大型腦部其實耗費的能量較多，但是鳥類和哺乳類各用不同方式解決了這個消耗的問題。對於這兩類動物來說，各自解決的方式都很好。

比起其他已知的動物，鳥類和哺乳類有更多的文化學習和複雜的社會行為。溫血和移動快速的特性，似乎在這兩類動物的文化演化史中有著巨大貢獻。鳥類中有許多物種的壽命長、發育時間也長，一夫一妻的比例特別高，個體之間的連結可以維持數個繁殖季節，甚至一輩子。有些彼此連結的鳥類合唱時極有默契，以致我們聽不出來是兩隻鳥在鳴叫。有些人類伴侶也是如此。

四足類

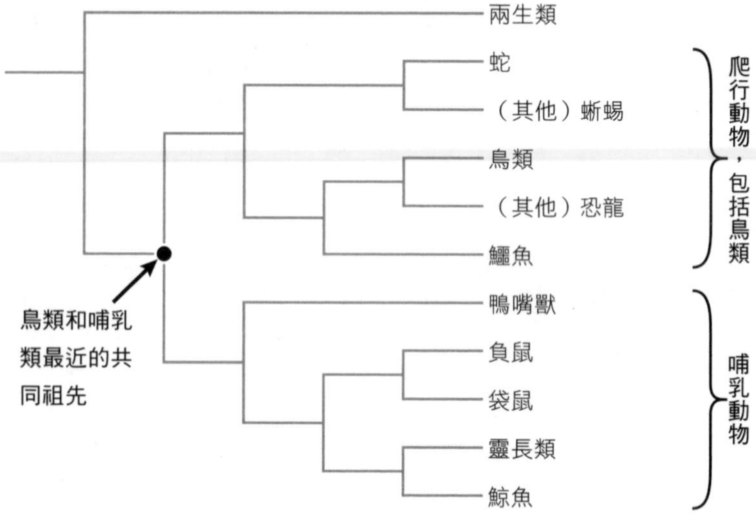

上圖是四足類的親緣關係圖。在爬行動物中有三個關係值得特別說明：

- 在無腳的蜥蜴中，蛇是最大的類群。
- 鳥類是六千五百萬年前唯一沒有滅絕的恐龍分支。
- 龜類毫無疑問屬於爬行動物，但與牠們親緣關係最近的動物目前還不清楚，就用這個因此沒被放在這個譜系樹中。

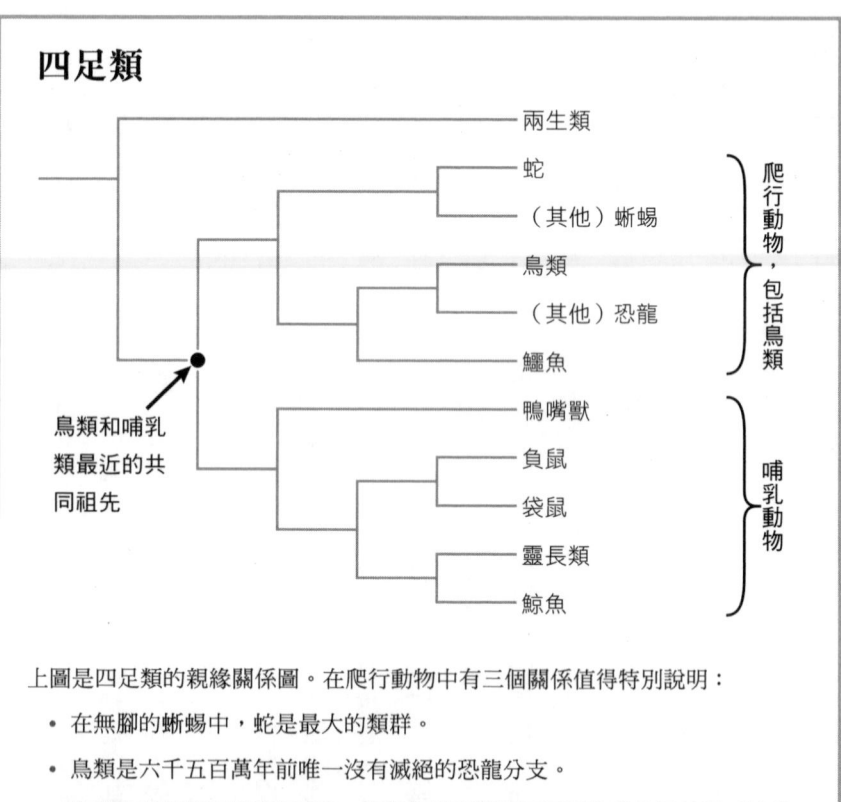

在爬行動物演化樹的基部，分化出我們祖先所屬的分支，哺乳動物發展出用以命名這個類群的特徵，即乳腺。除了奇特的鴨嘴獸和針鼴（echidna）位於哺乳動物演化樹的基部，所有哺乳動物都會懷孕並產下新生兒。來自雙親（至少是母親）的照顧現已無可避免。母親和子宮中胎兒的溝通有許多形式，主要是以化學方式。在胎兒出生後，有些母親只是提供乳汁，其中含有大量關於免疫、發育和營養相關的成分，但絕大多數的母親都會保護和教養自己的後代。當身體構造和生理機制的改變推動了雙親的照顧後，更多的照顧需求便隨之而來。

我們是哺乳動物並不只因為我們有乳腺、毛髮，或是中耳有三塊小骨。我們是哺乳動物的原因，在於我們源自於最初的哺乳動物，迄今已傳了數千萬代。最初的哺乳動物大約於兩億年前在地球上出現，牠們的確有乳腺、毛髮，中耳也有三塊小骨。只要有這三種特徵（再加上其他特徵），就可以斷定是哺乳動物。然而，我們之所以是哺乳動物，並非因為我們具備那些特徵，而是演化史、祖先和譜系讓我們成為了哺乳動物。

最初的哺乳動物非常小，在夜間活動，而且就現代哺乳動物的標準來看也不夠聰明。牠們的皮毛有助於保暖，分泌的乳汁是新生兒輕鬆能夠取得的安全營養來源。有了中耳內的骨頭，就能聽得比祖先更清楚。牠們的嗅覺可能也有進步。數億年來，腦中和嗅覺有關的部分持續擴張，同時納入了新的功能：記憶、策劃與場景建構。

哺乳動物的腦部由一些小巧靈敏的部位所組成，有些部位有時會在其他部位的視線之外發揮作用，但同時受到更大結構的整合與監督。哺乳動物的腦部半球並非如人類這般一直都分成左右兩邊，然而腦部側化（lateralization）讓左腦和右腦有機會進行不同的活動。哺乳動物腦中有一大束神經纖維所組成的胼胝體（corpus callosum）連接左右腦，因此我們的大腦顯示出專門化與部位整合之間的緊張關係。

最早的哺乳動物也有由四個腔室構成的心臟，能讓來自肺臟充滿氧氣的血液與來自身體其他部位缺乏氧氣的血液分開，這讓心血管系統的效率和能力都有所提升。哺乳動物成為內溫動物（endotherm），也就是血液溫暖、身體內部會產生熱而不需外來熱源的動物。哺乳動物也演化出新的保暖方式，並出現了REM睡眠（鳥類也獨立演化出以上種種特徵，但是形式不同。舉例來說，鳥類利用羽毛保暖而不是毛髮）。

早期哺乳類還解決了另一個脊椎動物登上陸地後就一直存在的問題。當最早的四足類動物在陸地上生活後，前進時身體會左右扭動（現在的蠑螈和蜥蜴依然如此），但這種方式會壓縮到肺部，因此移動的同時無法呼吸。前進時身體的左右扭動也限制了移動的速度，以及在兩次休息之間移動的距離。曾經花時間在野外觀察蜥蜴的人，都知道牠們能在短時間內快速爆發移動，接著就是急促的呼吸。哺乳動物解決這問題的方式是改變身體中軸晃動的方式，由左右晃動改成上下晃動，因此現在我們可以同時奔跑和呼吸。這是很有用的技能。除此之外，哺乳動物還有新的特徵，即橫膈膜。這個位於肺部下方的大塊肌肉能夠幫助呼吸。比起祖先，哺乳動物現在跑得更快也更久。當然這些在新陳代謝上是要付出代價的，比起體型相同的蜥蜴，哺乳動物需要更多熱量才能生存。

現在我們體內流動的血更熱，行動的速度更快，而且我們的計算能力也有所提升。早期哺乳動物的適應結果，使得血液循環、呼吸、移動和聽力的效能都所有增加。在哺乳動物歷史的早期，我們也在進食和以尿液排除廢物上變得更有效率。

我們人類是數億年來演化創新的受益者，不只我們飼養的貓、狗、馬如此，松鼠、袋熊和狼獾也都如此。

我們變成現在這個樣子歷經了一些必要的步驟，但如果歷史重演，需要多少個這類步驟才能讓具有意識的生物體出現呢？如果一切都能從頭開始，再次嘗試「**地球生命**」這個歷史實驗，結果會如何呢？

如果歷史重來，地球上意識程度最高的生物，依然有分成四個隔間的心臟、五根指頭、發育過程中朝後生長的眼睛等的機會應該很低。但在重新來過的歷史中，如果具有意識的生物再度出現，天擇自身雖然不會展望未來，但依然會找到某些方法來解決自身的不足，創造出能夠展望未來的大腦（細節姑且不論）。

六千五百萬年前，希克蘇魯伯（Chicxulub）隕石擊中地球的猶加敦半島（Yucatan peninsula），撞擊激起的大量灰塵屏蔽了日照多年。光合作用被迫停止，在地球的另一面，可能受到希克蘇魯伯隕石的推動，位於印度的德干高原洪流玄武岩（Deccan Traps）成形了，那是地球上最大的火山活動遺跡。這次的火山活動噴發出大量改變氣候的氣體，隨之而來的是大滅絕，其中包括所有非鳥類的恐龍。在之前的數千萬年中，牠們非常繁榮昌盛。

哺乳動物到底花了多少時間才開始變得有許多種類？這問題直到現在依然沒有共識。現在的地球上將近有五萬種千奇百怪的哺乳動物；在這樣龐雜的動物中有一半是嚙齒動物，剩下的四分之一屬於蝙蝠，最後的四分之一則包括海豚與袋鼠、象鼻海豹到羚羊、犀牛和狐猴。

在恐龍主導地球的某個時刻，靈長類加入了哺乳動物的行列，而且儘管遭到極為不利的狀況，我們的靈長類祖先依然熬過了六千五百萬年前的大滅絕，現在地球上所有生物的祖先也都是如此。

一億年前，當時希克蘇魯伯隕石還沒撞上地球，所有人類的共同祖先是一個住在樹上的小型夜行性靈長類。這種動物個子嬌小、身披絨毛，與家人組成小團體生活。身為靈長類動物，我們變得更加敏捷、靈巧並且注重社交。我們靈長類動物仍是真核生物、動物、脊椎動物、有頭蓋類、硬骨魚、羊膜動物和哺乳動物，每個連續而包容種類較少的類群，都有更高的精確度，而不是卸下更早期群體的身分。靈長類動物演化出能夠與其他四根指頭相對的拇指和大腳趾，指尖和趾尖上長出肉墊，並以指甲取代爪子。我們手腳的所有構造都變得更加靈巧，更適合執行精細動作。

早期靈長類動物擅長爬樹，這個事實可從我們手腳末端的骨骼變得更長、骨骼連結的部位變得更靈活看出來。攀爬能力犧牲掉一些在平地上保持穩定的能力，因此待在樹上的理由就更充分了。

身為靈長類動物，更依賴視覺而較少使用嗅覺。因此我們的鼻子縮小，眼睛增大。靈長類

靈長類動物

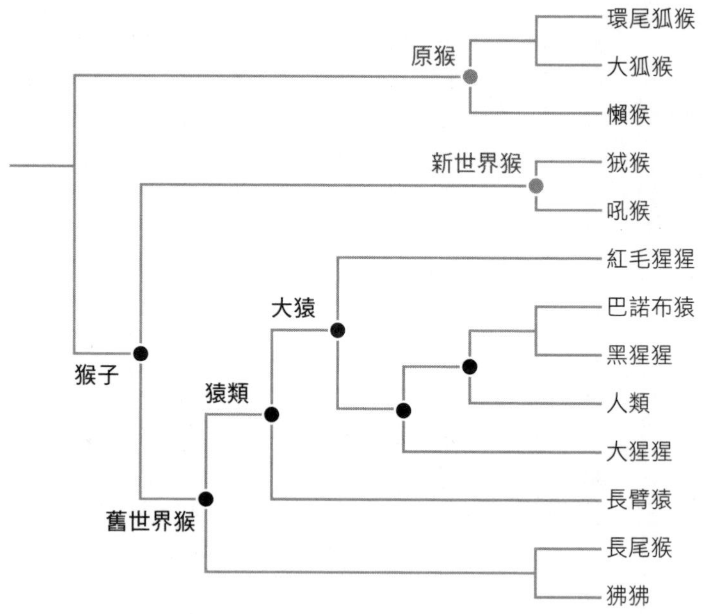

正如我們是動物、脊椎動物、有頭蓋類、硬骨魚、肉鰭魚和四足類一樣，我們也是靈長類猴子、猿類和大猿。

動物在化學感覺（嗅覺、味覺）上並不如其他哺乳動物。哺乳動物與祖先相比，腦部已變得更大，但是靈長類動物的腦變得比其哺乳動物還要大。在此同時，懷孕的時間也增長了，也就是新生兒在出生前於母體內待的時間增加。雙親投資在新生兒的時間也隨之增加，而且投入的資源更多，新生兒性發育的時間就越晚，這給年幼的靈長類更多時間學習如何感覺、如何思考以及如何生存。

我們屬於廣義上的猴子，這是靈長類動物中的某個類群，而上述的趨勢在猴子中持續擴張。我們變得幾乎只在白天活動，而且越來越依靠視覺。我們的鼻子縮得更小，頭顱中的眼睛變得更大。

猴子往往生育單胎或雙胎，而不是一次生產多個幼體，因此不需用來哺育後代的乳頭都消失了……不過雄性倒還留著。在同一時段中需要照顧的幼兒變少，因此猴類母親照顧每個幼兒、教導牠們猴類生存之道的時間增加了（猴類父親鮮少照顧幼兒）。

在交配季節中每個雌猴都有生育能力。至於在交配季節以外，猴類有各自的繁殖週期，會在狀況適當時交配。人類超越了這狀況，會自己「選擇交配的時間和對象」。這是理所當然的，不過某些潛在條件會讓受孕更容易成功，而且無論我們是否知道這些條件，那肯定都與我們的欲望和選擇有關聯。有些狀況會影響到整個族群，比如飢荒時幾乎沒有個體能夠繁殖，因為母體缺乏營養和生理資源讓胎兒發展到足月，也沒有食物餵養新生兒。

不過其他條件則因個體狀況而有所不同：身體準備好首次懷孕了嗎？如果曾經懷孕，最小的孩子有多大了，是否已經斷奶？有年紀較大的孩子可以幫忙嗎？是否有姐妹或是朋友？最喜歡怎樣的交配對象？當繁殖的季節主掌一切時，繁殖的時間步調是相同的，這些問題的答案變化程度也會較小。在繁殖季節中，單個雄性更容易獨占多個雌性的繁殖效力；但在個體的繁殖週期中，雄性較不容易獨占雌性的生殖效力，這種狀況對雄性和雌性之間關係的發展奠定了基礎，一夫一妻制和雙親照顧因此演化了出來。

三千萬年前到二千五百萬年前，猿類從猴類中演化出來，人類即屬於猿類。其他現存的猿類還包括數種長臂猿，大多數人認為牠們是現存最美麗的猿類——毛髮濃密、雌雄在東南亞熱帶雨林的樹冠層中結伴生活。有些種類會在日出與黃昏時分鳴唱，當然這暴露了自己的位置，但同時也傳遞了訊息（這棵樹的果實美味）、關懷（你有孩子嗎？）或意圖（我要回家了，再見）。

猿類出現的創新行為是「臂躍」（brachiation）——我們真的很會擺盪。在卡通中常見到猴子在樹林中擺盪、穿梭於樹林之間的畫面，但實際上猴子擺盪手臂的方式不及長臂猿、黑猩猩甚至我們人類那樣準確漂亮。

其他的猿類，即所謂的大猿（great ape），雖然不那麼漂亮，但是腦部更大。紅毛猩猩和長臂猿一樣，住在印尼的熱帶雨林中與周遭地區。大猩猩、黑猩猩和巴諾布猿，則只分布在非洲撒哈拉沙漠以南的地區。

大約在六百萬年前，人類的祖先（人屬）與黑猩猩以及巴諾布猿的祖先（黑猩猩屬）分開；後兩者是目前與人類親緣關係最接近的物種。還要經過數百萬年，現代人類、現代黑猩猩或巴諾布猿才會演化出來，但我們最近的共同祖先長什麼樣子？這是個有趣的問題。解決這問題的其中一個方法是想像他更像黑猩猩，或是更像巴諾布猿。

十七世紀的哲學家霍布斯（Thomas Hobbes）在想像人類如猩猩般的歷史時，並沒有意識到自己正在這樣做。關於人類，他有個著名的說法：人類處在「自然狀況」（亦即無政府狀態）中的生活，必定是「孤獨、貧窮、骯髒、野蠻而短暫的」。後來的傑出知識分子如佛洛伊德與史蒂芬·平克（Steven Pinker）等也有類似的看法，認為人類需要文明把自己從最基本的本能中解救出來。黑猩猩的確偏好戰爭而非和平，在彼此的領域邊緣經常發生爭鬥。相較之下，巴諾布猿偏好和平而非戰爭，在彼此的領域邊緣通常會分享食物，而不是攻擊對方。

但人類同時會發動戰爭和維持和平。當陌生人出現在我家門口時，我們會拿起武器還是提供幫助並邀請對方分享食物？這在不同的文化和狀況中會有很大的差異。有鑑於人類和黑猩猩與巴諾布猿的親緣關係完全相同，依靠其中一種而非另一種來瞭解人類本質是沒有意義的。我們從兩者身上都能有所學習。

黑猩猩與巴諾布猿是親緣關係與人類最接近的物種，牠們會藉由臉部表情和姿勢彼此溝通。牠們的臉部表情不若人類的那麼精緻多變，因為人類控制臉部的肌肉更多，而且人類的眼睛有眼白；但牠們的手勢很多，而且可以傳達豐富的意義。黑猩猩可以詢問其他個體要不要跟自己來、給對方一個東西或是靠近一點。黑猩猩也能發聲，但受限於喉嚨的結構，發出聲音的變化比不上人類的語言。手勢和擬聲詞牢牢根源於實體世界，而人類擴張我們的語言詞彙內容，讓我們更容易探索瞭解抽象的概念。

人類的壽命長，不同世代的人們可以生活在一起，因此我們不只向雙親學習，還可以向祖父母學習。人類形成大型又持久的社會群體、文化、複雜的溝通方式、悲傷、情緒和心智理論。我們可以從狒狒、鸚鵡、黑猩猩、大象、群居犬類、鴉類（烏鴉和松鴉）和海豚等其他物種上看到這些特徵。儘管如此，這些生物彼此之間的親緣關係並不接近，因此這些看似人類獨有的特徵在演化史上反覆出現，屬於趨同演化。

三百萬年前，北美洲和南美洲連接在一起，形成了巴拿馬地峽，也切斷了太平洋和大西洋的連接。當時西半球還沒有任何人族動物，因此在不受到我們的阻礙下，美洲的動植物群開始交流。駱駝科動物向南移動，最終演化成安地斯山上的駝馬和羊駝；有袋類動物則向北遷移，其中大部分的物種都已滅絕，只剩下負鼠這個譜系，代表了整個新大陸都棲息著有袋動物。

在人類的祖先和黑猩猩屬（黑猩猩與巴諾布猿）分開後的某個時間，我們從樹上下來了。我們在很久以前，甚至人類祖先還沒演化成靈長類時，就已在樹上生活。大約在人類祖先離開樹木的同一時間，我們開始以雙腿站立，逐漸變成主要以後肢移動。我們的大腳趾也不再與其他四隻腳趾相對，而能在地面上站得更穩。我們的骨盆和周圍肌群的形狀也逐漸改變。此時祖先居住的環境也出現變化，因此站得高有助於在非洲草原上探出頭來，在淺水中行進時也更容易呼吸。新出現的雙足步行讓身體的生物機械構造產生改變，使得我們在陸地上移動更有效率，因此雙足步行可能讓我們多了數種取得食物的方式，包括長途跋涉狩獵，以及在淺水中捕魚。

走路方式的改變反覆開拓了新的生態區位，因此我們的祖先眼前盡是新的世界。也是拜雙足步行之賜，我們的雙手能夠騰出來拿取東西，例如工具。烏鴉、黑猩猩與海豚都以能夠使用工具而出名，但是受限於攜帶工具到處移動的能力。人類在運輸工具時，不但沒讓工具妨礙我們遷徙到世界各地，甚至要移動時還可以利用工具。

此外，以兩條腿站立也對整個身體造成一連串的影響，最終包括改變我們的聲道結構，使我們可以比任何其他具有類似認知能力的動物發出更多樣的聲音。成為雙足動物，可能是擁有語言能力的先決條件。

二十萬年前，我們共同祖先的身體和腦部已經和現代人類完全相同了。居住在東非裂谷（African Rift Valley）的古代智人在刮鬍子、剪頭髮並穿上現代的衣服後，若身處人群擁擠的二十一世紀街道上，可能也沒有人會多看他兩眼。當然，他可能不知道發生了什麼事——他的身體和二十一世紀的人類相同，只是腦中的東西不同。

二十萬年前，構造上與現代人類相同的人類住在非洲莽原、開闊林地或是海岸邊，以狩獵採集維生，過著群體生活，這些群體會分裂與融合。他們會採集植物、狩獵動物和收集動物的屍體，在許多區域也會捕魚。他們到處移動，不會長期待在一個地方，不過其中有許多人每年有固定的遷徙路徑。舉例來說，會在適當時間回到特別茂密的草地、獵捕吃草的哺乳動物，如牛羚和南非羚羊（springbok）等，牠們也是因為這裡茂密的草地而來的。

現在只有少數人類族群持續這種維生方式，包括姆布逖匹格米人（Mbuti pygmies）、布西曼人（!Kung Bushmen）和哈扎人（Hadza）。

早期人類的歷史很複雜，充滿了各種可行的理論與詮釋，彼此之間都有關聯。我們可能是從類似人類的群體中分支出來的，然後又回歸並混血。這些歷史，包括了丹尼索瓦人、尼安德塔人和弗洛瑞斯島（Flores island）的矮人，其他書中都有詳細的說明。

人類有一個明顯的傾向：早期人類為了控制環境，彼此合作的事務越來越多，但他們也很快就成為彼此最大的競爭對手。我們藉由合作而在生態系中占據了主導地位，這使得我們專注於與同類的競爭。我們為了競爭而合作，群體之間的競爭變得更複雜、直接和持久，這種狀況持續到現代，幾乎無處不在。

反覆擺盪在主宰生態系和社會競爭這兩大挑戰之間，我們變成了拓展新生態區位的專家。最後還成為了改變生態區位的專家。

到了四萬年前，許多族群從事狩獵採集工作有更多合作和前瞻的成分。從那時起，考古紀錄開始出現埋葬死者的證據；個人的裝飾，包括用顏料彩繪皮膚、洞窟壁畫，以及能帶在身邊的藝術品，像是樂器等。雖然考古證據主要集中在歐亞大陸，但是百年來人們熟知的歐洲古代洞穴藝術，並不比最近在印尼發現的藝術更古老。新發現不斷地出現，其中許多顛覆了之前關於人類如此特殊的假設：六萬五千年前歐洲的一些洞穴藝術，被認為是尼安德塔人留下的而非智人的作品。

一萬七千年前，當歐洲最著名的拉斯科（Lascaux）洞窟壁畫正在繪製時，白令亞陸人可能正在進入美洲，散布於兩個大陸之間。

一萬二千年到一萬年前，人類開始農耕。

到了九千年前，人類開始永久定居。中東的耶利哥（Jericho）可能是地球上第一個城市。

八千年前，在現今厄瓜多爾境內安地斯山的喬布希（Chobshi），有人類住在一個淺洞裡，他們會合力追捕豚鼠、兔子和豪豬，把牠們逼上絕路後，讓牠們從矮小的懸崖上掉落下去，然後在底部取回屍體，用以製成食物和衣服。

到了三千年前，地球上大部分的陸地都已因為人類的狩獵採集、農耕和遊牧行為而改變。七百年前，有些人類居住在歐洲，其中有許多死於饑荒。過沒多少年，又有許多人因黑死病而死去。那時有些人住在中國，受到忽必烈的統治，當時他所統轄的帝國面積比以往的帝國都要來得大。有些人住在中美洲，是可汗鞭長莫及之地，正在進行馬雅啟蒙運動（Mayan Enlightenment）。在地球各地，人類有著不同的文化、政治系統和社會系統。絕大多數的族群對於邊界以外的生活並不瞭解，只知道距離自己最近的鄰居而已。七百年前，只有非常少數的人與半個地球以外的人產生聯繫，分享概念、食欲和語言。而這些人移動受限於船行與馬匹的速度，當然遠遠不及光速。

人類保留了演化歷史上絕大部分的創新，包括了大腦、骨骼、農業與船隻。我們呼吸空氣並產生熱。我們有高效率的心臟，但有時卻讓我們衰竭而死。我們有手腳四肢。我們靈巧、敏捷而且善於社交。我們直立行走，因此能把物品搬運到很遠的距離外。

我們一次只有幾個孩子，這些孩子會向年長者學習，也會彼此學習。我們的臉部表情可以讓彼此團結起來；我們的語言則不然。我們利用工具製造更複雜的工具。

我們過著群體生活，但有階級之分。我們會一報還一報，不論得到的是禮物還是拳頭。我們為了競爭而合作。我們有法律和領導人，我們從事儀式與宗教活動。我們讚賞殷勤與慷慨，我們欣賞自然和他人之美。我們跳舞歌唱，我們玩耍。

人類之間的差異很有趣，但是人類的相似之處才是人類之所以為人類的原因。

現在我們瞭解我們深遠的歷史以及成為人類需要多長時間後，我們便可以開始探索現代創新，並更全面地瞭解古代歷史的含義，以及歷史如何塑造我們與現代種種事務的關係。我們經驗到的是人類所有的經驗都在經歷改變，包括我們的身體、飲食和睡眠等。其中許多變化來得如此快速和猛烈，因此當它們造成難以挽回的傷害時，我們不應感到過度驚訝。

時間線

所有的時間都是估計值，每行文字間的間距並不精確。

35 億年前	生命出現
20 億年前	我們是真核細胞
6 億年前	我們是動物
5 億年前	我們是脊椎動物
3 億 8000 萬年前	我們是四足類動物
3 億年前	我們是羊膜動物
2 億年前	我們是哺乳動物
1 億年前	我們是靈長類動物
3000 萬年前至 2500 萬年前	我們是猿類
600 萬年前	黑猩猩屬和人屬分開
20 萬年前	我們是人類
4 萬年前	我們是藝術家
1 萬 2000 年前至 1 萬年前	我們是農耕者
9000 年前	我們在城市定居
150 年前	我們是工業人

第三章

古代的身體，現代的世界

如果說，居住環境中充滿筆直的線條，讓人更容易產生視錯覺。那麼，使用芳香劑和香水，是否會影響我們嗅聞身體訊號的能力？生活中隨處可見時鐘，是否會影響我們的時間感？飛機之於空間感，網路之於效能感，或學校之於家庭感又如何呢？「詭異」的生活方式還會讓我們付出哪些代價？

幾十年前，居住在非洲南部的布西曼人大都還是狩獵採集者，他們幾乎全都沒有視錯覺，不像西方人那樣，會在特定情況下難以分辨線段的長度——兩條長度相同的線，如果兩端的箭頭方向相反，便覺得這兩條線長度不一樣。我們的眼睛加上腦部的運作，會讓我們被愚弄。被問到這個簡單的問題時（哪條線比較長），西方人會答錯，但布西曼人不會。

如果你是打從嬰兒時期起就在布西曼部落長大的美國人，就不會和雙親一樣有這種視錯覺。同樣地，在美國紐約曼哈頓區長大的布西曼孩子，就會受到這種視錯覺的影響。在這個案例中，感覺能力和生理機能受到經驗與環境的影響，而不是受遺傳影響。

這本書的讀者絕大部分都居住在「詭異」（WEIRD）的國家中，即教育程度高、具工業化經濟基礎，而且通常相當富裕且行民主制度的西方國家。受益於工業化和民主制度，這些國家的居民幾乎每個人的生活品質都很高，但這種擴及整個社會的改變卻造成許多意外的負面結果。雖然大多數人都很清楚二十一世紀的詭異環境，大幅擴展了各種豐富經驗，但我們卻不太清楚這種生活如何減少其他方面的體驗，甚至對我們造成損害。為什麼我們與布西曼人不同，會受到簡單圖案

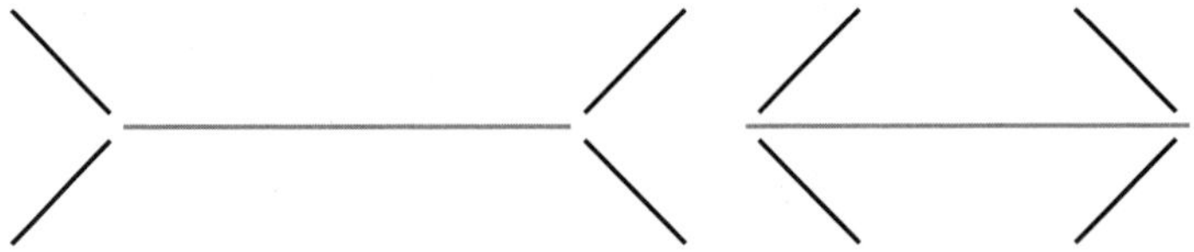
繆勒－萊耶錯覺

的愚弄呢？這與我們視覺範圍的改變有關。我們的家中乾淨清潔、格局方正、保持恆溫。正如幼貓的視覺輸入若受到剝奪，成年後的視力便會不全；現代生活的舒適和便利也讓我們受到剝奪，讓我們的能力變得不完全。又或者，我們的視覺能力也只是在適應現代社會獨特的方正環境。不論如何，現代化對於人類的基本層面產生了一些影響，然而令人震驚的是我們並不理解這項事實。

但有一件事是可以確定的：人類的行為與心理模型的實驗對象，往往是詭異世界的大學生。對於詭異世界的大學生來說，這些模型可能正確；但對世界上其他地方的人們來說就未必如此。的確如此，現在我們已經明白，以人類的經驗來說，這些生活在詭異國家的人才是不正常的。這個事實造成的影響要比更容易出現視錯覺來得重要太多。知道我們為何更容易出現視錯覺，能幫助我們瞭解「過度新奇」所造成的風險。人類的住家和遊樂場中充滿了整齊的幾何線條，而我們小時候經常處於這樣的環境中，使得我們的眼睛與世界上其他的人相比，更容易出現這種錯覺。我們認為視野中充滿幾何圖案是正常的，比如我們視線所及的木頭都是經鋸木廠裁切後的方正木材。

當我們的文化透過鋸木廠將木材切得方正，好用來蓋房子時，絕大部分的人不會想問這樣的經驗是否會影響人類的經驗與能力。隨著方正木材而來的是木工打造的環境；這正是現代人類環境的新特徵。這個特徵是否影響我們對世界的感知？讓你重新建構對於世界的觀點，例如那些發生在你自己身上的問題（即使你不知道答案），就是本書想要達到的目的。

比較木工打造的環境和以下這個演化改變的例子，能讓人瞭解遺傳的本質。這個例子是成年歐洲人的「乳糖酶存續現象」（lactase persistence）。

世界上大部分成年人都無法耐受飲食中的乳糖，因為他們的身體已不能製造能夠分解乳糖的乳糖酶了。乳糖是一種奇特的糖，只存在於哺乳動物的乳汁中。沒有其他的哺乳動物在斷奶年紀過後會持續喝奶。就算是人類，絕大多數的亞洲人和美洲原住民，以及許多非洲人成年後也不會喝奶。因此，我們想要解釋的這個特徵，其實不是大多數人的「乳糖不耐症」，而是少部分成年後能夠繼續飲用乳品者的「乳糖酶存續現象」。

成年後依然能食用乳製品，有很多種適應上的價值。擁有歐洲血統的遊牧者馴化了數種哺乳動物，從這些動物取得的利益包括肉食、毛料、皮革等，當然也包括了乳汁。烹飪技術的創新讓乳製品能夠保存到稍晚食用，起司和優格便是如此。這又使得成年人飲食中乳製品的份量與食用頻率都增加了。同樣地，居住在高緯度地區的人，因為從乳汁中攝取到乳糖和鈣質，而得到了適應性的益處。很多人都知道維生素D的作用是促進鈣質吸收，而鈣本身對骨骼的發育與強健非常重要，但在南北兩極附近地區並不容易取得維生素D，因此乳糖有個功能便是可以取代維生素D，促進鈣質的吸收。因此乳汁也能預防佝僂症。最後，居住在沙漠地區的人所面臨的最大風險就是缺水，能夠消化乳汁，讓他們同時獲得到營養成分和水分。

那麼，歐洲遊牧者、斯堪地那維亞人、貝都因人等撒哈拉沙漠民族的乳糖酶存續現象，箇中的機制是什麼？其解釋是多方面的，但都相對簡單直截，那就是飲用乳汁的人和他們的後代，有一個遺傳變異讓他們在成年後依然具有高效消化乳糖的能力。

在法國長大的日裔小孩，能夠好好享用閃電泡芙的機會並不比在日本長大來的高。對於一個在日本長大的法裔小孩來說，乳製品仍然是合宜的食物，只是在當地乳製品沒那麼容易取得。乳糖酶存續現象是在特殊環境下出現的，並且已進入現代人的遺傳基因。乳糖酶存續現象在某些環境下能夠帶來差異化的成功（differential success），在另一些環境中則不能。然而無論你身處在世界上能夠享用或是不能消化乳製品的地區，對於你是否能夠消化乳製品都沒有影響。

隨著DNA雙螺旋結構的發現，人們開始將「演化」特徵和「遺傳」特徵混為一談，有人甚至將「演化」和「遺傳」這兩個詞互換著使用。隨著時間過去，人們在談論演化改變時，越來越難讓人知道那並不是遺傳上的改變。如果達爾文知道孟德爾的豌豆研究，或是能活到發現DNA的時代，一定很高興知道天擇適應的機制，但我們猜想他不會認為這是唯一的機制。將演化特徵和遺傳特徵混為一談的狀況，也侵入了大眾文化，就像人們在面對「天性與教養」這樣的問題時所持的似是而非二分法觀點一樣。這時我們就要再次回憶起歐米伽原理（基因和文化這類表觀遺傳現象之間有著密不可分的關係，兩者都是為了基因的擴張而共同演化）。天性與教養到底哪個比較重要？這個問題本身之所以是錯的，並不是因為答案幾乎總是「兩個都重要」，或是因為這樣分類本身就有瑕疵，而是因為當你瞭解到兩者的演化目標是相同的，並瞭解箇中詳細的機制，就會瞭解這問題遠不及去瞭解為何這種特徵會出現來得重要。

「天性與教養」這種錯誤的二分法造成了破壞，是由於它干擾了我們仔細瞭解人類本質以及讓人類成為現在這樣子的演化驅力。「詭異」國家的人民更容易出現視錯覺，這與歐洲人以及貝都因人出現了消化乳製品的能力一樣，都屬於演化。儘管後者具備了遺傳因素，但我們沒理由認為前者也是如此。然而，這兩者同樣來自於演化。

如果充滿木製品的房屋使我們更容易出現特定的視錯覺，讓我們的視覺能力出現變化，那麼我們想問：「詭異」的生活方式還會讓我們付出哪些代價？在一九九〇年代，如果您認為上班日整天坐在辦公桌前，可能會提高罹患心血管疾病或第二型糖尿病的風險，別人可能會認為你瘋了。但現在的情況不能同日而語。

居住環境中充滿筆直的線條，會讓人更容易產生某些錯覺；坐在椅子上的時間太長，則會帶來各種不健康的後果。那麼，使用芳香劑和香水，是否也會影響我們嗅聞身體發出嗅覺訊號的能力？生活中隨時都可以看到時鐘，是否會對我們的時間感造成影響？飛機對我們的空間感又會造成什麼影響？網際網路是否對我們的效能感（sense of competence）有影響？地圖對於我們的方向感，或是學校對於我們的家庭感是否有影響？我想你抓到重點了。

在這本書中，我們並不是要爭論說人們應該放棄科技。這個過度新奇世界中的許多問題，並沒有簡單的解決方案。相反地，我們主張要審慎地應用「預警原理」（Precautionary principle）。

面對創新帶來的問題時，預警原理會考慮從事任何特定活動的風險，並建議在風險較高時謹慎行事。在系統結果的不確定程度很高時（例如不清楚打造直線環境，或使用核分裂反應爐為電網供電，可能會造成什麼負面影響），預警原理建議我們，如果一定要對現有結構進行改變，就應該要放緩行事。

換句話說：不要因為你「能做到」，就認為你「應該去做」。

適應與「卻斯特頓之欄」

大學時代，布萊特有個朋友罹患了盲腸炎，幸好在盲腸即將爆裂之前她衝進了醫院。對於她本人和朋友來說，這是一個既恐怖又痛苦的經驗。許多人都聽過類似的故事，所有人都知道存在「盲腸會破裂」的風險。那麼，到底為什麼我們的身體要有這種累贅物？為何我們的身體要保留這個著名的痕跡器官（vestigial organ）呢？

二十世紀初期，醫生也在思考相同的問題。許多醫生認為不只盲腸是痕跡器官，甚至整個大腸都對身體有害，因此「切除後應該能帶來良好結果」。但很少人指出人類的身體結構是適應的結果，並與後工業文化中各種越發快速的變化並不協調。

現在大家都說盲腸是痕跡器官，但是「痕跡」這個詞通常代表「我們不知道它的功能是什麼」。試問：演化真的會讓我們的身體留下這種只讓人付出成本、為健康帶來風險、而且很容易就動手術移除的器官嗎？

答案是否定的，當然是否定的。

許多年前，布萊特發展出一個由三條內容組成的規則，用來確認某種特徵是否該被視為是一種適應（adaptation）。這是一個保守的測試，因為它能正確將一些特徵歸類為適應，同時留下一些無法被歸類為適應的特徵。用檢驗假設的專門術語來說，依據這個規則可以產生假陰性（第二型錯誤），但不會產生假陽性（第一型錯誤）。因此，這個檢驗揭示了某種特徵是適應的充分證據，但不是必要證據。

檢驗適應的三步驟

如果一個特徵滿足以下三個原則，就可以推測它為適應：

- 複雜
- 會消耗能量或物質，而且不同個體之間消耗的份量不同
- 在演化時間中存續

以運動方式來舉例說明。游泳這種運動需要對身體結構、生理、神經和其他系統進行整合，因此是複雜的。相較之下，像是浮游生物那樣的隨波漂流則是簡單的。鮭魚的游動和浮游生物的

漂流，兩者可能都是適應，但上述的適應檢驗並不認為浮游生物的漂流是一種適應，因為少了「複雜」這個要素。要定義複雜、變化和存續，可能需要花上許多篇幅，但是檢驗方式在於原理的解釋，而非以量化來定義。

很顯然地，有的適應性特徵並不完全符合這三個原則。舉例來說，北極熊的毛缺乏色素，裸隱鼠（naked mole rat）缺少毛髮，這兩種特徵出現的原因可能是為了節省能量而非耗費能量。另一方面，根據這個原理檢驗出是適應的特徵，就該是一種適應。這個原理和歐米伽原理結合時，代表當我們看到一個複雜的行為模式，例如天主教、音樂才能和幽默感，我們並不需要知道這些特徵有多少來自於基因，因為即便這個特徵有部分或全都不是由基因組傳遞，在邏輯上我們還是可以合理認為它能促進遺傳的適應力。

現在嘗試用這個原理檢驗一下人類的盲腸。

某些哺乳動物有盲腸，比如某些靈長類動物、嚙齒動物和兔子。盲腸是大腸往外突出的部分，裡面棲息著腸道微生物，而這些微生物與我們有互利共生關係。就人類觀點來看，這些腸道微生物從人類的腸道得到食宿的供應。從微生物的觀點來看，人類則得到抵禦被微生物感染的能力，同時得到能促進消化並讓免疫系統好好發展的好處。此外，盲腸的組織含有免疫組織，與構成其他腸道的組織並不相同。盲腸複雜嗎？的確；它也需要消耗能量與物質資源才能維持，而且在不同個體和物種之間，盲腸的大小和能力也有差異，這符合第二點。最後，盲腸的歷史悠久，在哺乳動物中存在了超過五千萬年，符合第三點。

因此，我們可以說人類的盲腸是一種適應。

推論出盲腸是一種適應，並沒有回答盲腸的適應功能是什麼的問題。盲腸含有免疫組織和大量互利共生的腸道生物群落，這是能用來推測功能的適當線索。最近有個理論指出，盲腸是腸道微生物群的「避難安全屋」。這些生物和人體互利共生，當人類罹患消化道疾病時，會透過腹瀉將病原體沖出體外。腹瀉讓人很不舒服，但本身屬於適應性反應，但我們也必須付出代價，包括脫水和失去腸道中有益的互利共生菌落。而在痊癒後，盲腸能讓腸道再次充滿「有益的」腸道菌。

直到不久之前，所有人類可能都經常遭受腸胃道疾病的侵擾。大多數讀者可能都記得腹瀉來襲的感覺。腸胃道疾病讓人筋疲力盡、感覺整個人被掏空。這個事實具有啟發性：由於我們很少罹患腸胃道疾病，以致會覺得這個經驗很不尋常。但其實引起腹瀉的疾病在「非詭異」世界中十分常見，並且是導致人們死亡的重要原因，特別是兒童。

居住在「詭異」世界裡的人，有超過五%的人會在一輩子的某個時間點罹患盲腸炎，其中一半若沒有接受醫療處置便會死亡。但是對非工業化國家而言，幾乎沒人知道什麼是盲腸炎，除了那些已接受西方生活的地區。也就是說，在那些經常發生腹瀉的地區，盲腸炎很罕見。也許對於生活在二十一世紀工業化國家的人來說，盲腸已成了累贅和負擔。但對於經常接觸病原體的人來說，盲腸依然很有用處。

因此，盲腸炎也是「詭異」世界中的疾病。同樣地，許多過敏和自體免疫疾病也是，有越來越多紮實的證據支持「衛生假說」（hygiene hypothesis）。衛生假說指出，由於人類的生活環境越來越乾淨，以致接觸到的微生物越來越少，這讓我們身體的免疫系統沒能充分做好準備，而在調控方面產生問題，導致了過敏、自體免疫甚至某些癌症。依據衛生假說，由於我們把環境打理得太過乾淨，使得人類的免疫系統沒能如演化出來的那般運作。

人類的盲腸似乎也步上和免疫系統相同的命運。腹瀉能讓身體排出腸道病原體，在沒有經常腹瀉的狀況下，原本用於儲存好菌的盲腸現在成了累贅。

這裡要引用一個重要寓言「卻斯特頓之欄」（Chesterton's fence）。該寓言是以20世紀之交的哲學家兼作家卻斯特頓（G. K. Chesterton）的名字命名，因為這個概念是由他首度描述的。卻斯特頓之欄警告說，對於尚未完全瞭解的系統進行改變，必須要謹慎以對。這是一個與預警原理相關的概念。卻斯特頓用「豎起橫過道路的柵欄或閘門」來描述它：

> 偏好現代的改革者興高采烈地說：「我看不出這有什麼用處，就清理掉吧。」對此，更聰明的改革者回答說：「如果你不知道它的用處，我怎麼可能讓你把它清理掉？先去好好想想。等你回來告訴我你確實知道它的用途時，我才會允許你銷毀它。」

卻斯特頓寫下這段話的時間，正是某些醫生認為大腸在人體中只是占空間的廢物的年代。倘若真如卻斯特頓之欄所指出的，直到發現某物的功用後，才可把柵欄移開，那麼我們或許可以稱盲腸和大腸為「卻斯特頓器官」。我們也應該對其他事情多加留意，因為我們極可能在沒有充分瞭解它們的功能下，就想將之消除殆盡，其中包括的不只卻斯特頓器官，還有其他人的信仰、母乳、烹飪和遊戲。

權衡之道

卻斯特頓之欄提醒我們，人類之前打造的事物，或是經過多代篩選出來的結果，很可能有隱藏的好處。當二十世紀初期的醫生宣稱盲腸和大腸沒有用只會帶來危害時，想到達爾文或「權衡之道」（也有可能兼具）的人們，就應該踩下煞車。不論大腸有什麼問題，聰明的做法是在把它拉出來扔掉之前，先弄清楚它能帶來什麼好處。

凡事都與權衡之道（trade-offs）有關。不論任何生物體，都涉及數百個甚至數千個不同的競爭問題，怎麼可能知道該從哪裡開始尋找權衡的關係呢？事實上，任兩個特徵之間都有權衡關係。這種關係的存在，就像適應性景觀的山峰一樣，無論是否有人發現。

廣義來說，權衡之道有兩種類型。

「分配型」權衡是最明顯、最著名且受到詳細研究的類型。如果你只提「權衡」，那麼其他人會認為就是這個類型。因為在生物中，許多事情都是「零和」（zero-sum）的，也就是能夠取得的資源總量是有限的，能分的餅大小不會改變。如果你是一頭鹿，為了要長出最大的鹿角，很容易就會出自本能地放棄其他一些東西。你得借用其他資源才能讓角長得更大，因此犧牲的可能是骨質密度，或是其他儲存的資源。在某些狀況中，你可能只要吃更多東西就能讓角變大，但這會引發一個問題：如果事情真有這麼簡單，多吃一點就能對自己有利，那麼是什麼讓你不能多吃一點？假設有什麼事情限制了你的飲食、讓你的食量無法增加，那麼讓角變大就代表你得失去什麼。

第二種權衡是「設計條件約束型」（design constraint），這種權衡幾乎不受資源供應量的限制；也就是說，你無法用更多資源來解決問題。舉例來說，身強體壯（廣義來說，就是骨架更大、肌肉更多）有其價值，移動效率也是，但你不可能讓兩者都提升到最大值，為此你必須犧牲其中一項，而這種問題並不是用更多資源就能解決的。同樣地，如果你是一隻鳥（或是蝙蝠，飛機也可以），你可以飛得很快或是動作靈活，但如果你想又快又靈活，那麼最後只能達成普通快和普通靈活。有些鳥飛得更快，另外一些鳥更靈活。你可以成為通才，這也算是一種成功。

在魚的體型上很容易看到速度和靈活之間的權衡。舉例來說，天使魚（angelfish）的身體短而厚實，牠們能在原地停留，幾乎不需往前移動就能夠急轉彎。如果生活中最主要的事情就是啃食珊瑚上的東西，這種能力就很管用。體型和天使魚形成鮮明對比的是沙丁魚，長而薄的身體最適合快速直線移動，能在掠食者追上之前轉彎逃走，但卻無法停在某處。

設計條件約束型權衡指出，你不能同時最快又最靈活。此外，它也指出你不可能同時最強壯又最有效率。

上面案例可能不難理解，但我們較難用直覺知道的，是你也無法同時最快又最憂鬱。人類在躲避權衡的限制上幹得不錯。舉例來說，不可能同時移動速度快、防禦能力又高，這是一種權衡的結果。但人類卻能利用身體之外的事物，發展出延伸的表現型（extended phenotype）。馬匹的馴化、城堡的建立，讓某些人可以同時移動速度快、防禦能力又高。就如同在第一章討論的，在專才與通才的權衡時，人類似乎已打破僵局。

廣義來說，人類屬於通才型物種，而個人（以及文化）的能力則更專精在各項技術上，能適應很多不同的環境狀況。在北極圈附近，人類對獵殺海豹很專精，這是在當地的生存之道，但這種技能在美國奧瑪哈（Omaha）、英國牛津和非洲上伏塔的瓦加杜古（Ouagadougou）就沒太大用處。嚴苛的環境往往更需要文化上的專精；在沒那麼嚴苛的環境中，文化以及人群則可以透過對整體未來的洞見來繁榮發展，同時鼓勵個人的專業化。馬雅文化在鼎盛時期有許多農民，但也不乏文學家、天文學家、數學家和藝術家。若要求藝術家或天文學家證明，在其他人耕作所得的農穫物中也有他們應得的一分，恐怕十分困難。認為體力工作和腦力工作同樣有價值的人，可能是那些曾經嘗試兩類工作但在兩方面都不夠頂尖的人。這些人是通才，往往有必要向某種專家說明另一種專家的價值。

但是，就算集合人類所有的聰明才智，也無法完全逃脫權衡的限制。假設我們可以做到，就是犯下豐饒主義（Cornucopianism）的錯誤；豐饒主義者想像的是一個資源豐饒、充滿人類才智的世界，權衡在這個世界中神奇地不再統領一切（在本書最後一章這個議題會再次凸顯出來）。

與豐饒主義相關，甚至助長這種錯誤的，是「傻子的愚行」所打造出的錯覺，也就是我們被短時間內得到的資源和建立的財富給蒙蔽了，因此產生錯覺，以為我們克服了權衡的限制。然而這是一種幻象，權衡的限制依然存在，所有財富都必須支付代價，只是由其他地區的人或是由我們的後代償還罷了。

權衡是無可避免的，卻有一個顯著的優點：驅動了生物多樣性的演化。一個好例子是植物對於光合作用一整套的解決方案。植物利用陽光的能量合成糖，大多數的植物進行的光合作用是C3類型；在溫度適中、陽光燦爛、水分充足這種適合植物生長的狀況下，C3光合作用運行得最好。因為C3光合作用進行時需要葉片上的氣孔（stomata）在陽光推動光合作用的同時張開，以便吸收二氧化碳。C3光合作用需支付的代價是水分會從氣孔流失，因此在水分有限的時候，C3光合作用植物的日子就不好過。

當植物開始遷徙到比較邊緣的環境，例如沙漠地區時，C3光合作用就會遇上問題，而有兩種新的光合作用類型演化出來。其中一種是景天酸光合作用（CAM photosynthesis）。在這種光合作用類型中，植物張開氣孔吸收二氧化碳的時間，會與受陽光照射行光合作用的時間分開。景天酸光合作用的植物會在晚上張開氣孔——這時的溫度較低，蒸散的水分較少，因此能為仙人掌和蘭花之類的景天酸光合作用植物保留水分。

然而，行景天酸光合作用也得付出代價，比起C3光合作用，這些植物的新陳代謝過程要消耗更多能量；不過，在陽光充足卻缺乏水分的環境中，景天酸光合作用就會勝過C3光合作用。另一個解決水分流失的方法不是改變生化過程，而是改變形態。當生物體的表面積和體積比減少、越來越接近球體時，表面流失的水分也會減少。數學原理沒得商量：水分會從表面散發，比起細長型的仙人掌，圓球形的仙人掌損失的水分較少，因為表面積和體積比更低。當然，許多植物採取了多重策略：使用景天酸光合作用的植物同時也改變了形狀，以減少水分散失。

在本書中，我們將看到這樣的權衡系統貫穿全書——從解剖結構、生理層面到社會層面——同時，我們也會指出不瞭解這些狀況將帶來怎樣的災難。

日常的成本與歡愉

起司好聞嗎？

法國人用與「戶外公廁」的距離來形容起司的氣味；味道刺鼻的起司更接近廁所，較溫和的起司離廁所較遠。然而，用與廁所的距離遠近來形容起司，並不能說明以這樣形容起司味道的人是否推薦那些起司。事實上，最珍貴的起司往往是廁所氣味最重的起司。因此，雖然許多起司聞起來像糞便，但到底這種形容具有正面或負面含義，則是個人品味的問題，對此大家都知道無須多做解釋。

或是需要解釋？

在人類所有感官中，嗅覺最難解釋。事實證明，嗅覺是最難用實驗室的簡化方法研究的感官，也是理論家探究過最令人困惑的綜合感覺。更讓人不解的是氣味的主觀經驗。對於某種特定氣味的感覺，人與人之間的差異很大，其中一些差異完全隨意、沒有任何理由，但大部分可由文化和出生的經驗預測。不僅如此，一個人在成年生活中對於某種氣味的感覺也不總是維持一致。對特定氣味的反應會因環境和經驗而異，有時候甚至背景脈絡都會造成影響。

如果你正在讀本書，那麼你自身擁有的背景可能會讓你難以理解人類祖先的困境。你可能從未真正挨餓過。而人類絕大多數的祖先處於與我們幾乎相反的狀態。大多數動物在大部分的時間裡，都處於飢餓狀態。擁有足夠資源的任何族群都會傾向於增長，直到不再有任何多餘資源為止。資源太少時，族群自然會縮小。這代表族群大小往往會抵達上限，然後在這個界線附近增增減減，這個上限被稱為承載力（carrying capacity）。因此，隨機看某一代的祖先，你很可能會發現他們想要的食物比實際上擁有的更多。

你可能從未真正挨餓過，事實上，你可能獲得比理想狀況中更多的食物，這使得你很難憑直覺瞭解食物有多珍貴。我們現代人可能很難想像祖先為了尋找更多食物願意冒多少風險，也無法想像他們為了保護屬於自己的東西會採取的措施，還有能夠擴大食物價值的科技創新多有價值。我們可以合理地說：**把熱量保存下來，就相當新發現的熱量**。富足時獲得的一單位食物若在匱乏時食用，該單位的食物價值就更高。

我們往往認為烹飪的目的是讓食物更美味，但世界上有許多烹飪傳統的目的更實際：分解食物的有毒成分，提高食物的營養價值，並在攜帶食物移動或保存食物時，讓食物免受微生物的侵害。我們用鹽醃漬或以煙燻製肉類，以確保微生物脫水死亡。出於相同理由，我們製作含糖濃度高的蜜餞。對於容易腐爛的蔬菜，我們以巴式殺菌法處理並冷凍，以此殺死原本就存在的微生物，並防止新的微生物出現。我們使用的技術還不只這些，許多文化都發展出擊敗微生物、避免腐敗的技藝。實際上，我們是讓食物安全地腐爛，因而避開讓食物危險地腐爛的機會。

如果環境中細菌已入侵你的牛奶罐，當你打開牛奶罐時，鼻子會清楚地為你指出下一步。即使半滿的牛奶罐中還有相當多的營養成分，但是喝下去的潛在代價高過扔掉的成本。這就是為什麼那牛奶聞起來發臭了。臭味是大自然在告訴你，你必須非常想喝再去喝那瓶牛奶。這件事也說明了使用馴化動物的奶作為食物資源深具風險。乳汁是演化出來直接從母體的乳腺餵養嬰兒，因此乳汁富含營養卻要立即食用，而且幾乎不會與外界接觸，因為它防不了環境中的細菌。而我們現代人必須竭盡全力，以巴氏殺菌法處理生乳，並在密封後冷藏，一切都是為了延長牛奶的保存期限到一、兩週的時間。很顯然，我們的祖先在度過漫長而沒有收成的冬天時，需要更好的牛奶保存法。

其中一個方法是把牛奶製作成起司。利用特地培養出來的細菌和真菌，小心地讓牛奶腐敗，如此便可永久保存，而那些細菌和真菌不會讓人生病。起司是絕佳的解決方案。一塊起司製作好了之後，就算表面上有壞菌繁殖，只要把表面切除，底下仍是新鮮且未受汙染的起司。

然而，問題就在於人類天生會排斥變質乳汁的氣味，因為通常來說，食用充滿微生物的東西不是什麼好主意。人類的鼻子和大腦共同合作，讓我們避開變質乳汁的氣味和味道。那麼，要怎麼擺脫古老的本能才能吃下起司，享受美味並得到營養呢？

如果你出生的社會文化有成熟的製作起司技藝，那麼排斥所有變質乳製品的代價就很高。因此，你需要能夠區別變質乳製品好壞的方式；而聞起來像廁所的氣味並非充分的指標。

一九九〇年代，希瑟在馬達加斯加海岸附近的一個小島上進行研究。我們睡在帳篷裡，洗澡則在瀑布底下，食物除了米飯之外還是米飯。在長達一個月的田野調查中，我和助手收到一大塊起司。我簡直樂暈了，立刻準備克難式的起司通心麵，並邀請在島上工作的兩位馬達加斯加保育人員一同享用。他們湊上去聞了味道後，馬上就倒退並掩住嘴巴。馬達加斯加的料理中從未出現過起司。

對於我們生活在現代社會中的人來說，起司在商店中出售是項非常可靠的指標，代表起司不會在我們的腸道中引發微生物戰爭。對於我們的祖先來說，親人的行為也可以當成相同指標。最終，要驗證後才會知道方法管不管用。如果有個人嚐了一些特意腐化的乳製品，之後幾小時到幾天都沒有生病，那麼那個乳製品就是安全的，可以把這發現整合到營養資訊表中。如果價值很高（起司的營養價值很高），那麼無論氣味如何，都是營養濃縮的指標。實際上也是如此，只是起司聞起來帶點垃圾味。

皮蛋、德國酸菜、韓式泡菜以及其他世界各地許多仔細製成的長期保存食物，都有類似的情況。

目前我們瞭解到的是：人類生來就會藉由經驗法則，知道什麼該吃以及什麼不該吃。桃子聞起來很香，太陽曬過的蛤蜊聞起來很臭。烤肉聞起來很香，腐肉聞起來很臭。這些規則適用於一開始猜測哪些食物值得吃，但如果只運用這些規則，就會錯失很多具營養價值又可食用的東西，而對於飢餓的動物（動物幾乎都處於飢餓狀態）來說，這可不是小事。因此輔助系統演化出來了，讓我們能根據經驗資訊重新判斷食物。我們的經驗資訊可能從親屬得到（透過文化），或是從飢餓時的絕望中發現（透過意識）。我們持續根據食物的實際價值而非第一印象來重新評估食物。我們可能會因為能夠提振精神而喜歡咖啡；喜歡啤酒則是因為其中的營養價值如同麵包、但又不像麵包那樣保鮮期很短。

如果故事到此就結束，我們就可高枕無憂了。通常「詭異世界」的人有足夠的食物，可以根據自己的喜好來建立和重建對於食物的偏好。我們也不需要喜歡其他人喜歡的食物。在現代世界中，品味和偏好變得越來越隨意，因為我們的文化規範已變得普遍化、全球化，而且是由市場驅動的。

但是故事沒在這裡結束。演化的新奇也在嗅覺故事中顯露出醜陋的一面。

有機溶液聞起來如何？不幸地，許多人覺得很香。當然人人都知道有機溶劑有毒，顯然我們應該重新評估這類東西並要避免食用。但這類資訊的更新遠遠不夠。在祖先的世界中，大多數有毒氣味涉及對於不要接近某些物體的警告，例如最好不要接觸嘔吐物或腐肉；而嘔吐物、腐肉或人類屍體的氣味本身並不危險。

然而，對於我們現在經常接觸到的許多氣味來說，情況並非如此。許多有機溶劑不僅聞起來香，而且光是嗅聞就會帶來危險。人類長期演化出來的警告系統（如果氣味難聞就要小心）因為以下兩個原因變得不可靠：第一、許多有機溶劑對某些人來說是香的；第二、光是聞到這些有機溶劑就足以傷害身體。有機溶劑丙酮對某些人來說是香的但有毒，常被當成指甲油清洗劑。甲苯不久之前還用於麥克筆中，並且仍是許多品牌的魔術膠成分；汽油也是這類溶劑。當空氣中瀰漫著這些有點好聞的氣味時，我們並沒有訓練自己摒住呼吸，就會對自己造成傷害。

還有更糟糕的。身處於現代社會中，我們也會接觸到某些真正有毒或是會造成傷害的成分完全沒有氣味。比如天然氣和丙烷等氣體，我們聞起來完全沒有氣味。當它們濃縮起來時，只要細微的火花，例如打開電燈開關時的火花，就足以引發大爆炸。不久之前，我們的祖先還不用擔心這些氣體會累積到足以點燃的濃度，因此天擇沒讓我們生來就對這些氣體產生噁心或是警覺的反應。這種狀況實在太過危險，因此後工業現代社會設計出一個解決方案——利用人類產生反感的迴路，藉此有效喚起人們注意並讓注意力持續。不論丙烷和天然氣是透過管線送到你家，還是放在鋼桶中運輸，都會先加入第三丁基硫醇（tert-Butyl mercaptan），這種化合物會讓滲漏的瓦斯具有獨特的硫磺味，聞起來就像是髒襪子或是腐爛垃圾的味道，讓我們很容易就能察覺到，由此產生警覺。

在密閉空間中二氧化碳濃度的升高，也會觸發我們體內的警告系統。二氧化碳本身無毒，但是身處在二氧化碳濃度很高的環境中，我們會感到窒息。人類偵測二氧化碳的能力非常古老，深藏於我們體內——杏仁核受傷的病患在其他會引起恐懼的狀況中不會感到驚慌，但在二氧化碳濃度高時會。

與二氧化碳相比，一氧化碳危險多了。這種分子能夠取代氧氣而與血紅素結合，在不知不覺中就讓人靜靜睡去而不再醒來。

那麼，為何人類天生能偵測無毒、高濃度下會造成危險的二氧化碳，卻無法偵測有致命毒性的一氧化碳？

答案與演化創新有密切的關聯。動物吸入氧氣、排出二氧化碳。我們的祖先可能偶爾會處在密閉空間中；處於密閉空間中暫時是安全的，但隨著持續呼吸，這個空間可能會隨時間過去變得越來越致命，因此我們的身體必須配置一種偵測器，在洞穴充滿二氧化碳時引起焦躁不安感，好驅使人離開去到他處。我們若對一氧化碳也有類似的偵測器就太棒了，但這種需求直到相當現代才出現，要有工業化燃燒才會產生一氧化碳。我們無須認為對於天擇來說，一氧化碳的偵測方式較難篩選出來；而是這種偵測器的用處太晚才出現，因使還沒配置在我們的身體之中。

一九四〇年代，布萊特的外祖父哈利．魯賓（Harry Rubin）在 RCA 擔任化學工程師時，曾接觸到不知是否對人體有害的成分（那時美國職業安全衛生署還沒成立）。當哈利必須通過一團不知名氣體時，他總是摒住呼吸，這讓他得到膽小鬼的稱號。在更新世，當人類表現出膽怯時，可能會因為他人的嘲弄而學會勇敢和高效工作的技能。然而，後工業化的地球是個過度新奇的世界，使用勇敢這種策略反而會很危險。在更新世，對於人的存續來說最大的威脅是其他人類，偶爾還有河馬。因此，演化賦予的感官和傾向以及同儕協助下建立出來的模型，已經非常夠用。然而，當風險包括其他人從未接觸過的化學物質時，情況就不一樣了。哈利喜歡冒險，六十多歲時學會滑雪，還和布萊特一起攀登了惠特尼峰（Mount Whitney）。但是他對自己不知道也不可能知道的事情保持警覺。他比其他化學家同事活得更久，他們活著的時間都比預期壽命短，哈利則活到九十三歲。

以上種種，讓我們得到的教訓非常明顯。人類經由天擇具備了聞出環境中許多化合物的能力，生來就知道該受怎樣的氣味吸引，又該排拒怎樣的氣味。但是這個圖譜十分粗糙，並不完美，最多只符合過往的環境，然而當時的環境與現在的並不相同。

人類能夠根據來自其他人或環境本身的資訊，重新設定嗅覺世界。如果人類科技進步改變的速度沒那麼快，那麼這種能力應該足以應對環境的變化。我們經常製造並濃縮的致命化合物，是我們的祖先從未遇過的，因此我們的身體無法偵測到。嗅覺不再是可以提前警告的系統，因為在許多狀況下，偵測到的時候，傷害已發生了。正如我們將一再看到的，現代人面臨的問題是：儘管我們生來是為了應對新奇事物，但二十一世紀所未見事物出現的速度遠超過我們過去所見，以致天擇的速度根本跟不上。

如何改正？

- **對於古老問題的新奇解決方案，抱持懷疑態度**。尤其這種新奇方式造成的後果在你改變主意後很難逆轉。新奇大膽的科技，包括實驗性手術、使用激素遏制身體發育，以及核分裂等等，可能看起來很美妙又沒有風險，但卻可能存在著隱含的（以及隱藏得沒那麼深的）代價。
- **認識權衡之道，並學會利用它**。分工合作讓人類族群得以克服個人無法應對的權衡處境。人類這物種能夠適應不同的棲地和生態區位，戰勝了權衡的挑戰，這是任何單一族群都辦不到的。
- **成為一個認識自己模式的人**。深入瞭解你的習慣和生理機能。什麼會刺激你吃東西、鍛鍊身體，或是上網路社交平台？瞭解自己的行為模式，能讓你學會控制這些行為。
- **當祖先傳下來的系統受到干擾時，要留意卻斯特頓之欄，並運用預警原理**。記住這一點：「能做到」不代表「該去做」。

第四章

醫學

大多數人每天都會出門曬到一點太陽，或是吃鱈魚，或是兩者都有，但是吃藥簡單多了，充滿科學主義的味道，這種方式很容易讓人誤解科學，同時誤以為自己「有好好控制自己的健康」。常聽人說這樣的話：「我很積極，我正在補充維生素D。」

希瑟年幼時，經常罹患鏈球菌咽喉炎（strep throat）。長大後，鏈球菌咽喉炎消失了，但她每年都會罹患喉炎（laryngitis），有時一年犯上好幾次。更糟的是，當她發病時往往完全失聲，無法授課。其中一次是在二〇〇九年，她只好透過螢幕發送文字，對學生進行課堂簡報。

對於我頻繁出現喉炎，醫學專業的反應是我必須服用一些藥物，然後再服用另一些藥物來抵消前一批藥物的副作用。為什麼是那些藥？因為它們可以減少可能導致喉炎的發炎反應。他們過去接觸到的病患與我之間有什麼共同症狀？醫學專家不知道，而且他們似乎也不在意，他們只是建議我服藥。

我沒有照他們的話去做。

直接用藥物治療病患的症狀，而不是進行實際診斷，這種作法既削弱了醫療系統，也削弱了醫師的診斷能力。此外，資料流（data stream）也受到汙染：如果有那麼多人服用了副作用未明的藥物，那麼有誰會知道哪些人得了什麼病，又為何生病？

當我再次發生喉炎、出現在醫院門口時，他們問我：「你有吃我們開的藥嗎？」當我說沒有時，他們就不必負擔責任。如果我不遵循醫囑，醫生要如何才能幫助我？

當給出指示的人不知道自己在做什麼或是為何這樣做時，遵循那些指示既不光彩也不聰明。醫療系統一直排斥採用演化思維，而是選擇往往會產生新問題的藥物治療，然而這種方法通常治標不治本。如果在解決問題時不會引發任何難以承受的代價，而且這問題真的是個問題，那麼任何具有簡單生化開關的問題，應該早就被天擇「解決」掉了。

現代世界充滿了新奇資訊，使得診斷變得越發困難。除此之外，藥物還保證能快速解決問題；網路世界隨處可見簡單但往往錯誤的答案；市場力量迫使醫療保健人員和患者相處的時間越來越短。我們不該驚訝的是，許多人覺得被現代醫學忽視、遺忘或打發。慢性疾病、原因不明的持續頭痛、不該出現的模糊疼痛等等，許多人生活在這種或數種痛苦中，其中一些已被證明不只是讓人不適而已。在本章中，我們的目標是提供一些工具來幫助你瞭解如何改善健康。

話說過了幾年之後，希瑟一再復發的喉炎在沒吃任何藥的狀況下，幾乎不再復發。不過，醫生從未診斷出原因，也無法解釋為何她會痊癒。

對抗化約主義

人類圈養的大樺斑蝶不知道如何遷徙。大狐猴會進食數十種樹木的葉子；如果你想要餵養牠們，就會發現要想取得養活牠們所需的所有食物種類十分困難。在夏威夷，人們發現大鼠會吃掉人工培育的甘蔗（人類自己造成的問題），因此想利用貓鼬（mongoose）吃掉大鼠，但很快就發現環境中的本土鳥類、爬行動物和哺乳動物都消失了，大鼠卻依然存在。

無須對上述情況感到驚訝，複雜的系統就是這樣複雜。把複雜的系統化約為易於觀察和測量的組成成分，可能會讓你覺得自己成功了，但是採取這種取徑通常會遭來反噬。這類過度新奇的狀況，還包括找出並合成能引起生理變化的分子，同時讓這種分子成為全世界通用的藥物。但這種藥物往往只會讓人更不健康。

現代醫學的方法，大致上可歸結為化約論，表現出一種科學主義（scientism）的傾向。科學主義這個詞名聲不佳，卻是很重要的概念。科學主義的概念是二十世紀經濟學家海耶克（Friedrich Hayek）提出的。他觀察到，科學的方法和語言經常被不從事科學的機構和系統模仿使用，最後產生的結果通常完全不科學。我們不僅看到他們使用「理論」和「分析」這樣的詞語，來包裝顯然稱不上理論和未經分析（而且往往無法分析）的想法；更糟的是虛假計算能力的興起，對於任何事情都加以計算，一旦你有了測量數據，往往會完全放棄做出進一步的分析。

一旦我們讓某件事物有了代稱，劃入了某個類別，我們就會自以為瞭解該事物；如果那個代稱可以量化的話，情況就更嚴重：一旦用上了數字，就算那個數字錯得離譜都沒關係。除此之外，一旦有了類別，我們通常就不會在類別之外尋找意義，因為正式的賞罰系統（胡蘿蔔和棍子）只存在於類別之內。

把這種想法稱為「科學主義」是錯誤的，就像稱呼二十世紀早期和中期的優生學計畫為「社會達爾文主義」（social Darwinism）那般。科學主義是科學工具的私生子，就如同社會達爾文主義是達爾文思想的私生子，是對演化論極度錯誤的理解。

科學主義的錯誤還結合了另一種錯誤：即想像我們只是機器、具有固定規則和代碼，不把我們當作人。這種工程師看待人類的角度（而非生物學家的角度），嚴重低估人類的複雜性和多變性。事實上，每個人都很容易犯下這樣的錯誤：我們尋找度量指標，一旦找到某個可用來測量又與我們試圖影響的系統相關的指標，就誤以為只有**那個**指標與系統相關。熱量以成為追蹤吃下多少食物的**那**指標，特別是想要控制體重的人對這指標更是重視，儘管來自碳水化合物、蛋白質、脂肪和酒精的熱量，都會對身體各自造成不同的影響。同樣地，當藥物成為治療精神失調或疾病的優先方式時，許多形式的精神不適和精神痛苦，都會被（錯誤）診斷為精神失調。

來看看蘿拉．德拉諾（Laura Delano）的例子。二〇一九年，阿維夫（Rachel Aviv）在一篇刊登於《紐約客》的精彩文章中，描述了這位多年來已服用過多精神藥物的女性。蘿拉多才多藝、美麗動人，所有的外在指標都很傑出，但她在哈佛大學讀書期間，內心世界卻開始崩壞。精神科醫生介入並做出一些診斷，其中包括躁鬱症（bipolar disorder）和邊緣型人格障礙（borderline personality disorder），於是在短短幾年內給她開了十九種不同的精神藥物。醫生視那些藥物為精確的工具，但沒有一種能夠緩解她長期的空虛感和絕望感，她甚至試圖用那些藥物來自殺。蘿拉寫道：「我給自己用藥，就好像我是精密校準的機器，最細微的錯誤都可能陷我於困境。」

最終，蘿拉找到了足夠的內在和外在資源，戒除了藥物，並把自己的情緒和喜怒哀樂視為人類的本質，而非待解的問題。雖然有些病症確實需要藥物介入，但一種對人體不那麼化約的看法（就像蘿拉最後採取的方法），需要我們瞭解到人類在歷史中絕大多數時間中的所作所為。

我們並不是「精密校準的機器」，我們是實體的存在，我們的大腦與身體、激素和情緒之間，有彼此回饋的系統；而這些系統尚未得到充分的理解，也不該被視為隨意就可修復的簡單開關。讓身體活動起來，是我們祖先想都不想就直接會做的事，能對心理健康帶來正面效果。有越來越多的研究指出，規律運動能夠改善住院精神病患的病況，效果令人振奮。雖然當代運動界傾向把人類的運動分解為更小的組成部分，例如強化心血管、重訓和靈活度訓練等，不過從事更古老的活動，無論是步行、運動、園藝還是狩獵，通常能夠整合身體活動的各個層面，而不需訓練計畫或是計算動作的次數。

除此之外，每個人都不同，對某個人有效的方法對另一人未必有效，這種個體之間的差異是演化學最基本的見解。希瑟曾在大學部教授比較解剖學，在十週的課程中透過解剖鯊魚和貓，讓學生在研究其中的內臟、肌肉、循環系統和神經系統後，充分瞭解這些解剖標本。但總是會有一、兩個學生不願參加解剖課，而是透過書本或是網路教材來學習。不過透過書本學習解剖，永遠無法取代在實驗室中研究同個物種的二十件標本。顧名思義，比較解剖學就是比較不同物種的構造，但很多時候，比較同一物種的不同個體，在某些方面來說更具啟發性。舉例來說，同一物種不同個體的肌肉連結點位置，從來不會有什麼變化，但是個體之間的循環系統結構就有很大的差異，比如頸靜脈（jugular vein）這樣的主要血管可以走不同路徑，這是為什麼？答案是：肌肉連接點的改變會讓肌肉的功能改變，但是循環系統的血管，只要能夠連接到目的地就好，因此路徑沒那麼嚴格。這種個體之間的差異，也讓人難以預期在某個人身上有效的方法，在另一人身上是否有效。

選擇讓什麼進入身體時，要考慮化約主義的風險

香草醛（vanillin）等同於香草嗎？四氫大麻酚（THC）等同於大麻嗎？並不同，在這兩個例子中，人類使用香草和大麻得到的體驗，主要來自單一分子，然而那種分子並不能代表香草或大麻的全部。在香草醛的例子中，這種效果似乎只對烹飪產生影響——用香草醛調味的食物，味道的豐富度不如整株香草。至於四氫大麻酚，我們早就知道大麻之所以能造成快感，是因為含有能刺激精神的四氫大麻酚；不過大麻中也含有能夠發揮安定精神效果的大麻二酚（CBD），只是含量不多，哎呀！在寫這本書的時候，一種在大麻中新發現的分子大麻萜酚（CBG）吸引了科學界和大麻育種界的注意。有人聲稱大麻萜酚的效用比大麻二酚更強大，可能吧。但就是因為人類發現了大麻萜酚，才把大麻提升到值得研究的地位。大麻萜酚一直都在，而我們現在賦予它神祕的性質，但其實發現這種分子並沒有改變大麻的作用。我們經常把一種效應（例如一種行為、治療或分子）誤以為是我們對該效應的理解。事實上，一個事物的作用與我們認為（或知道）它所造成的作用，並不是同一回事。

傲慢加上技術能力，使得人類一次又一次犯下這種錯誤。從飲用水加氟，到引起意外後果的可常溫儲藏食品；從受陽光照射引發的問題，到基造作物（GMO）是否安全等等，我們持續受到化約論思想的誘惑，在現實狀況是很複雜的狀況下，被「事情簡單易懂」的幻想引導而誤入歧途。化約論（特別是身體和思想方面的化約論）正在傷害人類，有時甚至會殺死我們。

二十世紀早期，科學家發現氟和低蛀牙率之間的關聯，因此許多自來水中都添加了氟，用來減少蛀牙的發生。然而自然界中並沒有氟分子，人類飲食當中也沒有，因此飲用水中添加的氟，是工業過程的副產品；這是反對飲用水中加氟的其中一個論點。我們還發現，接觸含氟飲用水的兒童出現了神經中毒的現象；換句話說，甲狀腺機能衰退和含氟水之間存在著某種關聯性。此外研究也指出，鮭魚在含氟的水中游泳後，會喪失導航洄游至出生地河流繁衍後代的能力。難道氟是能夠減少蛀牙的萬靈丹，就不需要付出其他什麼健康代價嗎？看來並不是。更重要的是，找尋萬靈丹這種一體適用、能解決人類所有問題的簡單答案造成了誤導。如果答案真有那麼簡單，天擇一定能找出來。你曾找到一個棒到難以置信的解決方式嗎？仔細探究要付出的代價吧，請記住卻斯特頓之欄。

現代食品供應鏈受益於加工食品的保存期限，雖然超市中外圍貨架上販售的食品往往加工程度較低、保存期限短，但在中間貨架的食品，幾乎都有數週甚至數個月的保存期限。讓食物中真菌的生長速度降到最低，當然是符合期待之事，但是付出的代價是什麼？丙酸（PPA）能夠抑制黴菌生長，是加工食品的重要添加劑，但如果出現在子宮中，就會影響胎兒的腦細胞，並與診斷出有自閉症類群障礙（autism spectrum disorder）兒童數量增加有關。「延長保存期限」得要付出代價，這一點我們無須驚訝。

同樣地，居住在靠近南極和北極地區的人，或是很少步出家門的人，會出現身材矮小、骨骼脆弱彎曲的症狀，被稱為佝僂症。這些人的身體缺乏維生素D，由於現代人喜歡服用藥物，我們便把維生素D單獨做成產品或是添加到牛奶中。不過，人類的歷史和這個症狀之間有什麼關聯呢？

在第一個千禧年末，不同於其他住在歐洲北部的人，維京人沒有罹患佝僂症，原因在於他們的飲食中含有大量鱈魚，但他們並不知道是鱈魚讓他們變得身強體壯的。我們也敢打包票，他們之所以身強體壯，並不是因為服用了純化的維生素D膠囊或營養液。歷史證據顯示，大多數人每天都會出門曬到一點太陽，或是吃鱈魚，或是兩者都有，但是吃藥簡單多了，充滿科學主義的味道，這種方式很容易讓人誤解科學，同時誤以為自己「有好好控制自己的健康」。你經常會聽到人說（或是自己說）這樣的話：「我很積極，我正在補充維生素D。」（或是維生素C、魚油，以及其他流行的快速養生產品）

還是一樣，這是一種化約主義和罔顧歷史的態度。對於沒有任何證據能夠證明「在飲食中添加維生素D可以保持骨骼強健」，我們無須感到驚訝。事實上，缺乏維生素D可能是佝僂病和相關疾病的症狀，而不是原因。補充維生素D不僅不是解決方案，我們甚至無法確定缺乏維生素D是不是問題所在。

用化約論思考維生素D與另一件事也有關係。這幾十年來，我們全都得到一項建議：在陽光下要記得塗上厚厚一層防曬乳。理論上來說，減少陽光的曝曬可讓皮膚癌的罹患風險下降。確實如此。但是猜猜減少陽光曝曬會讓什麼上升？沒錯，是血壓。隨著血壓上升，心臟病和中風的機率也會提高。避免陽光照射的人，總體死亡率要高出喜歡曬太陽的人。一項針對瑞典女性的研究指出的結果值得一提：「避開陽光照射的非抽菸者，其預期壽命與日曬量最高群體中的抽菸者相似；這代表避免曬太陽的人死亡風險與抽菸的人相當。」也就是說，化約論的科學主義再次誤導我們，並可能導致許多人死亡。我們應該遠離陽光並服用維生素D，還是接受適度的陽光照射並且藉由更接近祖先的飲食方式來獲取所需的營養？演化分析的結果指出是後者。至少在這個主題上，醫學研究也逐漸得到這個結論。

有鑑於化約論科學和健康機構，僅是由從基改作物中獲得學術利益或商業利益的人告訴我們基改作物是安全的，我們就得相信嗎？建議不要。某些基改作物安全嗎？幾乎可以確定是的。但所有的基改作物都安全嗎？幾乎可以肯定不是。我們要如何知道哪些安全、哪些不安全？我們是否可以依賴發明基改作物的人，讓他們代替我們保持警覺？在我們知道最後幾個問題的答案之前，預警原理的建議方向十分明確。

最後要指出的是，西方醫學的一些重大成就，包括外科手術、抗生素和疫苗，都牢牢植根於化約論的傳統，並且拯救了無數人的生命。在此，我們想要強調的是對於化約論的濫用。疾病的微生物病原說（用最簡單的方式來說，就是發現病原體會引起多種疾病），引領了抗生素的發現和使用，這為人類健康帶來巨大的福祉。接下來我們就以偏概全，想像所有的微生物都對人類有害。

我們現在知道，我們身上的微生物群系（microbiome）是與人類共同演化出來的，它們的存在對於消化道健康也很必要。抗生素是西方醫學中極少數具有強大效果的工具，但卻一直受到濫用。我們已經看到，隨著抗生素的大量使用，生病的人數逐漸增加，而且往往是慢性病。就像人類因為抗生素的濫用，傷害了體內的健康微生物群而導致疾病，我們飼養的牲畜也面臨同樣的狀況。此外，許多抗生素還有意想不到的副作用，會讓大多數人感到震驚。希瑟有個親身經驗，是服用抗生素意外造成阿基里斯腱（Achilles tendon）斷裂。現在已知肌腱和韌帶斷裂是抗生素賽普洛（Cipro）的副作用，而與賽普洛同屬氟　諾酮（fluoroquinolone）類的抗生素都有相同的副作用。一九九〇年代希瑟在熱帶進行研究時，為了消滅引起腸胃炎的細菌，曾大量服用賽普洛。

從在飲用水中加氟、添加食物保存期限的抗真菌劑、使用防曬乳到抗生素的濫用，我們一再犯下類似的錯誤。在這個過度新奇的世界中，化約主義加上以偏概全的傾向，讓快速但代價高昂而且可能造成危害的解決方案比比皆是。以上就是現代健康和醫療的一些重大錯誤。

把演化帶回醫學中

演化是統整生物學的核心理論，其中的涵義可能很微妙，甚至微妙到讓整個生物學社群感到混淆，其中很大程度上也包括醫學。

麥爾（Ernst Mayr）是20世紀最偉大的演化生物學家，確立了生物學中近因解釋（proximate explanation，又稱直接因）和終極解釋（ultimate explanation）的差異。為要區分生物學中的因果關係，他把生物學區分為兩個分支，許多科學家可能不知道有這樣的區分。

第一個分支是功能生物學（functional biology）：研究「如何」方面的問題，像是一個器官、基因或翅膀要如何運作？答案屬於近因解釋階層。

另一個是演化生物學（evolutionary biology）：相較下，屬於研究「為何」方面的問題。為何一個器官存續到現在？為何某個基因在這種生物中有而在那種生物中沒有？燕子的翅膀為何是那個形狀？答案屬於終極解釋階層。

好的科學同時需要這兩個方向的研究；事實上，所有研究複雜適應系統的科學家，都需要研究這兩個領域的能力。

由於「如何」方面的問題，也就是近因解釋的分析，屬於機制問題，一般而言比「為何」方面的問題更容易確認、觀察和量化。因此科學與醫學研究絕大多數都著重在機制問題上。也難怪媒體往往會偏好「如何」方面的問題，並且大張旗鼓地以吸睛標題予以報導。很多時候，人們以為科學需要對話的核心是近因問題探究的內容。然而，這種誤解對於有興趣研究「為何」的人，或是興趣在於研究「如何」的人來說都沒有好處。從機制的角度看，有些特徵超出了我們理解的範圍，但這不代表它們無法在研究終極問題時受到分析。舉例來說，即使我們還不瞭解意識、愛情或戰爭「如何」出現，但這並不妨礙我們研究它們「為何」會出現。

生物學家杜布藍斯基（Theodosius Dobzhansky）在一九六三年說：「如果不用演化的角度思考，生物學的一切都缺乏意義。」醫學的核心是生物學，當然這不代表絕大多數的醫學研究都需要考慮到演化，或是得要研究演化相關的問題。

只研究近因問題的傾向，加上抱持化約論的偏見，我們最後得到的是戴上馬眼罩的醫學，視野變得過於狹隘。西方醫學的確取得了偉大的勝利，像是外科手術、抗生素和疫苗，但卻把這些成功過度外推到許多並不成功的領域。當你有手術刀、藥片和針筒，只要在進行切除手術後投藥，好像就可以對這個世界帶來好處。

就算是骨骼，也需要重新以演化的眼光來審視。在使用的時候，骨骼和軟組織都會對力產生反應，從而變得強壯；換言之，它們是「反脆弱的」（antifragile）。現代人要是骨折了，如果折斷的骨頭是較長的腿骨或臂骨，一直以來得要固定個六週才會痊癒。在六週的嚴密保護後，這根骨頭再次骨折的機會有多大？很小。但是這根骨頭和周圍組織的力量會減弱到不適應外在世界的機率有多大？非常大。從這個方面來看，骨骼和兒童很類似；如果你不嬌慣你的骨頭，而是在它受創之前、之後都讓它好好接觸世界（當然要小心），我們認為它們（在某些狀況下）能夠更快癒合，你也能更快恢復正常生活。

二〇一七年的聖誕節，我們的小兒子托比（Toby）送給希瑟一台兩輪平衡電動車作為聖誕禮物，布萊特在試騎時摔斷了手腕。他沒有立刻去急診室，而是在當晚忍受了極度的疼痛，並在隔天持續忍受劇痛。在接下來那週的一場會議中，每當遇見新認識的人時，他都盡可能避免和他們握手。這在社交上很彆扭，但對身體來說不然。他一直都沒上石膏，兩週後他的活動力和力氣幾乎完全恢復，四週後就恢復如初了。

一年半後，十三歲的托比在野外宿營的最後一天從高空鞦韆上摔下來。跌倒時，他為了保護頭部和頸部而摔斷了手臂。營地位於加州北部的三一阿爾卑斯山（Trinity Alps），營地人員把他送到俄勒岡州阿什蘭市（Ashland）一家很好的急診室去，醫生用X光檢查，確認他骨折後便給他一個臨時夾板，並敦促我們回到波特蘭後看骨科，到時候應該會在他的手臂上打石膏。不過，我們全家人要過幾天才會回到波特蘭。於是托比上了夾板，度過了第一晚，儘管吃了止痛藥依然疼痛無比。第二天，我們四個人在阿什蘭郊外徒步旅行了八公里。當時他有上夾板，但問我們回到租來的小屋後是否可以把夾板取下。他的手和手臂腫起來了，但在骨折二十四小時後取下夾板，他已經可以移動手指。三天後，他的手幾乎不痛了，他便不再吃止痛藥，還用一隻手臂爬上阿什蘭美麗的利西亞公園一座高聳的繩索攀爬架。回到波特蘭後，我們帶他去看骨科，那位優秀的醫生允許他用夾板代替石膏，只要托比除了洗澡之外一直戴著夾板。骨折後七天，我們讓他完全不帶夾板。兩週後，他已經可以騎自行車。六週後，他的最後一次骨科檢查證明他已完全健康，醫務人員對他的手臂如此強壯有力感到驚訝。

以近因解釋法處理骨折的人，會認為骨折是個嚴重問題而想要快速解決問題。骨頭斷了？上石膏吧！然而，終極解釋法則會思考大草原上人類祖先骨折時的狀況：其中有些人會死於感染或曝曬，或是落入肉食性動物之口。然而有些人沒死，他們可能會以疼痛為指引，看看還能做什麼事，把自己的活動力推到極限但不會超過。使用藥物減輕疼痛，會讓身體的回饋系統受到干擾，讓我們難以知道什麼該做、什麼不該做。同樣地，消除受傷後的腫脹，代表同一部位再次受傷的機會變得更大；受傷造成的腫痛雖然很不舒服又對活動造成阻礙，但這通常是適應的結果，就像動態的石膏一樣固定了肢體。如果讓身體利用疼痛、腫脹和發熱等症狀與你交流，你就有可能更快、更安全地回復身體原來的狀況。

在第九章中，我們會提到大兒子扎卡里（Zachary）的故事。他的手臂嚴重骨折，需要動手術予以固定。這個故事進一步道出化約論思維的危險，儘管這種思維也是演化出來的天性。如果我們對所有骨折的處裡方式都一視同仁，認為時間和自然過程就足以讓各種骨折痊癒，那麼扎卡里現在的狀況應該會很糟。採納演化的邏輯不只是為了發掘自身的力量，同時也能讓我們瞭解自身的弱點，並在這樣的時候以現代的解決方案來幫助我們。

在化約主義和過度新奇的時代，我們該相信誰？

在本章中，我們批評了遍及現代醫學中的化約論。我們需要把這種化約論與我們所在的過度新奇世界結合起來思考。這個世界非常複雜，充滿了各項選擇，而不同背景資歷的權威總是站在相反的立場爭執不休，導致許多人渴望以簡單不變的規則指引生活。至少在某些地方，我們希望能夠「一勞永逸」，仰賴文化習慣而不是有意識的思考。這會驅使品牌忠誠度的出現，讓人即使有更好的通勤方式也依然採取老方法；還有，即使假面具已被揭穿，人們卻依然固著並遵循某些藥物和飲食建議。

我們在尋求一勞永逸的規則時，落入了化約論思維的虎口。我們需要的是靈活可變，並以基於邏輯與演化的思維引導我們。二〇二〇年二月新冠肺炎病毒大流行初期，世界衛生組織（WHO）和美國醫務總監曾多次告訴公眾「戴口罩無助於預防新冠肺炎」。當時有太多人聽信當局的意見，而不是自己的邏輯思考。舉例來說，如果戴口罩真的毫無意義，為什麼衛生專業人員要配戴口罩呢？這些指令後來被推翻，只因為指令來自權威人士就遵循的人開始對權威失去信心。然而，此刻要獲得公眾信任就更困難了，也更難勸說人們採取謹慎細膩的方法來減少新型冠狀病毒的傳播和衝擊。簡單的處方聽起來很動人，對於尋找一勞永逸解方的人來說更是好記。但是一旦這些方式失敗，你就沒有立足的基礎，也會失去自己解決問題的能力。不要盲目「相信科學」或是追隨權威的領導，要學會至少自己進行部分的邏輯思考，並尋求願意向世人展示其思考過程並承認會犯下錯誤的權威。再說一次，我希望能夠幫助你成為更優秀的問題解決者。

現代人對待的身體的方式，決定了我們看待食物的方式。從節食文化到飲食失調，全都按照化約論的理念運作，將人類的身體看成是機器，可以藉由改造而使其順從我們的心意。當我們觀察其他文化時，會看到一種較少刻意設計且更依賴神話和傳統的取徑，但他們卻鮮少冷靜分析他們為何依循那些規定。在許多「非詭異」世界中，抗生素的缺乏導致許多人無謂地死亡。然而我們要指出，在許多「詭異」的世界中，降低對傳統和自給自足的依賴，也導致許多人的死亡。兩者都是真實的。下一章的重點是食物，我們將探討一些人類歷史和史前史，以及傳統和創新。

改正方式

- **聆聽身體發出的訊息**。要記得疼痛是演化出來保護你的。疼痛是關於環境以及自己身體對環境產生反應的訊息。有些創傷需要專業治療，有些則不需要加以干預。疼痛很不愉快，但也是適應的結果，要關閉這個訊息前得三思。
- **每天運動身體**，散步，做各種運動，不要只從事單一種類。運動時不要用相同的方式。而且有時要激烈運動，並且要在戶外運動，這樣對身體更好。

- **找時間處於大自然中，越少人類建設與控制的地方越好**。這樣做有許多好處，其中之一是讓你開始認識到自己不可能控制生命中的所有事情，那些讓人不舒服的經驗，包括細微到熱天引起些許的不舒服，或是意外的陣雨等，會讓這份認識延伸到生活的其他面向。
- **盡量赤腳走路**。結繭和硬皮是天然的鞋子，而且比起鞋子，赤腳讓更多細微的觸覺資訊傳遞到大腦。
- **出現醫療問題時，盡可能不要使用藥物來解決**。抗憂鬱劑、抗焦慮劑和其他藥物改善了某些人的生活，卻不是最佳解決方式，通常還有其他的替代方案。西方醫學開始瞭解到許多情緒失調，例如憂鬱症，可以經由飲食、充足的睡眠和規律的活動來治療。
- **留意不協調造成的疾病**，例如成年人糖尿病、動脈粥狀硬化和痛風等。這些疾病之所以出現，代表你目前的生活和你對環境的演化適應有一處或多處不協調。這些疾病同時也反映出你的生活比人類過往的演化階段更富裕。讓你的現代人行為更接近早期的「演化適應環境」，至少能減少某些疾病帶來的傷害。
- **考慮用下面這個非正式的測試來評估某些類型的疾病，以及是否需用現代方式予以「修復」**：現代醫學出現之前，在與自己生活類似的環境中是否有人罹患這種疾病？如果有，就需要一種新的解方。如果沒有，可以從歷史中尋找答案。以居住在太平洋西北部沿岸地區的歐洲人後裔罹患佝僂病為例，以往生活在如此高緯度地區的人，是否也罹患佝僂病？答案一：有證據指出，至少有些北歐人沒有罹患，你可以以此為線索尋求答案（還記得維京人吃鱈魚嗎？）答案二：太平洋西北部沿岸地區的原住民沒有罹患佝僂病。對他們有效的方法可能不適用於非當地血統的人，但很可能有效，這要從當地的地理史中尋找答案。

第五章

食物

對於食物的化約讓人失望，因為它忽略了食物讓人們建立聯繫的能力——食物能讓為你做飯的家人或朋友，或是你做飯給他們吃的家人和朋友彼此建立聯繫。以營養為中心的化約飲食，沒顧慮到慶祝或悲傷的場合；而這兩者，往往是透過飲食來實現的。

最適合人類的食物是什麼？人們長期以來一直關注這個問題，尤其是身處「詭異世界」的人。我們當中有許多人都嘗試過「祖先吃的食物」，但是這種觀點充其量還是基於化約論和非演化論。

從改變身體酸鹼值的飲食到配合血型的飲食，還有只吃一種或幾種食物（例如葡萄柚或高麗菜湯），詭異世界的人深深著迷於「該吃什麼」，同時也對此深感困惑。讓我們看看在某些圈子中流行的兩種飲食方式，它們看起來並不像其他方式那麼瘋狂：生食和原始人飲食（paleo）。

提倡生食的人認為生食是最健康、「最自然」的飲食方式。他們說，烹飪是人類飲食現代化後才出現的劣化飲食。這個論點完全錯誤。人類烹飪史的起源非常悠久，而且還讓人們從食物中獲取更多熱量。雖然烹飪確實會減少食物中一些維生素，可是好處遠超過那些許的浪費。只吃生食的人往往會營養不良，特別是吃純素的人往往很瘦，但這種瘦並不一定健康。

其他人則主張所謂的原始人飲食法有益健康。那是一種不含穀物和大多數碳水化合物食品，且脂肪占比極高的飲食法。對某些人來說，這可能是一種健康飲食法；但對於那些飲食中富含碳水化合物的譜系來說，例如來自地中海北岸地區的人，這種飲食可能不是最有利或最健康的。此外，越來越多的證據指出，早在十七萬年前，早期人類的飲食中便含有大量碳水化合物，他們吃含澱粉的蔬菜根莖，其中包括了非洲野馬鈴薯（African wild potato, Hypoxis hemerocallidea）。這表示「原始人飲食」雖然對某些人來說是健康的，但並不能特別反映出原始人的生活方式。

以上只是目前許多現代飲食方法中的兩種，卻都揭露了關於食物兩種錯誤卻十分相似的假設。第一個錯誤認為，關於一個人「該吃什麼」，存在一個固定且所有人都適用的答案。正如之前討論醫學時所指出的，那種情況的可能性微乎其微。個體發育的差異會使得有些食物對某個人來說很健康，對鄰舍來說卻不那麼健康。人口學相關特性（例如性別）會影響什麼是最適合自己的食物，而單單只是老化就能改變這個答案。通常地理位置造成的文化差異會影響什麼是你的最佳飲食，這些差異可能已經移入我們的基因，反映出族群對特定食物的遺傳傾向——就像歐洲遊牧民族和撒哈拉貝都因人的乳糖酶存續現象那樣。再次回想歐米伽原理，該原理指出，代價昂貴而持久的文化特徵（例如烹調）應該被認為是適應的結果，而文化的適應並非獨立於基因之外。

這種現代飲食揭露的第二項錯誤假設是，支持這類飲食的人似乎認為進食只是為了生存。然而演化的真相是，吃東西不只是為了生存——食物不僅僅是營養素、維生素和熱量而已。就像所有動物（實際上是所有的異營生物）那般，人類透過進食得到生存所需的能量和營養；但人類與食物的關係，就像與性的關係一樣，已經超出最原始的目的。我們不再只是為了滿足能量需求而進食，正如我們不只是為了生孩子而有性行為。

罔顧歷史的化約論飲食法，試圖用食物的組成成分來代替食物——吃這個補充劑，吃那個能量棒，喝那個罐頭裡的東西，就能夠攝取到X公克蛋白質、一些由字母命名的維生素，以及預期能讓你度過一天的能量。一如經常發生的狀況，這種飲食法創造了過度新奇的事物，然後本身又造成新的問題；而那些問題往往是我們無法抵禦的。

這種方法本質上充滿錯誤而且還自以為是。二十世紀見證了卻斯特頓飲食的瓦解。正如卻斯特頓之欄所建議的，在我們摒棄任一種飲食法之前應該先瞭解其用途。但我們沒有遵循這個建議，取而代之的是出現各種容易量化和商品化的食物成分；而加工食品生產商可任意增加或減除那些成分。我們不該追求加工食品所宣傳的最新飲食建議，例如「添加更多維生素 B 12」，而是應該吃真正的食物。所謂的真食物，是其主要成分是來自生物體的食物（只有少數例外，例如鹽）。

有些東西對所有人而言都是美味可口的，例如「濃郁多汁」、「鮮鹹爽脆」、「甜蜜滑潤」等口味，是不同文化的人們都偏好的食物風味。人類的味覺是在肉類和其他高油脂食物以及鹽和糖都很稀少的時代中發展起來的，我們的味覺如此得到演化，這點非常重要。這是真的，也因此在能夠輕易製造出油脂、糖、鹽，並任意添加到食品的情況下，我們的味覺很容易受到操弄，而且也的確受到了操弄。這是過度新奇所呈現的另一種樣貌。

許多人認為速食很美味，這是由於速食成功地以可靠又統合的方式，操弄了人類對於油脂、甜、鹹等味覺。它讓你在數百家同質化連鎖店中的任一家，都可以點到味道固定的食物。相較之下，一盤墨西哥烤牛肉（carne asada）、米飯和豆子，搭配新鮮現作的玉米餅、墨西哥莎莎醬（pico de gallo）、酪梨醬（guacamole），再配上來自附近炸玉米餅攤或自家廚房的醃菜，總是更有營養（對於許多人想要開發自己味覺的人來說也更美味）。這盤加工程度低、種類繁多的食物，比一盤速食更有營養，就像一盤速食比補充劑藥片更有營養一樣。那些藥片據說一樣能讓你得到從食物中獲得的所有營養。但可別忘了，整體大於部分的總和。

但為什麼整體大於部分的總和呢？或者，用另一種方式說：為什麼保留整體往往比化約的方法更好呢？有兩個原因。首先，我們把一個系統的各個部分轉化成藥片，但其實那些部分通常不足以描述整個系統。還記得上一章中對於香草醛（香草的一種成分）和四氫大麻酚（大麻的一種成分）的討論嗎？其次，未經加工的食物彼此之間更容易組合，比起藥片更有利於我們身體的吸收利用。在具有悠久歷史的烹調傳統中尤為如此，例如中美洲人傳統上會同時食用玉米、南瓜和豆類，稱它們為「三姐妹」。當三者一起吃時，能夠提供完整的蛋白質營養。歷史悠久的烹飪方式，往往說明了人類無意間發現「嘗起來不錯」的食物組合，往往代表「對身體有好處」。正如「聞起來不錯」，往往代表「對身體好處」。

飲食的化約論做法讓人失望，因為人類身體並不是簡單的靜態系統，也不是所有人都有相同的需求。

對於人類來說，並沒有最佳的共通飲食習慣。而且不可能會有。

人類在不同的演化適應環境中各有不同的主食。在安地斯山區，常吃的食物是藜麥和馬鈴薯；在美索不達米亞肥沃的新月形地區，小麥和橄欖是早期馴化的食物；在非洲撒哈拉沙漠以南地區，種植高粱和幾內亞山藥（Dioscorea cayenensis）是早期農業的重大成就。他們有時候會有肉吃，但充分供應的時間很短暫。水果的豐富與否也有季節性。在某些地方，則斷斷續續有酒和植物興奮劑。在那些地方，植物興奮劑是日常的一部分，但得要低調地使用。不同文化之間主要營養素的比例甚至也不是固定的：因紐特人的飲食為高脂、高蛋白，幾乎沒有碳水化合物，這與赤道附近演化出來的飲食模式不同。以這種差異為前提，認為人類有普遍性最佳飲食的想法顯然很荒謬。

在二十一世紀，有許多食物會引誘人食用，即便你怎樣都覺得吃它們並不是好主意。在廉價且隨手可得的高度加工食品出現之前，我們古老的美食偏好是優異的飲食指南。不過古老的美食偏好現在不那麼可靠了。過度新奇玩弄了人類關於該吃什麼和不該吃什麼的古老規則，因此我們必須有意識地區分好壞。

對於食物的化約讓人失望，因為它忽略了食物讓人們建立聯繫的能力——食物能讓為你做飯的家人或朋友，或是你做飯給他們吃的家人和朋友彼此建立聯繫。以營養為中心的化約飲食方式，沒顧慮到慶祝或悲傷的場合；而這兩者，往往是透過飲食來實現的。化約飲食方式也沒能認同和記住文化傳統，因此無法藉由偶然和實驗匯集出新的美味。新舊烹飪方式既能反映風土文化（誕生烹飪方式的土地），也反映了對其他文化和地方特色的借鑑；玉米、豆類和南瓜這三種食物仍然在墨西哥菜餚中占有主導地位，而由西班牙人引入新世界的萊姆、大蒜和奶酪，也融入了當地的美食中。

人類不僅僅需要蛋白質、鉀和維生素C，我們既需要包含在祖先飲食範圍內的營養成分，也需要文化和聯繫。當我們坐下來一起吃飯時，尤其是撕下親手做的麵包時，得到的不僅僅是熱量而已。

現在讓我們回顧一下人類的演化史，看看過去的人類如何吃以及吃什麼，以便瞭解什麼才是我們現代人的最佳飲食方式。

工具、用火與烹飪

早在與近似黑猩猩的祖先分開之前，我們就一直利用工具從環境中獲取食物。有大量證據指出現代黑猩猩會使用工具來取得食物，比如用石頭敲開堅果，與那些大約六百萬年與我們分道揚鑣的生物並不一樣。在岡貝國家公園（Gombe National Park），珍古德首次觀察到黑猩猩「釣螞蟻」的行為：牠們把樹枝伸入蟻巢中，再把爬滿螞蟻的樹枝拉出來，然後舔食樹枝上的螞蟻。

現代的黑猩猩和人類都喜歡吃蜂蜜。有時黑猩猩會使用類似的方式，把樹枝插入裂縫中，抽出後舔食樹枝上沾黏的蜂蜜。然而東非的狩獵採集民族哈扎人，才是最成功的蜂蜜獵人。他們使用了兩種額外的工具，得到的蜂蜜比任何黑猩猩都來得多上許多。第一種是斧頭，能讓人更準確地找到蜂蜜；第二種工具是火把，可以用來燻蜜蜂，大幅減少獲取蜂蜜時遭遇的危險。

六百萬年前，我們從類似黑猩猩的祖先中分開出來後，製造工具的能力開始蓬勃發展，工具也變得更為多樣。三百三十萬年前，我們的祖先開始使用石器。二百五十萬年前，我們祖先使用石器切割狩獵或撿拾到的動物屍體，並從骨頭中取出骨髓。

人類祖先控制火的歷史可能超過了一百五十萬年。當然，火帶來了很多好處：提供溫暖和光亮、警告並阻嚇危險動物，還可以為朋友照明前路。不久後，人類開始用火將水煮沸消毒以適合飲用、殺滅害蟲、烘乾衣服，並淬煉金屬以製造工具。有了火，在晚上可以看到其他人和進行工作，眾人聚集在營火旁講故事或演奏音樂。儘管人類學家、傳教士和探險家的早期報告經常提出相反的說法，但已知人類各地的文化沒有哪一個不用火。達爾文認為生火技術「可能是人類除了語言之外，有史以來最偉大的（發明）」。

雖然達爾文沒有詳細闡述他的觀點，但靈長類動物學家藍翰（Richard Wrangham）提出一個相關假設——控制火以及隨後發明的烹飪，對於我們能夠成為今日的人類來說非常重要。烹飪的優點之一是可以減少受到寄生蟲和病原體感染的風險，使食物更安全。烹飪還可以分解某些植物的毒性，讓我們吃下原本無法食用的食物。烹煮會減緩食物腐敗的速度，延長食物的保存時間，並允許我們打開和搗碎原本不能攝取的食物。

以上種種優點固然重要，但都比不上以下這個優點：烹飪讓我們的身體能從食物中獲取的能量增加了。如果人類像是現在的野生猿類親戚那樣需從生食中獲取足夠熱量，那麼我們每天必須花上五個小時咀嚼食物。因此，對於得來不易的食物資源，烹煮是一種經濟有效的利用方式，可以讓我們騰出時間和精力去做其他事情。

許多原住民文化都有關於開始使用火的神話，烹飪的起源則較少涉及。我們在玻里尼西亞（Polynesia）法考福環礁（Fakaofo）的原住民中發現一個關於烹飪的起源故事，內容如下：一個名叫塔蘭吉（Talangi）的男人走到一位盲人老婦馬弗伊克（Mafuike）身邊，要求她分火給自己。

馬弗伊克保持沉默，直到塔蘭吉威脅她。但他想要的不只是火，還詢問她哪些魚應該用火煮，哪些魚應該生吃。這個起源故事就是烹飪的開始。

每個已知的人類社會都會用火，這些社會也都把食物煮熟。我們可能會假設，一旦開始烹煮食物，從每一口狩獵或採集而來的食物中能夠獲取的熱量變多了，人們也就有更多時間做其他事，像是一起準備食物時（特別是坐在營火旁一起吃飯時）講講故事。人類把食物當成社會潤滑劑。要建立文化和聯繫，火和烹飪必須先出現。

因此，可以把對火的控制視為意識探索的放大器。火把人們聚集在一起作夢，想像新的存在方式，並且經由合作把想像的事物轉為現實。透過對火的使用，人類探索了許多強大的競爭模式，因為烹煮提供了消毒和保存食物的方式，讓人們能在飢荒或長途旅行中生存。當旅途需要渡水時，透過用火燒穿樹幹製成獨木舟，要比劈鑿樹木更快製造出能在水上航行的船隻。火也讓人類拓展去到之前沒有火就無法生存的寒冷地區，使我們能夠探索整個地球。

對火的控制導致了烹飪的發明，烹飪節省了時間和精力，最終讓我們擁有眾多的烹調方式與菜餚。

讓野生食物與人類結盟

人類馴服火，這確實很不容易，而且這項活動和我們馴化或馴服「食物」有很大的不同。火和食物的不同，就在於火對人類來說是冷漠的。除了某些烹飪用的礦物質（例如鹽）之外，所有食物都是有機的。食物來自生物，而生物會演化。所以食物本身，或者應該說，食物還活著的時候，要顧及自身的利益。火不是生物，沒有利益，沒有目標。火不是活的。

在我們吃的食物中哪個想給人吃掉？也就是說，有哪些食物是生物體生產之後期望被食用的？

乳汁、水果和花蜜。就這樣。

乳汁是哺乳動物的母親為了餵養幼子而生產的。水果是植物引誘動物散布其種子的方式——黑莓會吸引鳥類、鹿和兔子，當這些動物吃掉漿果，四處遊蕩，排出種子時，黑莓就達成它的演化目標；而且種子周圍還備有大量肥料。花蜜是植物鼓勵授粉的方式，藍莓用甜蜜的報酬吸引許多種類的蜜蜂，當蜜蜂把花粉從一朵花帶到另一朵花時，植物就實現了繁殖的演化目標。

但是種子不想被吃掉，葉子不想被吃掉。無論是牛、鮭魚還是螃蟹，我們需要殺死牠們才能取得肉來吃，但是牠們不想被吃掉。

幾千年來，我們馴化了許多野生食物與人類合作。那些受馴化的生物進入園藝業、農業、畜牧業受到管理。在某些情況下，人類與這些生物共同演化。雖然它們的命運取決於人類的程度要大於人類依賴它們的程度，但兩者確實是命運共同體。

玉米、馬鈴薯和小麥的分布範圍廣，而且產量豐富，如果人類沒有把它們當作食物，它們滅絕的風險就會大上得多。也就是說，這些植物因為與人類產生關聯而得到益處。不過出於情感因素，我們對於所飼養的牛、豬和雞，就較難得出相同的結論。被當成食物而受到馴化的生物，它們的分布範圍和數量因人類而增加，滅絕的風險也跟著減少。在加拿大卑詩省的薩利希海（Salish Sea），當地養殖業致力於讓蛤蜊的尺寸和數量持續增長，只不過人工養殖也讓蛤蜊直接付出了代價。養殖蛤蜊的收穫量和食用量，遠超過牠的野生近親。當我們環顧北美洲平原時會看到很多乳牛，卻很難看到野生水牛，很難說水牛的狀況要比乳牛更好。

因此總的來看，受馴化的物種在演化上算是賺到了。但這個結論往往馬上就會遭到反對，原因是這樣的：就一隻雞而言，被吃掉後能得到什麼好處？然而，若思考那隻死掉的雞所在的族群——雞群中的其他成員依然活著，並且繁榮昌盛，遠比很久以前雞的祖先如果抗拒與人類合作的情況要好上太多。

進一步推展演化的邏輯，我們可以預期人類所飼養的生物會因為具有對人類有益的特徵，而在適應上得到優勢。換句話說，天擇偏好那些具有對人類有用特徵的培育物種，只不過培育那些物種的人類沒意識到這一點。如果你懷疑人類與合作生物之間的互利關係，那麼這點的確值得你思考。

餅與魚

新約聖經中最著名的一個故事，是耶穌把五餅二魚變成足夠讓五千人吃飽的食物。這個故事在四福音書中都有記載，光是這樣就足以讓我們停下來思考。耶穌行出的神蹟通常是人們思考故事的重點，但是提供給大批人群的食物是什麼？也許「餅與魚」的含義比我們所想的更深。

大約從一萬二千年前開始，人類在世界各地多次獨立發明了農業。你可能認為麵包緊跟著農業的發展而出現，是保存和運輸新馴化穀物營養成分的聰明方式。但其實至少在某個文化中，麵包比農業更早出現，而且早上許多。在現在的約旦，古代納圖夫人（Natufian）在開始農耕的四千年前，就已經製作並食用麵包。他們用現代小麥（單粒小麥）野生祖先的種子和植物塊根來製作麵粉，然後烘焙成扁麵包，也許是為了在旅途中食用。與種子和塊根相比，扁麵包具備重量輕、營養豐富、便於運輸，以及保存期限長等優點。

比起採集野生植物維生，農業具有許多優勢。農民現在可以更好地控制空間和時間了，因為知道大部分的食物從哪裡來，並且可以配合食物的成熟時間協調工作。物種的馴化讓我們能夠進一步篩選食物有價值的特徵（例如更大的果實、更高的脂肪含量、更容易獲得所需的植物部位），並排除那些沒價值的特性（例如植物防止自己被吃掉而製造的毒素等）。

其實早在我們成為農耕者之前，我們就已經是人類了，在文化上也是如此。在每個人類社會中，烹飪的出現遠早於農業。製作烹飪用的容器，會讓烹飪變得更加得心應手。在中國，陶器的出現比農耕早了一萬年。陶器幾乎肯定是用來烹飪狩獵和採集到的食材，陶罐則用於攜帶和儲存水和生食。陶器也用於製作發酵食品或當作保存食物的容器，包括含酒精的飲料。現代人認為酒是重要的社交潤滑劑，但實際上酒是一種保存高熱量且易腐壞食物的方式。從很多方面來說，啤酒就像是液體麵包。

用火、烹飪和工具，對於推動我們朝現代人類轉變來說十分重要。同樣地，農業也十分重要。農業一旦在世界各地的社會中立足，就給文化帶來巨大的變化，包括從遷徙、遊牧的生活方式轉變為永久定居；個人的工作變得更專業，出現全職手工藝者，促進貿易、藝術和科學的發展和擴展；推動商業和經濟其他方面的增長；政治結構也定型下來；擴大個人之間的貧富差距；此外，也推動了性別角色的變化（這點在第七章會詳細說明）。

那麼，餅和魚的比喻中的魚是什麼？

石器、用火和烹飪等，都與人體結構和社會結構的變化有關。同樣地，食用魚、海龜和其他沿岸食物，可能有助於人類大腦的發育。若沒有精巧的工具和合作狩獵的技術，人類在沿海和河流捕魚的危險程度，不僅低於獵捕大型陸地哺乳動物，同時也更不容易成功。大量證據指出，人類沿著海岸線遷徙了十幾萬年，在這段期間當中水生動物一直是飲食中的重要成分。

科學家在幾內亞的寧巴（Nimba）山區觀察到黑猩猩捕撈螃蟹。早期人類的棲息環境與當地類似，我們可以推斷早期人類的飲食包含了大量魚類和其他水生動物。白令亞陸人在進入新世界的道路上可能改良了這個古老技能。吃魚可能是早期人類演化拼圖中的關鍵部分。

由數以百萬計的狩獵採集者組成的史前世界，在一萬年的時間內就變成了有十億人食用傳統農耕食物的世界。而在最近二百年間，我們又進一步把地球變成了擁有七十億人口的世界，依靠的是以非永續化石燃料支撐的密集農業，其中只有一小部分人與農業直接相關。與食物來源有些許關係的人，無論是自己耕種、偶爾摘取野果，或是在當地農夫市場和農夫直接交談，都可能更重視食物的複雜性和風土價值，並且持續分享烹飪傳統。對於食物的起源和歷史有一定瞭解的人，也不太可能認為能量奶昔可以完全取代食物。

收穫宴

希瑟曾在馬達加斯加東北部研究毒蛙的性生活。某次田野調查結束後，當地家庭的一位族長邀請希瑟幫忙拍攝他們的「翻骨祭」（retournement）。這個一年一度的儀式會在收成後舉行，儀式中會把少數篩選過的祖先骨頭挖掘出來。至於最近去世、裝在棺木中的屍體，則要重新包裹，放入更小的骨箱中。而已經被裝入骨箱的骨骸，則以用新的裹屍布重新包起。在死者被取出的那段時間中，生者可以與他們交談，說明一年來發生的重大事件，比如收成的數量、風暴的次數，以及有誰出生或結婚。死者想必也已經知道誰加入了他們的那一邊。

在希瑟參與這場盛會的那天，祖先們的屍骸已被放回墓穴，但儀式還要持續將近一天。首先飲用幾杯當地釀造的粗酒 toaka gasy，接著是犛牛的獻祭儀式。犛牛是一種具有大角的牛，常見於馬達加斯加的高原，但在我們所在的潮濕低地森林中卻十分罕見，是非常珍貴的物種。屠宰犛牛的過程很安靜，成人和孩子都會圍觀。在儀式過程中，牛的內臟被放在香蕉葉上，並在正午的陽光下曝曬，直到傍晚宴會開始之時。儀式將會指派一名男子和女子「驅趕鬼魂」。作為對這祭典一無所知的旁觀者，希瑟覺得他們確實有好好把雞趕走。

驅鬼儀式後，一位長老站起來，向村民（祖靈和生者）演說。他使用馬達加斯加語，希瑟和她的田野助理都聽不懂，但他的神色、語氣對觀眾有很強的感染力。長老的語氣在肅穆和輕鬆之間流暢轉換，他的笑話引得眾人莞爾。他顯然廣受愛戴，將來的某一天，他也會成為祖先一員，某位活著的人會以大致相同的方式向他致敬。

在對祖先致敬後，接著舉辦熱鬧非凡的慶祝活動。在這場通宵盛宴開始前的幾小時裡，人們會演奏音樂、跳舞，也會喝更多的酒。村裡婦女排成一列長隊跳舞，搖晃臀部唱歌，偶爾會拉一個男人加入行列。那晚的盛宴，尤其是犛牛肉，將會持續在人們的記憶中維持很長一段時間。

馬達加斯加是個盛宴之國，但同時也極度貧困。日常飲食往往是米飯和焦米茶（ranonapango，用焦米沖成的茶，當地人視為國飲），除此之外就幾乎沒什麼其他的了。街上常聽到的問候語是「你今天吃了幾碗飯？」我們這些在巨大紅土島嶼上的白皮膚外國人，有時也被這樣問候。飯吃得多表示比較富裕，至少能稍微擺脫飢餓感。

為什麼馬達加斯加人在整個國家都在挨餓的時候，還在享受盛宴呢？這是另一個悖論，然而悖論就如同藏寶地圖。當你看到悖論存在時，就要往下深入挖掘。

自然不會浪費。因此當你看到覺得是浪費的事情，例如看到馬達加斯加人舉辦盛宴、馬雅人興建巨大的神廟、松鼠在秋天埋的堅果數量比春天挖出的還要多時，就要多想一下，自己有可能是站在錯誤的角度看事情——以普通的角度看事情，往往看不清長期的策略。

再次提醒，某個環境在給定時間中可以棲息的最大個體數被稱為「承載力」。在當你拉遠視野，以跨代或更長久的時間來看時，承載量通常是持穩的。然而當你拉近距離觀看時，就有可能會覺得承載力的波動非常劇烈。越是拉近空間和時間，數值的起伏變化就會越激烈。對於農業學家來說，這就像是豐年和荒年的循環——每有一年的收成超過預期的中間值，就會有另一年的收成低於中間值。如果出生率與每年收成的波動呈正相關，那麼有一半的年份就會沒有足夠的糧食。這樣的年份自然會充滿衝突和分裂。從長遠來看，這是一個譜系的喪鐘，其中一個解決方案就是有效消耗掉多餘的資源，以免這些資源被用來養育更多嬰兒，成為之後因有太多嬰兒而無法被滿足的需求。節慶就是這種概念的一種表現方式：把資源投注於社區凝聚力而非新人口上，以免因收成起伏而造成規律的可預測災難。

應對繁榮與蕭條的「第四疆界」（fourth frontier）策略，一直是人類與食物關係的一個面向，會在本書最後一章中再次提到。

改正方式

我們可以稱這一節為「新潔淨飲食法」（New Kosher）。最古老的飲食法規現在幾乎都已過時，但這不代表我們不能把其中一些規則當成我們的飲食指南。

- **購買新鮮的食物**，最好購買中間經銷商更少的食品，例如直接在農夫市集中選購。在超市中間地帶的食品含糖、含鹽和含調味料量都較多，製作方式通常也未以長遠角度進行審核。嚼甘蔗之於吃精製糖，就像嚼古柯葉之於吸古柯鹼粉，要避免高精緻食物（即高度加工食物），它們就像塑膠一樣，也屬於過度新奇的例子。盡量避免以塑膠包裹食物，特別要避免高溫食物碰觸塑膠袋。
- **避免基改食物**。基改食物本質上談不上危險或安全。不過它們與農耕者數千年來經人工篩選栽培的植物和飼養的動物還是不同。農耕者在選擇要培育的動植物時，會放大某些特徵同時縮減另一些特徵，基本上是在原本天擇篩選的範圍內進行。相較之下，科學家把基因或其他遺傳材料插入其他生物體的基因中，而那些生物體本來沒有那些基因。也就是說，科學家創造了一個新領域。有時我們運氣好，得出的產物有用並對人類來說是好的。但有時可就沒那麼幸運了。人類使用過度新奇的科技拼湊出的生命形式本質上並不安全，任何不這麼主張的人要不是誤會就是在說謊。
- **尊重自己對於食物的喜惡**，尤其在運動後、病癒後和懷孕期間，但你應該要吃真正的食物才不會帶來風險。

- **讓孩子接觸各種天然食物**，尤其是那些與你的烹飪文化傳統和種族背景有關的食物。與孩子吃同樣的食物，並表現出享受的樣子。把時令蔬果放在桌面上，讓孩子吃他可以在那裡找到的水果，鼓勵他們發展出自己的喜好，也讓他們知道何時能夠吃到那些天然食物，以及食用的方式。
- **考慮自己所屬種族，並把你們的料理傳統當成飲食指南**。如果你是義大利人，請從義大利料理中尋找飲食的線索。如果你是日本人，就從日本料理中找尋。特別要注意家庭的料理傳統，因為餐館供應的食物通常很美味，但往往只代表烹飪傳統的一小部分。
- **不要把食物化約成營養成分的組合**，像是碳水化合物、纖維、魚油和葉酸之類的。我們應該看到食物背後的生物物種、最初食用它的文化，以及當今世界各地製備和食用它的無數方式。
- **不要讓食物在你的世界中隨手可得**。在歷史的大部分時間裡，人類社會都透過儀式盛宴和長期節儉來應對豐年和荒年的循環。但是到了近世，農業讓人類儲存的糧食增加，可為長期乾旱或歉收做好準備。雖然我們現代人的大腦想要盡可能地多攝取食物，但我們古代的身體卻想把熱量儲存起來，以備將來所用。當熱量稀少而且無法預測何時能夠得到熱量時，這種代謝傾向就很有意義。狩獵採集者找到蜜蜂製作的蜂蜜時，他和朋友很可能會狼吞虎咽，因為他們不知道下一次這種甜美的好東西會在何時出現。但是現在食物資源不再稀少，狼吞虎咽並不是好策略，因為永遠不會有食物稀缺的時候。相反地，我們大吃大喝的機會增加了。我們必須刻意壓抑演化出來的衝動，才能避免全天候都有食物供應這種過度新奇狀況帶來的傷害。你可以按照間歇性禁食的建議，為自己規劃定期禁食的時間表，這是一種對健康有利的修正措施。

- **不要忘記食物是人類社會的潤滑劑**。到得來速餐廳取餐後一個人在車中進食，是一種新奇狀況，無助於讓人與食物、身體、其他需求以及其他人建立聯繫。

第六章

睡眠

從鎢絲燈泡到日光燈再到 LED 燈，又一次把我們推向更冷、更藍的白天日照光譜中。更糟的是，許多處在 21 世紀詭異世界的人家中每個房間都有藍色小 LED 燈。我們的大腦演化成倚靠透過進入眼睛的光譜來感知一天中的時間。現在正午時刻的藍光隨時都在閃爍，難怪有許多人難以入睡。

睡眠乍看之下很神祕。

如果有外星人造訪地球，你可能會好奇，他們怎麼搞不懂為什麼人類每天都會進入這種昏迷又動彈不得的狀態。而且當人處於這個狀態時，還會幻想出瘋狂的故事，並與奇怪的人物互動。但外星人可能根本不會感到驚訝，因為任何能以己力抵達地球的外星人，肯定也會睡覺和做夢。

比較沒那麼確定但依然有可能的是，就像現在的人類一樣，成功抵達地球的外星人也曾經歷過一個階段：他們當時的生活習慣與古老的大腦和身體並不同步，導致睡眠困擾非常普遍。在掌握星際旅行的技術之前，在能夠完成最傑出的工作之前，他們首先得解決睡眠問題。我們將在本章探討現代人類可能解決睡眠問題的一些方法。

科學家向每一種動物提出「你睡覺嗎」的問題時，得到的答案都是肯定的。這就帶出了「為什麼動物要睡覺」的問題。

在簡單的權衡下，睡眠幾乎肯定是人類生活的一部分：因為不可能同時建造出能夠適應白天又適應黑夜的眼睛。你可以有兩組眼睛，但這會大幅增加大腦的尺寸和所需的能量，否則無法產生能夠搭配兩種眼睛運作的視覺皮層。這就造成一個尷尬的處境：你是否應該成為折衷眼睛功能的生物，對白天或黑夜都不太適應？還是應該專注於一種情況而犧牲另一種情況？在動物界，我們可以看到各種解決方案的存在。晝行性動物白天活動；夜行性動物晚上活動；還有專門在晨昏時段活動的動物。有晝行性的犬羚（dik-dik）、夜行性的夜鷹，以及晨昏時活動的水豚。所有的解決方案都是權衡的結果。

在其他條件都相同的情況下，如果你有眼睛，夜晚生活會比白天困難。白天有來自天空的免費恩惠；太陽發射無數光子，而光子會從物體表面反射，並在無意間向具有光受器（photoreceptor）的個體揭示所有物體的位置。這是天大的禮物（當然我們也可以絕對肯定地說，夜晚活動也有好處，其中之一就是少了白天時的競爭者。無論如何，你是晝行性動物、夜行性動物，還是晨昏性動物都好，在旋轉的地球上，你都會在某段時間睡覺）。

人類所屬的分類譜系數千萬年來都在日間活動。沒有夜行性的猿類，夜行性的猴子只有幾種，因此人類在白天活動的習性，至少可追溯到所有猿類最近的共同祖先（廣義的猴子）。人類身為晝行性動物擁有很大的優勢，有源源不絕的陽光可以運用，而且晝行性的特性在演化上也有悠久歷史。可是，這裡出現了一個問題：晚上該做什麼？

睡眠可以節省能量。如果你的眼睛不適應夜晚，那麼從生態角度來看這既低效又浪費能量，因為你會錯失需要看見的東西；這同時也很危險，因為專門在夜間活動的狩獵者很容易就發現你，而你並不擅長避開牠們。考量到飢餓對於每種動物而言都很危險，一隻動物若是無法發揮生產力，那麼弄清楚該如何休息就是當務之急了。在某種程度上，不浪費能源與尋找能源的價值相同。那麼接下來的問題，就變成需要多長的休息時間。

對人類來說，僅僅因為眼睛力有未逮，在晚上就把位於兩肩之上的神奇計算機器（大腦）晾在一邊，尤其可惜。即使我們實際上無法看到晚上正在發生的事，也可以思考之前看到的事。對此，天擇借用了人類視覺裝置中不可思議的計算能力，將之用於某種類似電影製作的事情上——

在晚上，人類的身體處於休眠狀態，但心智並非如此。

在睡眠中，我們預測並想像未來可能會看到什麼，並圍繞這些可能性構築了一些場景，這樣下次我們就知道該說什麼、該如何感受。這樣一來，下次我們就做好準備了。

我們可以預測，有智能的外星人能馬上就識別出睡眠的特徵，因為雖然地球在許多方面都很特殊，但白天和黑夜是所有可能演化出生命的行星間共同的特徵。如果外星人夠複雜、夠聰明，社會發展到足以拜訪地球，那麼他們很可能來自與地球有類似困境的星球，也就是一個有明亮白天和漆黑夜晚的星球。在這個星球上，身體在一天裡的部分時間休眠是有歷史淵源的，但同時在這段時間當中，能產生精神活動的器官也變得非常活躍。

一般來說，現在我們所知道的睡眠可以分為兩類：一種是快速動眼睡眠（REM），此時眼球會快速轉動，四肢和軀幹的肌肉則變得鬆弛無法行動。另一種是非快速動眼睡眠，其中最深的睡眠形式是慢波睡眠（slow-wave sleep），這時腦中的電波會減緩並同步活動。所有動物應該都會睡覺，不過只有哺乳動物和鳥類有快速動眼睡眠，但科學家在澳洲一種蜥蜴身上也發現了快速動眼睡眠。因此我們可以推論，慢波睡眠比快速動眼睡眠更古老。而且在同時具有這兩種睡眠型態的物種中，夜間慢波睡眠也更早出現。

在慢波睡眠期間，人類的腦部會把記憶固定下來，包括黑猩猩在內的大猿（great ape）也都會如此。我們的大腦還會在慢波睡眠期間刪除陳舊和累贅的訊息，並掌握在清醒時學到的技能，像是打字、滑雪和微積分等等。因此英文片語 sleep on it 有「花時間慢慢思考」的意思。快速動眼睡眠在演化上較晚出現，讓人類能夠作夢。在快速動眼睡眠期間，我們會調節情緒、反省發生的事、期待可能發生的事，並想像可能的過去和未來。快速動眼睡眠是一種具創造力的狀態，是睡眠的探索模式。

快速動眼睡眠時創造出的內容可能雜亂無章，而慢波睡眠能對快速動眼期間的產物進行糾正。一旦天擇發現在身體休眠期間有利用心智的好方法，就會發現所有能夠發揮的效用，而個體遲早會依賴進入這種狀態的能力——人類的身體和大腦、語言和情緒、社交和行為，全都與睡眠息息相關。

慢波睡眠很古老，至少可以追溯到動物的起源時期，並對於身體的各種修復工作而言都是必需的，因此睡眠的好處比作夢的好處要古老得多。不過，作夢的狀態對於情境建構非常有益，從正面角度來看，遠超過睡眠帶來的風險。總結來說，睡眠的好處遠大於每天三分之一的時間處於休眠狀態帶來的壞處。

夢與幻覺

很久以前的某個夜晚，在我倆都睡了幾個小時後最黑暗、最安靜的時刻，希瑟坐了起來，看著布萊特，說：「你真的打算把這些汽車零件留在床上嗎？」

布萊特回答說：「嗯，是的。」不過這並沒有舒緩緊張的氣氛。順帶一提，床上和床的周圍當然沒有汽車零件，但這個事實在本次討論中並不被視為證據。

這不是希瑟第一次在熟睡中說出按正常情況絕不可能發生的事。布萊特回應希瑟的夢話後，她的聲音很快就減弱了。看來我倆都沒在用理智思考。然而，在對這個睡眠插曲毫無意識的情況下，希瑟就是知道布萊特該有什麼反應（當時是她醒了之後布萊特告訴她的）。

「別管我，讓我自由自語吧，很快就會結束。」

看到不存在的東西，聽到從未發出的聲音，相信不真實的事情卻又非常確信，無法控制自己的動作，與不存在的人交談。

讓人覺得另有文章的是，事實證明，思覺失調症患者的一些症狀與熟睡和作夢的狀況相同：每個人每晚都會進入這種狀態，儘管並不是每個人在這種狀態中都會說夢話。我們並不常進行這種類比，因為作夢時通常身體會動彈不得，同時我們經常會忘記自己所作的夢。在早上喝咖啡時，好在任何與現實不符的內容都會隱藏起來。

有些似乎不會顧慮人類最大利益的生物體，比如裸蓋菇（Psilocybe）和烏羽玉仙人掌（peyote cactus）似乎也具有完全相同的能力，這點著實令人驚訝。

為了解釋這一點，我們需要回顧前面的內容。生物體，包括人類和其他動物在內，還有植物和真菌，通常都不想被吃掉。正如我們在前一章所討論的，只有水果、花蜜和乳汁是這條規則中的例外。總的來說，生物體付出許多心力來阻止自己的身體被吃掉。仙人掌刺、豪豬刺、龜殼等演化出有防禦功能的構造是一種方法，另一種方法則是毒藥，但往往因為方法過於粗略而無法發揮最大的作用。一頭鹿在吃了毛地黃後死亡，會有另一頭對這植物的毒性一無所知的鹿，取代被毒死的鹿去吃毛地黃。但是，如果鹿的食物種類增加到也包括了裸蓋菇，並因暫時出現的迷幻效果而無法吃東西，牠之後很可能就會改吃別的東西，因為牠沒被毒死但是受了教訓，並且也可能受到驚嚇。

次級化合物（secondary compound）是個定義寬鬆的植物學術語，指的是在產生這類化合物的生物體內不具功能的成分，其目的是作用在其他生物的代謝途徑上，通常是以不友善的方式。毒葛（poison ivy）中的刺激物，對於吃其葉子的動物來說有明顯的威懾作用。同樣地，馬鈴薯和其他茄科植物也含有內源性殺蟲劑（endogenous pesticide），那是一類稱為配糖生物鹼（glycoalkaloid）的化合物，對人類而言毒性很強。相較於純粹的毒物和刺激物，還有另一些次級化合物，像是辣椒素（capsaicin），就是吃辣椒時會讓我們產生熱痛感的分子，通常能阻止哺乳動物吃下植物要讓鳥類吃的種子（鳥類沒有感知「熱痛」的受體）。咖啡因會抑制食植動物吃下咖啡因濃度高的種子，這也可能是植物在這方面進行的藥理學社會工程——當蜜蜂獲得的花蜜報酬含有咖啡因時，牠們的空間記憶力會提高三倍；而柑橘和咖啡花的花蜜含有咖啡因，很可能會促使傳粉者蜜蜂記住這些花朵並回來採更多的蜜。

從裸蓋菇和麥角菌（ergot fungi），到烏羽玉仙人掌和死藤水植物釀造物，再到鼠尾草（salvia）和索諾拉沙漠蟾蜍（Sonoran Desert toad，Bufo alvarius），這些真菌、植物和動物所製造的次級化合物，以仿若讓人進入夢境的方式，與我們的生理機能相互作用。無論我們稱它們為致幻劑（hallucinogen）、迷幻藥（psychedelic）還是宗教致幻劑（orentheogen），它們對人類的影響都是能被敘述與闡明的。

我們過著日子，這些日子由夢境連接起來。為了避免每天早上醒來都想像自己是個全新的人，我們的夢提供了脈絡，讓我們在一天和一天之間逐漸成長。

我們在白天是有意識的，但在夜間前半部的非快速動眼期是沒有意識的。一旦快速動眼睡眠在夜間後半段開始，我們的意識就會被借用，此時身體與意識之間的連線會安全地中斷而處於癱瘓狀態。在這段期間中，還具有意識的心智就會創造出千奇百怪、假設性和誇張的虛構故事，這些故事有時甚至是真的。

許多文化都有一種故意引發部分或全部成員幻覺狀態的傳統。人類就是人類，因此不用驚訝許多文化利用次級化合物來引發可怕的清醒夢，如此將一次可能糟糕的精神之旅轉變為意識擴展的重要工具。人類就是這樣子，毫不讓人意外，在第十二章會更詳細介紹這一點。

正如許多文化利用植物和真菌具有迷幻效果的次級化合物來擴展意識一般，許多文化也會進行睡眠儀式——從簡單的到最複雜的都有——讓個人藉由儀式為夜間的睡眠做好準備。有些與人類親緣關係最接近的動物，甚至也會在睡覺前進行儀式。

叢林夜幕降臨之時

夜幕籠罩了瓜地馬拉的提卡爾（Tikal）。如今的提卡爾是座巨大的廢墟，位於叢林之中，但它之前是馬雅人的商業、政治和農業中心。

雨林中的黃昏是一個轉變時間。此時，晝行性動物的活動逐漸減緩，夜行性動物正在甦醒，而晨昏性動物正偷偷摸摸地伺機而動，現在是屬於牠們的時刻。鳥類的鳴聲和無止盡的蟬鳴等白天的喧囂，隨著蛙類的合唱聲響起開始消失，無數的蜘蛛因眼睛反射的紅光變得清晰可見。由於沒有任何動物白天和晚上、黃昏和黎明時都在活動，因此叢林的演員陣容發生了變化。

那是一九九〇年代初期，我們正在進行穿越中美洲的長途背包旅行，我們在提卡爾附近一座寺廟邊，眼見我們的影子拖得越來越長。黃昏來得很快，正如其他熱帶地區一樣，但還有足夠時間讓我們在寺廟旁紮營。天暗下來後，我們找到一處搭帳篷，並聊聊白天發生的事。

接著蜘蛛猴出現了。在雨林的樹冠層高處，牠們也正準備睡覺。牠們在互相交談著——語言學家和其他人可能會反對我們這種描述，因為那並不精準。蜘蛛猴不具備語法、詞彙或是用語言交流時預期會出現的其他許多特性，不過牠們肯定是在彼此交流、聊天。在搭建我們的臨時住所時，我們休息了一下，站在地面上看著我們美麗的靈長類親戚們完成夜間儀式。

蜘蛛猴的睡前儀式是有保護意義的，為的是隱藏自己免受夜間掠食者的侵害。牠們可能有哨兵，有人睡在群體外側，警戒入侵者的襲擊。

對於我們晚近的祖先來說，保護性的夜間行為與火有很大的關係。早期人類聚集在營火旁，從事了一項很不尋常的活動：交談。我們會交換當天的資訊以及對未來的看法；我們還講述古人流傳下來的故事。我們唱歌，有時會跳舞，接下來就去睡了。

我們的祖先就像蜘蛛猴那樣，是一個從晚餐後就準備睡覺的群體，他們不像許多二十一世紀的人類那樣難以入睡。他們很容易就睡著，而且睡得很好，醒來之後神清氣爽。

新奇事物與睡眠障礙

就我們所知，猴子不會使用宗教致幻劑讓自己進入作夢狀態。這種人類才有的異常行為，可視為人類用新奇事物來達到潛在適應的目的。當然，人類與睡眠的關係會因為新奇事物而在許多方面受到影響，其中電燈位居榜首。此外，還包括航空旅行、噪音汙染，以及讓許多人上夜班的一天二十四小時運作的經濟模式。

人類腦中深處有一個稱為視叉上核（suprachiasmatic nucleus）的部位，作用為我們的生物時鐘。視叉上核會追蹤一天當中的具體時間，不是指「下午五點整」這樣的時間，而是就日光週期而言，我們在一天二十四小時當中所處的位置。因為直到最近，日光都是唯一重要的參考標準。在英國倫敦，不論是十二月或六月，下午四點都被稱為白天，只不過六月下午四點時太陽仍高高掛在天空，而十二月的下午四點太陽已經下山。直到最近，在二十四小時的一天當中，黑暗時間變得遠比一個人的所在位置更為重要。因此人類做出了權衡；我們發揮聰明才智，發明了人造光源來延長生產時間。這樣做的好處顯而易見，壞處卻沒那麼明顯。

在電燈發明之前，我們目前在室內慣常接觸到的光照強度或光照持續時間，都是以前人類在日落之後從未經歷過的。

即使在陰天，日光其實也很強烈。但人類的大腦在蒙蔽周圍環境明暗程度的這件工作上表現得非常出色。年紀夠大或是喜歡復古色調的人，可能都曾在攝影時使用過傳統底片（而不是數位攝影），一定還記得看到測光器讀數時有多驚訝——那些在人眼看來都非常明亮的場所，在攝影機的讀數上卻呈現極大的差異。我們有過一次特別鮮明的印象，是一九九〇年代在拉丁美洲和馬達加斯加的雨林中。熱帶的低地雨林下滿是茂密蒼翠的藤蔓和灌木，點綴其中的則是巨大的樹幹以及昆蟲的聲音。雨林看起來並不特別陰暗，但是當你抵達森林邊緣，走進樹木被伐空的牧場或道路時，就會發現陽光亮到讓人睜不開眼。測光器不會撒謊，它告訴我們雨林地面的光照亮度只有樹冠層頂部的一％。然而我們的眼睛有很強的適應力，讓我們在這些情況下也能看得很清楚。

這個例子指出，我們對於接觸的光線是否超出正常範圍相當遲鈍。雖然日光明亮，趨於可見光譜的藍色那端；月光和火光比較暗淡，光譜趨近光譜中的紅色端，但室內照明通常比月光或火光更亮，也遠比日光更藍，只是沒日光那樣強。室內照明有可能干擾我們的晝夜節律和激素週期，從而導致我們的睡眠受到干擾。現已證明，中等強度的夜間光線就足以導致晝夜節律混亂

（circadian disruption）。個體之間對於是否容易出現這種混亂，差異非常大，因此很難從個案推廣到整個族群。

相較之下，人類與火共處的歷史更久，以致我們的松果腺（pineal gland）有能力對抗日落後遇上的偏紅色火光光譜，而不會對睡眠產生負面影響。然而，能夠隨時打開的偏藍色日間光譜對我們而言是個全新現象，我們並不適應。

目前科學已經揭示，夜間偏藍色的光對我們而言並不健康。最近市面上出現大量紅色濾光片和軟體，試圖改變夜晚從螢幕上發出的光譜。如果我們對瓶中閃電的發明採取適當的預防措施，我們就可以更早明白這點。顯然，讓電線末端發出光線的能力可以帶來變革，但這樣做不帶來任何害處的可能性趨近於零。

現在我們又犯下同樣的錯誤。從鎢絲燈泡到日光燈，再到ＬＥＤ燈，又一次把我們推向更冷、更藍的白天日照光譜中。更糟的是，對於許多處在二十一世紀詭異世界的人來說，家中每個房間都有藍色小ＬＥＤ燈（除非以某種方式遮住，我們建議你這樣做）。我們的大腦演化到倚靠直覺、透過進入眼睛的光譜來感知一天中的時間。然而，現在正午時刻的藍色光隨時都在閃爍，難怪有許多人難以入睡。

我們如果真的瞭解代價和益處之間的權衡，人類文明就應該要嚴格調控光譜，以保持睡眠和清醒週期的完整。許多人在家中飽受失眠之苦，但在露營旅行時失眠消失無蹤，這是因為太陽和月光引導的日夜循環，讓我們回到了更原始的狀態。我們假設，若在夜間根除所有的日光光譜，將對有嚴重心理失調的人、在白天出現妄想、偏執和幻覺的人產生療效。可以這麼說，這些人醒著的白天時間被作夢狀態侵入了。

就好像我們要擔心的還不夠多似的，人類並非唯一對電燈敏感到會造成致命傷害的生物。

每個人都見過飛蛾毫無目的地受到燈泡迷惑。會這樣做，是因為牠們生來適應的就是科技不存在的世界。牠們會根據相對於月球的角度來調整飛行方向；而在不久之前，月球還是夜空中唯一的大型明亮物體。飛蛾也可能只是想要躲避光線但卻一敗塗地。無論是什麼原因，當我們在飛蛾的世界中放置了其他明亮物體時，牠們的本能會為牠們招致毀滅——牠們以固定角度朝向明亮物體飛行，不斷盤旋直到筋疲力竭為止。

在有光汙染的地區，野生動物的睡眠—清醒週期也會發生變化。在一天中的「錯誤時間」被光線照射時，生物節律和行為會變得不同步。許多生物，尤其是棲息區域遠離赤道的生物，都以日光週期為時鐘，排定植物種子萌芽和樹芽形成的時間；此外，還有動物交配的季節、蛻皮時間和胚胎發育。烏鴉、鰻魚和蝴蝶之間的親緣關係很遠，但在人造光線存在時都很難進行遷徙。

電燈大幅改變了人類可以利用光照的時間、地點和內容（光譜）。電燈不僅讓我們的大腦陷入混亂、使人生病，還深深攪亂了許多其他生物。

這四章的重點在於從健康、醫學，到食物和睡眠等領域，探討維持人類個體的生存在現代世界中變得越來越難以做到了。然而，人類演化的故事並不只是維持個體的生存而已，而是人群聚集的故事。事實上，當今人與人相互關聯的程度，可能遠超過現代人的想像，並且也帶來許多挑戰。在後面各章中，將討論比個人更重要的事情——也就是關於性和性別、父母身分以及人際關係。

改正方式

- **由天體來設定你的睡眠－清醒模式**。被陽光叫醒。知曉月亮的圓缺變化。有時不妨在滿月的月光下找路前進。或是在日出或黃昏時分找路前進，留意自己在光線增強或變暗時感覺到的變化。找時間待在戶外，讓身體從陽光（而不是從電燈的光或螢幕的光）得到線索。
- **在冬季離赤道更近一點**。不論住在北半球還是南半球，在冬季夜長晝短的日子裡，都要跨過赤道，接觸更多陽光。特別是有季節性憂鬱的人，病因很可能是因為所在位置離赤道太遠，在冬季的好幾個月中白天日照時間不足而且日光角度過低所致。當然，這項建議是因為有了新奇發明（能夠旅行世界各地）才能達成，也是在室內開燈生活以外的另一種選擇。我們在密西根州念研究所時，希瑟有充分理由於每年1月至4月間，前往位於南半球非洲東海岸邊的馬達加斯加進行田野調查。這些田野工作的附帶好處就是成功騙過她的日光週期分配，在北方冬季最黑暗的時候前往處於夏季的南方。

- **睡前八小時避免攝入咖啡因**，兒童和青少年最好完全避免攝入咖啡因，因為咖啡因會嚴重干擾睡眠，而且睡眠不足對大腦發育產生的影響不可逆轉。同樣地，要避免使用藥物作為助眠劑；我們不知道這類藥物如何發揮作用，但它確實會破壞真正的睡眠。
- **早點入睡，好在不需人力的幫助下醒來**。讓照進窗戶的陽光喚醒你，而不是由突然闖入意識並擾亂夢境的鬧鐘。
- **發展出你的睡前固定儀式**，就像提卡爾的蜘蛛猴做的那樣。儀式可以很簡單，例如在睡覺時間接近時把燈光調暗，也可以再複雜一點。但一系列規律的行為可以向身體發出信號，表示馬上就要睡覺了。
- **每天找些時間待在戶外**。陽光比人造光更能調節我們的睡眠－清醒週期。
- **睡覺時保持臥室黑暗**。這包括移除、關閉或遮蓋電器上的所有藍色指示燈。
- **如果在睡前閱讀，使用紅色燈而不是普通的電燈**。無論你的日夜節律在夜間是否容易受到中等強度的偏藍光線影響，家中的其他人很可能會受到影響。
- **在社會層級上限制戶外藍光**。特別是在夜間朝上或朝外照射的燈光。夜間的黑暗有益健康；二十四小時的光照則有害健康，甚至與疾病風險的增加有關。除此之外，人類本來就應該有一個充滿可能性的夜空，有時有雲，通常看得見月亮，偶爾能見到行星，幾乎總是能見到恆星和地球所在的銀河系。我們除了需要的睡眠之外，當夜空消失時，我們還會失去什麼？

第七章

性與性別

最完整的人類性行為，必定是完整個體之間身體和大腦、內心和心理的融合。從色情片瞭解到性的人，可能除了自己的身體之外，對其他任何回饋都沒感覺。對他們而言，溝通和回饋不是優先事項，也可能不認為溝通和回饋有價值。他們很難與人建立關係，更難理解何謂人際關係。

那是一九九一年的馬納瓜（Managua）。整個夏天我們都在中美洲旅行：我們開了一整夜的車去墨西哥南部看日全食（差一點就錯過了）；我們在提卡爾的牆影下看猴子的睡前儀式；我們在宏都拉斯加勒比海岸邊的小沙洲上架起吊床，那裡只有我們，三天當中不是睡覺就是去浮潛。而現在，我們在尼加拉瓜，漫步穿過一座大型戶外市場，只要布萊特看到從未見過的水果，或是新鮮烘焙物的氣味引起希瑟的注意，我們就會分開。我們都覺得一個人很自在，也沒有預見接下來發生的事。

希瑟發現自己突然被一群年輕人包圍住。他們的手臂和手朝希瑟伸過來，想要抓她、摸她卻沒抓住。他們一共有八到十人，開始朝同一方向移動，把希瑟推到市場邊緣。希瑟開始大叫，年輕人繼續簇擁著她移動，還好布萊特很快出現，對他們大喊，他們才停了下來。希瑟從人群中掙脫，站在遠離他們的地方不停地喘氣。

接著年輕人排成一列，一個接一個地向布萊特道歉。

希瑟很憤怒，布萊特也是，但我們都很驚訝。儘管大男人主義確實存在，但我們以前從未見過這樣的事。我們正在見證關於傳統性別規範的一幕，在這種規範中，女性被視為男性的財產。他們因為試圖奪取他人的財產而道歉，而不必向財產道歉。

我們在演化生物學方面的研究指出，在人類歷史的大部分時間中，男性和女性所扮演的角色截然不同，但這是我們頭一次親身經歷其中最不幸的一種。像這樣的倒退行為在歷史上和文學中屢見不鮮，使得現在有許多人相信，所有傳統的性別規範都是倒退的。然而這樣想是錯誤的。

當性很稀缺時——或是至少不像現在這麼普遍時——男人會為了合適的女人移山填海，帶來巨大的社會後果。泰姬瑪哈陵（Taj Mahal）是蒙兀兒皇帝為了最心愛的妻子建造的。奧德修斯經歷二十年的戰爭和航海後歸來，通過技能測試（並殺死了其他追求者），贏得潘妮洛普（Penelope）的愛。當然，還有特洛伊的海倫。

沒有哪一群年輕女性會包圍年輕男子，就像尼加拉瓜市場上的男人包圍希瑟那樣。如果她們這樣做，年輕男性可樂壞了。戰爭不會因為愛上一個好男人開始；陵寢通常不是為了向丈夫示愛而建造的。假若參與其中的性別是顛倒過來的，一切都不會發生。那個市場中發生的事違反了現代道德，因為他們的舉動代表了一種信念：女性是可以交換的資源，而不是帶有欲望和抱負的完整實體。現代社會不能容忍這種情況，也不該容忍。但是某些傳統的性別規範比這更頑強。

如今男性和女性幾乎在所有領域中都一同工作。兩性突破了曾被認為不可能打破的界限，為個人和社會帶來了諸多好處。一些長期以來歸咎於男性族群和女性族群之間的能力差異，都被證明是可改變的。女性不該被局限在治療或教學行業，男性也不該只從事需要蠻力或野心的行業。

然而瞭解這些事情，並不代表男性和女性在族群層面上是相同的。舉例來說，就平均值而言，「男性的身高比女性高」是個真實的陳述。平均值的差異並不代表族群Y（男性）所有成員的身高，都要大於族群Z（女性）的所有成員。關於族群的真實陳述，並不表現在這些族群的所有個體之上，否則就會犯下最早由亞里斯多德提出的「分割謬誤」（fallacy of division）。一個特徵若在不同族群間的相同程度很高，便很難從個體經驗說明整個族群的模式。如果個體不符合某種特定模式，這種差異可能會讓人以為是該模式錯誤的證據，但這只是一種感覺，不代表事實就是如此。

從醫學、業務員到軍隊，男性和女性一起工作，但他們真的在做相同的事情嗎？女醫生更有可能進入兒科，男醫生則更可能成為外科醫生。在零售業，男性更可能銷售汽車，女性則販賣鮮花。二〇一九年，美國零售業男女比例幾乎相同，但男性在批發的工作中占比明顯偏高。在需要體力的工作中，男性顯然會因為力氣較大而占優勢。一支全由女性構成的軍隊，在肉搏戰中無法擊敗全都由男性組成的軍隊，假裝沒這回事是非常愚蠢的。

有些人認為，男女一起工作是因為法律之前人人平等，所以所有人都是一樣的。法律之前男女的確是平等的，也應該是平等的，但是男女並不相同，只是有些社會運動家、政治家、記者和學者試圖讓我們這麼相信。對於某些人來說，「大家都相同」這個想法似乎能帶來些許安慰，但這充其量只是淺薄的安慰。想想看，如果世界上最好的外科醫生是女性，但平均而言頂尖的外科醫生大多是男性，那我們該怎麼看這個現象？又或者，如果排名前十的兒科醫生都是女性呢？我們可以對這兩種模式做出某種解釋，但這不能成為偏見或性別歧視的證據。為了確保偏見或性別歧視不會影響男性和女性的工作選擇，我們應該盡可能地消除阻攔的障礙。但我們也不該期望男性和女性會做出相同的選擇，或是擅長相同的事情，甚至朝著相同的目標前進。忽視男女之間的差異並要求統一，是另一種性別歧視。性別之間的差異是現實狀況，雖然這種差異可能會引起關注，但往往也是一種優勢，如果忽視了就會遭遇危險。

性的歷史

早在我們成為人類之前，性就已經存在了至少五億年。我們很可能低估了這個數字，或許從十億到二十億年前我們的祖先成為真核生物以來，就已經有性的存在了，這確實是一段相當長的時間。人類的祖先行有性生殖，可以毫不間斷地追溯至數億年前，而不是幾百萬年或是幾千萬年。

有性生殖一直都是充滿混亂而且代價昂貴的活動。你必須找到合適的伴侶，必須讓伴侶相信選擇自己沒錯，還需要在一年中合適的時間（交配季節）進行，因為在其他時間裡，性腺可能會為了減輕體重而縮小，並把維持性腺的資源用在其他地方。許多候鳥都會這樣，雄性歌帶鵐（Melospiza melodia）在長途遷徙時基本上沒有睪丸，直到降落到交配地之後才會重新長出一對。當你確實找到處於繁殖狀態的合適物種個體，並讓對方信服與自己交配，你還必須照顧發育中的卵子或胎兒。在行有性生殖而有了孩子之後，你得要負責照顧他們多年。

除此之外還有最大的代價：進行有性生殖，代表你的遺傳適應力將減少五〇%。如果你複製自己，你可以完美準確地傳播自己的基因，你和你的所有後代在遺傳上因此會百分之百相同。但是採用有性生殖，你的每個孩子身上只有你一半的基因。

考慮到這些代價，為什麼有性生殖還會演化出來並一直持續到現在？

雖然科學家依然在熱烈討論，但廣為接受的答案是：如果未來跟過去一模一樣，採取無性繁殖對你和你的後代來說才算有好處。

在條件保持不變下，如果你現在的生活順利，那麼你複製出來的個體也會如此。但條件不會保持不變，對吧？有些變化是可預測的，例如季節性的變化，但是大多數的變化都不是，你能夠預測下一次大洪水何時發生、有多嚴重，或是農作物是否歉收嗎？把自己的基因和別人的基因混合，可能會打破你自己一些有害的基因組合方式、發現好的新組合方式，並讓你的後代有機會更適應尚未發生的狀況。這就是有性生殖的好處。

對短吻鱷來說，卵發育時的溫度決定了卵中個體的性別：低溫產生雌性，高溫產生雄性。陸龜也是如此，只是結果相反：低溫時的蛋生孵出雄性，溫暖時的蛋生孵出雌性。對鱷魚和鱷龜來說，則是中間溫度會產生雄性，高溫和低溫則都會產生雌性。

相較之下，哺乳動物、鳥類和其他少數動物的性別是由染色體決定的。哺乳動物除了極少數的例外，雌性的性染色體都是XX，雄性則是XY。與某些可以因環境而改變性別的生物（著名的小丑魚）不同，沒有任何一種哺乳動物（或鳥類）能夠改變性別。當人類的精子讓卵子受精時，不論個體的性別為何，受精卵都有Y染色體之外的所有基因。從比例上來看，我們的基因組是沒有性別的，而是由一條染色體的存在或不存在來決定。但基因組幾乎無性別這件事，並不代表性別之間的差異很小或者是任意的。

染色體開啟了人類走上女性或男性的道路。舉例來說，Y染色體上有一個基因叫做

SRY，這個基因的啟動，會控制一系列男性化行動的調節，包括睪丸的形成，而精子是由睪丸製造的。激素接連發揮的作用，使得身體進一步男性化（由睪固酮和其他雄性素發揮作用）或女性化（雌性素和黃體激素會發揮作用）。然而，即使控制了性腺激素的產量，性染色體本身也會影響男性和女性之間的各種差異，例如對於疼痛的感知和反應、單個神經元的構造，以及各個腦部區域（包括部分大腦皮層和胼胝體）的大小。

這些全都是事實，以上針對哺乳動物個體變成雌性或雄性的機制所做的說明，全都是真實的近因解釋。但這些解釋無法說明為何有男性和女性存在，因此我們還需要終極解釋，也就是演化上的解釋。這個解釋要從回答「為什麼」開始。

為什麼地球上行有性生殖的生物都只有兩種性別，而不是三種、八種或七十九種？真菌的有性生殖相當特別，但在植物和動物中，為什麼只有兩種類型的配子（生殖細胞）？

為了進行有性生殖，需要有兩件事：一個是來自多個個體的DNA，另一個則是一個細胞。細胞中粒線體和核糖體等胞器，與DNA相比雖然又大又笨重，但卻是維持生命所必需。如果要進行有性繁殖，至少要有一個伴侶願意貢獻這些細胞裝置（也就是提供細胞質），而這個細胞（被稱為卵子）就細胞而言是很大的。但權衡之道就是如此；那個大的細胞往往是固定的——換言之，它不會移動。

有性生殖的下一個問題就是配子要如何找到彼此。由於有些配子不會移動，那麼另一些配子就要能靈活移動，而這種能力是藉由剝離形成受精卵所需的大部分細胞裝置來達成的。這種配子在動物中稱為精子，在植物中稱為花粉，它們能在周圍環境中移動，「尋找」卵子。如果配子大小適中，帶有一些細胞質以及某種程度的移動能力，那麼勢必會在兩方面的表現都很糟：既沒有足夠的細胞質來形成受精卵；當遇到也有細胞質的配子時，該使用哪個細胞來產生新生命也會產生分歧。此外，找尋其他配子來結合的速度也會變慢。由於中間型的配子的表現不佳，因此異配結合（anisogamy），也就是兩種「不同」（aniso）的「配子」（gamy）演化出來了。

快轉幾億年後，性別之間的差異已經非常大。人類在許多領域都存在著性別差異，遠遠超出了生殖領域。從阿茲海默症到偏頭痛，從藥物成癮到帕金森氏症，男性和女性之間的疾病風險、病因和進展都不同，腦部結構也不同。我們往往因為性別而有不同的性格特徵，這些特徵也受到環境的影響：在食物豐富且病原體流行率較低的國家，男女性格差異更大。一般來說，女性比男性更利他、更信任他人、更順從，但同時也更容易罹患憂鬱症。男性更常診斷出有注意力不足過動症（ADHD），女性則較易罹患焦慮症。最後，平均而言，男性更喜歡與事物打交道，女性則更喜歡與人打交道。

在已知的每種人類文化中都有區分男性和女性的語詞，這並非偶然，而是人類的普遍特性。

性別改變與性別角色

有時候環境情況非常惡劣，會讓正常進行有性生殖的個體為了繁衍而進行無性生殖。在脊椎動物中，某些蛇類和雙髻鯊會採用這樣的生殖方式。雌性科莫多龍（嚴格來說不是龍，而是生活在印尼西亞東部小島上的大型蜥蜴）儘管沒有接觸過其他的科莫多龍，也能產下可孵化的卵。據推測這是一種適應，是當你獨自住在島上而沒有任何同類相伴時做出的最後一搏。這不是最佳選擇，但聊勝於無。

同樣地，有時候狀況指出需改變性別，在演化上是適當的。在幾種植物、許多種昆蟲和幾種珊瑚魚中，順序性雌雄同體（sequential hermaphroditism）很常見；也就是說，一個個體剛開始是一種性別，之後在生命的某個時刻會轉變為另一種性別。舉例來說，喬氏絲隆頭魚（Cirrhilabrus jordani）一開始可能是雌性，但在成年後會轉變為顏色特別鮮豔的雄性，吸引大部分雌魚的注意。然而，在四足動物（泥盆紀時期登上陸地的脊椎動物）中，只有少數會發生性別轉換，而且只有非洲樹蛙會經常性地發生性別轉換。

在像喬氏絲隆頭魚這樣的連續性雌雄同體生物中，雌性變成雄性後，牠不僅改變了自己的性別（之前產生的配子是卵子，現在變成精子），還改變了自己的性別角色（sex role），也就是得到了新的性別後表現出的行為。在人類，我們稱之為性別（gender），有時也稱為性別表現（gender expression）。

在駝鹿中，雄鹿的性別角色（性別表現）包括進行浮誇的戰鬥，因此受傷的情況屢見不鮮。金領嬌鶲（golden-collared manakin）屬於新熱帶鳥類，雄性的性別角色包括清理森林地面上的一塊區域，並在上面跳舞。大園丁鳥（great bowerbird）的雄鳥性別角色包括建造精緻的涼亭（你也可以稱為廟宇），內含許多精心挑選的物品。雄鳥甚至會像畫家那樣使用強制透視法（forced perspective），好讓涼亭從雌鳥接近過來的方向看來比實際上大。在以上所有物種中，雌性的性別角色則包括選擇雄性（戰鬥者、舞者或廟宇建造者），以及撫養後代，無論是駝鹿胚胎和幼鹿，還是蛋和幼雛。

性別角色的一般規則，就是雄性進行表演而雌性進行選擇。這源自很久以前兩性在投資上的差異：資源豐富的卵子大，流線外型的精子小。除此之外，在需要親代照顧才能使後代生存的物種中（這代表了所有的哺乳動物和鳥類，以及很大比例的爬行類動物、兩生類動物、魚類和昆蟲），雄性傾向於把更多精力投注到讓性行為發生的事情上，雌性則對性行為後發生的事情投注了更多精力。

從嚴格的演化角度來說，在絕大多數物種中，雌性是受到更多限制的性別，因為雌性對後代的投資更多，包括卵子比精子大，以及親代對後代付出的照顧通常是落到雌性身上。雄性彼此必須競爭好接近雌性，而雌性在追求者中進行選擇。因此雄性往往體型較大（例如海豹）或更具攻擊性（例如絨毛猴），也有的是雄性外貌更華麗（例如孔雀）、鳴叫聲更響亮（幾乎所有蛙都如此），或是鳴叫聲更悅耳（例如嘲鶇）。

極少數的物種有「性別角色顛倒」（sex-role reversed）現象，其中雄性展示自己而雌性挑剔雄性的一般規則反轉了。性別角色顛倒的物種也改變了投資最多時間的性別；在這些物種中，雄性是受到較多限制的性別。有些一妻多夫的水鳥就是這樣，像是距翅水雉（Northern jacana）。我們發現這些物種中占主導地位的雌鳥保護了大片領地，領地內雌鳥的數個雄性伴侶則負責築巢、孵卵並照顧雛鳥。雖然女人通常不會為了好男人發動戰爭，也不會為了取悅丈夫而建造宮殿，但在性別角色顛倒的鳥類中，這些事情卻很可能會發生。

不過性別角色顛倒（在人類，我們稱為性別轉換）與改變性別不同。對於哺乳動物和鳥類來說，性別是由遺傳決定的，不可能發生性別改變。從沒有一隻鴿子或鸚鵡、一匹馬或人實際上改變過性別。然而性別角色（或稱為性別）卻是極不穩定的（也就是容易改變的）。我們人類的性別角色是所有動物中最不穩定的，因此有許多人正在拋棄一些舊的性別規範（那些以前與性緊密相關的行為），開始遵循新的規範，應該不至於太過讓人驚訝。

把生理性別（sex）等同於社會性別（gender），或是認為生理性別與社會性別沒有關係，又或者認為生理性別或社會性別與演化完全無關，這些想法都很愚蠢，但這偏偏是二十一世紀許多人正在做的事。請記住歐米伽原則：人類可以調整的適應元素（如社會性別），與生理結構的適應元素（如生理性別）之間的關聯密切，就如圓的直徑與圓的周長不可截然劃分那樣。社會性別比生理性別更不固定，同時具有更多樣的表現形式，然而「表現得像個女性」（社會性別）和「成為女性」（生理性別）並不相同。

如果你願意，可以成為加入酒吧打架的女性或是化妝的男性，但不要以為參加酒吧打架就會讓你成為男性，或者化妝會讓你成為女性。酒吧打架和化妝是對外在世界發出的訊號，只是一種代理，而代理並不是本質，這些特定的代理方式也已經過時和減少了。然而，有些社會性別行為既不過時也沒減少：平均而言，女性更有可能照顧家庭和養育子女，男性則更有可能捍衛家庭和向外探索。瞭解到這一點並不代表男性完全不養育後代，也不意味著女性全然不會出外探索，但這些族群間的差異是基於生理性別的根本差異而演化出來的。假裝沒這回事，會讓所有人都面臨風險；要求人們相信顯然非事實的事情，只會讓人們更難形成協調一致的世界觀，一個基於觀察和現實而非幻想的世界觀。男性永遠不會排卵、妊娠、泌乳、有月經或經歷更年期，認為自己具有男性身分的女性則會，這又是另一個情況了。

人類的性擇

駝鹿的鹿角和打鬥，以及由雌性選擇雄性，這些事實都是性擇的特徵。雄性距翅水雉的孵卵行為也是性擇的結果。象鼻海豹雄性和雌性的體型截然不同，只有雄蛙才會鳴叫，雄性孔雀、綠咬鵑（quetzal）和綠頭鴨（mallard）的羽毛比雌性要艷麗得多，這些全都是性擇的結果。在下一章中會描述交配制度（主要是一夫一妻制與一夫多妻制）如何影響性擇的特徵，但現在我們先來思索人類男性和女性展現出性擇影響的幾種方式。

在青春期，女孩的乳房會開始發育，並且會伴隨女性一生。當然，乳房的功能是透過乳腺分泌乳汁來餵養嬰兒。然而，其他靈長類雌性在沒有嬰兒可以餵養時，乳房不會持續存在。人類女性的乳房是性擇的結果，作用不僅是餵養嬰兒，也是對男性發出的訊號，作用就像琴鳥（lyrebird）的歌聲、發情野豬的氣味，以及紅冠嘲鶇的舞蹈一樣。

人類女性會把排卵期隱藏起來，也是性擇的結果。幾乎所有的哺乳動物都透過生理方式宣傳自己的生育能力，但人類不這樣做，或者至少表現方式遠遠少於其他物種。人類全年都會進行性行為，而不只是在交配季節才會。隱藏排卵期為的是達成某些生殖目的，但也鼓勵了人類進行非生殖目的的性行為——為了愉悅而性交，為了建立聯繫而性交。

人類還有哪些行為是性擇的結果呢？在她生日那天送花。領帶。跑車。化妝品、高跟鞋和首飾。事實上，女性的身體裝飾不僅只有化妝品、高跟鞋和首飾，還包括在整個生殖週期中保持膨脹的乳房，這些都是人類部分性別角色顛倒的標誌。這是什麼意思？雖然大多數動物是由雄性競爭配偶，由雌性選擇配偶，但像人類這樣具有部分性別角色顛倒的物種，也會出現雌性競爭配偶而雄性選擇配偶的狀況，表現方式從女性為了吸引男性注意而發出宣傳訊號，到女性之間的爭風吃醋。並非出於巧合地，男性也更有可能選擇自己的伴侶。

兩性分工

在許多現代家庭中，女性清潔地板，男性倒垃圾；而在另一些家庭中，這些工作的角色可能會互換。伴侶關係的兩人可能的確花了相等的時間從事家務，但雙方以同等工作量完成每項家事的情況相當罕見。而這就是分工。

從很多角度來看，分工是有道理的，甚至有人認為因性別而分工使得人類成為人類。即使我們不接受這個結論，但也同意分工能夠提高效率，並且通常可以很好地利用每個人的時間；藉由分工來節省時間，使我們有更多時間去做更想做的事，例如玩耍或性交。不過，分工也可能讓角色僵化，而且確實如此，其中許多角色在二十一世紀已經過時了。瞭解這些角色的成因很有用，能讓人確定哪些角色不太可能改變，哪些則是有可能改變的。

從最早的配子投資就不平等開始，女性和男性便以不同的方式對待彼此和世界了。在狩獵採集者中，男性更有可能成為大型動物的狩獵者，女性則更可能捕捉小型動物並成為植物採集者。對以狩獵採集維生的女性來說，她們可能在成年後直到停經為止的大部分時間裡，都在懷孕或哺乳嬰兒和幼兒中度過。當母乳是孩子的全部或大部分食物來源時，母親可以有效地控制生育，因為她會出現生理性的停經：頻繁地以母乳餵養嬰兒會讓女性無法懷孕，這使得生育間隔相對拉長，出生率則會下降。

隨著人類進入農業時代，社會性別角色受到了更多限制。自此人類與某塊特定土地的關係更為密切，變成了定居生活，並且擁有充足的糧食儲備，可隨時補充自己和孩子的食物，因此農業女性的生育間隔縮短了（也就是嬰兒出生的速度更快），出生率開始上升。生育率的提高，把女性和家庭更緊密地聯繫在一起，隨之而來的是女性在經濟、宗教和其他重要文化領域中扮演的角色逐漸減少。

這裡無法一一列舉男人和女人呈現出的眾多差異。在提出更多之前，需再次提醒關於族群的事情；當我們說男性身高比女性高時，其實隱含著「平均」這個詞。指出你的朋友朗達她確實很高，並不能就此否認統計事實，也就是平均來說男性的身高比女性高。

性別間的一些平均差異，還包括男性對「調查研究」更有興趣，而女性對「藝術」和「社會」更有興趣。平均而言，男性偏好數學、科學和工程，在考試中女孩在文學方面的得分較高，男孩則在數學方面的得分較高。儘管男孩和女孩的平均智力相同，但智力的差異卻不同——在這兩個類別中，天才男孩的數量比天才女孩多，同時愚鈍男孩也比愚鈍女孩更多。

一項有趣的神經科學指出，在情緒記憶和空間能力等多個領域，女性更擅長處理細節，男性則更擅長處理「要點」。這項發現指出，平均來說男性記憶路線的能力更強，而女性在記住鑰匙、咖啡杯和需簽署文件位置方面的能力更強。

在嬰兒身上也可以看到性別差異，而且是跨文化的，所以這不是什麼詭異的「詭異」現象。如果可以選擇，新生女嬰會花更多時間看臉孔，新生男嬰則會花更多時間看物品。

在各個文化中，工作很早就依照性別而區分了。在對一百八十五種文化的分析中，有些工作總是以相同的方向進行分工。在有從事煉鐵、狩獵大型海洋哺乳動物、金屬加工的文化中，上述工作幾乎全都由男性完成。更有趣的是，有些工作在各個文化中都是高度性別分工的，但某些文化會限制全由女性來做，而在另一些文化則限制由男性參與，這些工作包括了編織、製備皮革和收集燃料等。這表明即使兩性基本上都不擅長於某些工作，分工本身卻是很有價值的。

來看一下培布羅人（Pueblo），他們長期以來一直被認為是陶藝大師。從當時陶器的紋樣來看，人們認為陶器製作完全是女性的領域。然而，在美國西南部四州交界區（Four Corners，猶他州、科羅拉多州、亞利桑那州與新墨西哥州的交界區域）的查科峽谷（Chaco Canyon），卻出現了不同的故事。一千年前，查科峽谷是個發展迅速的宗教和政治中心，人口持續膨脹，對陶器的需求也隨之增加，需要製造更多陶器來運輸並儲存穀物和水，因此性別規範鬆綁，男性開始參與在這項高度性別化的工作中。

我們可以從這些事實知道什麼？我們認識到，社會性別角色可以隨著現代化而重新調整：有些男性偏好從事家務勝過出外工作，不希望配偶透過照顧家務來支持自己；而有些女性更喜歡出外工作。但我們認為，有更多男性和女性偏好不被限制在任一領域，若能不受先入為主的角色擺布，他們會更喜歡能與自己平等相處但不完全相同的伴侶。如果我們對於「社會性別工作」更進一步地理解，便會知道傳統主義者呼籲女性不該在家庭之外的地方工作，或是男性應主導經濟和商業方面的工作，這些都是倒退的主張，全都沒有必要，也與事實不符。

從歷史上看，無論是在家裡還是在社會中，女性和男性都進行了分工，但除了出於身體構造和生理機能（懷孕與哺乳）的差異之外，在現代世界中幾乎沒有女性不能選擇去做的工作。同樣地，男性在護理和教學等傳統女性領域中越來越受歡迎，但我們不該期待在這些領域中兩性均勢。不同的偏好會導致不同的選擇。假裝兩性相同而不是確保兩性在法律之下平等，是傻瓜的遊戲。

性策略

把一個嬰兒帶到世界，需要付出很多心力。雖然本書的大部分讀者可能生活在一夫一妻制和雙親共同照顧的文化中，但若沒有這些限制，男性對生育嬰兒的貢獻不大。事實上，嬰兒的「製造」並不會在出生時就結束，一旦懷胎九個月，嬰兒順利出生，就要用母乳餵養嬰兒六個月、兩年或是更久，具體時間視文化而定。母親對後代的投資是一種帶強制性的本能，而且投資得很多；當然父親也可能投資很多，但那是可以調整的。現在以及歷史上有許多人從未見過自己的父親。

在各個文化中，男性和女性尋找伴侶時表現出不同的偏好和優先順序。一項如今已成為經典的跨文化研究針對三十七種文化的擇偶偏好進行調查發現，在每一個文化中，比起男性，女性對賺更多錢的伴侶更有興趣。相對地，男性對年輕且外表有吸引力的可能伴侶更感興趣。為什麼會這樣呢？

如果有一個有能力為孩子和伴侶的福祉做出貢獻的父親，那麼可能懷孕的女性會過得更輕鬆，因此天擇會讓女性優先選擇有能力賺錢的男性。此外，由於女性的生育力較早達到頂峰，下降的速度也比男性快，因此可能成為孩子父親的男性更有可能對伴侶的年輕和美麗感興趣，我們可以把這兩者理解成代表生育能力。

還有，女性生了孩子就擁有了母親身分，知道自己就是那孩子的母親。然而，要確定父方的親子關係要困難得多，但從「並不怎麼有趣但基礎」的演化角度來看卻是很重要的。直到最近科技進步之前，父親們從來沒有方法確定親子關係，因此嫉妒和保護配偶的演化在男性中比在女性中更為普遍。在各個文化中，男性都試圖通過控制女性的生育活動，以此增加自己親子關係的確定性，其中最具分裂性和破壞性，就是用於在月經期間隔離女性的月經小屋（讓男性知道女性的月經週期），以及切割女性生殖器（減少或消除性快感的可能性）。不要誤解我們的論點：我們並不是在為這類控制手段說話，而只是用演化的視角來瞭解那些控制手段。

對父親身分極度不確定的另一種反應是，在某些文化中母親的兄弟成為姐妹孩子的男性榜樣，因為男性可能不確定自己是哪些孩子的父親。例如在印度西南部的納亞爾人（Nayar），妻子和丈夫不住在一起，除了性行為之外，幾乎沒有共同的生活；而且女性可能擁有多個丈夫。由於父親身分並不確定，父親就不用承擔照顧的責任，但母親的兄弟有權利和責任照顧外甥和外甥女，在我們「詭異世界」現代人的眼中，那理當是父親的權力和責任。不過一般來說，一個受到欺瞞去撫養他人孩子的男性會遭受嘲笑。

上面幾段內容反映出目前確立的演化理論。在我們看來，其中真正有趣之處在於這些理論預測了男性和女性所採取的生殖策略和社會策略。這裡只稍做介紹，下一章會進一步探討其中的含義。

廣義來說，有三種可能的生殖策略：

一、建立伴侶關係並長期投資在生殖、社會關係和彼此的情緒上。
二、在伴侶不情願的狀況下強迫進行生殖行為。
三、完全不強迫，但除了短暫的性行為之外幾乎什麼都不投資。

女性受到懷孕和哺乳的雙重限制，自古以來擇偶都是為了生兒育女，在策略上非常缺乏靈活性。因此，女性主要採取了第一種戰略。直到最近，女性更喜歡長期伴侶而非一夜情，而且比男性更有可能在性方面謹慎（「靦腆」）。因此女性往往會進行長期戰，尋找可以共同合作養育孩子、一起變老的男性。

對於女性來說，如果想在下一代留下自己的遺傳標記，這是最好的策略。懷孕和哺乳是雌性哺乳動物身體結構和生理運作的特徵，由於女性天生就被迫對孩子進行投資，如果自己的伴侶也願意對孩子進行投資，她們成功養育子女的機會就更大。

這種尋找長期伴侶並且共同生活和撫養孩子的策略，對男性來說也是一種可行的生育策略。上述三種策略男性都可以採用，但是當男性願意採取第一種策略時，對社會、兒童、女性以及除了少數男性以外的所有人來說都最有利，下一章中我們將詳細說明這個策略的優異之處。第一個策略是長期戰，是投入情感的策略。剩下的兩種策略在歷史上則幾乎完全只有男性採用。

在歷史中，男性所能選擇的剩餘策略中，有一種顯然應該受到譴責。強姦使得男性能夠成功繁殖後代，在戰爭時期這種情況尤其嚴重。沒有人會認為強姦對於個人或社會而言是光榮或可取之事。強姦屬於上述的第二種生殖策略。

男性的最後一種生殖策略在社會上也不怎麼光榮或可取，但卻受到「性積極」活動者的推波助瀾，成為自由和擺脫清教徒主義的標誌。第三種生殖策略是一夜情。與陌生人發生性關係，做出沒有承諾或期望的性行為。這種策略不涉及暴力，許多女性有時也會願意與剛認識的男人上床。不過，這種性關係往往包含一些欺騙，而且是雙方都欺騙。如果女性把男性最糟的特性當成平等和自由的證據，那麼我們就需要重新審視我們的價值觀。這是第三種生殖策略：既不強迫也不投資的性行為，像是短期的遭遇戰。

隨著越來越多女性採用第三種生殖策略（短期戰），性變得更為普遍且容易獲得。與提倡性別積極的女權主義者所傳達的信息相反，採用這種策略反而會削弱女性的性權力。當男女都例行公事般地尋求輕浮又毫無情感聯繫的性行為時，事實上正在創造一種環境，讓每個人都表現得如同（僅次於）最糟糕狀態的男性。顯然，這不像強姦那麼嚴重，但也不如第一種策略那麼好。男性和女性偏向採取第三種生殖策略的社會是「傻瓜的愚行」的變化型：集中注重短期利益（性快感）的趨勢，不僅掩蓋了風險和長期成本，而且即使最後分析的結果報酬是負的（減少找到愛情的機會以及隨之而來的所有利益），還是有人願意接受。

此外，女性通常不知道男性（除了強姦）有兩種不同的策略，因此經常向採取第三種策略、找尋一夜情的男性發出訊號，但實際上真正想要尋找的是採取第一種策略的男性。當第三種策略取得主要的地位時，表現出來的會是性感（hotness）。相較之下，第一種策略著重長時間的關係，呈現出的是美麗（beauty）。隨著生殖潛力的消失，性感會很快就會逝去，但美麗消失的速度要慢得多。

我們正處於兩性之間的巨大拉鋸中，我們既不能回到以往，但也不能只停留在現況中。

再次遇見化約主義的失敗：色情片

最後是對於色情影片的警語。

這並不是「發生性行為」（having sex）這樣的事情，也和「看網飛」或「彈吉他」不同。

性是互動之後發生的，以至於與A「發生性行為」這件事，並不等同於與B「發生性行為」。

又一次，這是化約論造成的錯誤，認為事物的代理就是（完整）事物本身。認為如果我們能夠計算並記錄某個事物，就等於計算並記錄了該事物真正的核心。就像把化學失衡當作是精神疾病，把能量飲料當作食物，把色情當作性。

這些說法都是錯誤的。

當然，人們對人類的性行為著迷。藉由觀察他人的性行為，可以獲得關於危險和機會的資訊，而這些資訊涉及了演化與個人。然而這樣做會引發第三種策略，也就是想要立即進行性行為，但對象是誰並不重要。

正如猜忌因性別而異——男性更有可能猜忌肉體的不忠，女性則更會猜忌情感上的不忠——因此色情作品（porn）和情色作品（erotica）的目標對象也因性別而異。一般來說，女性更喜歡情色作品，因為裡面有背景故事；至於色情作品，則瞄準了第三種策略，把人體化約成各個組成部分，並為了賺錢而費盡心思吸引眼球，因此更注重極端的性行為。在長期觀看色情內容的族群中，女性更可能被要求進行肛交、勒脖和其他螢幕中會出現的暴力「遊戲」，即使真實生活中很少女性會想這樣做。

我們認為，色情會產生所謂的性自閉症（sexual autism）。

當然，我們是用自閉症這個詞來比喻的。無須多言，我們無意冒犯那些在臨床上診斷為自閉症的人，也不是說自閉症患者不比其他人更渴望真正的聯繫、愛和人際關係。在這裡，我們借用了自閉症的診斷標準，認為色情片讓愛好者對性產生了類似自閉症的現象——認為輸入的感官資料才是最重要的，就算把情感和社會交流也考慮在內，但只不過是背景而已。

透過色情片學習性行為的人，往往會表現出重複的行為，並對感官輸入有著非典型的敏感性。對他們來說性溝通難以理解，可能是因為溝通是雙向道，無法事前預測或是強制他人。透過色情片瞭解性的人，在發展、維持和理解性關係上有困難；他們會堅持僵硬的規則，並對狹隘的興趣展現出強烈的執著。簡而言之，他們不滿意於新奇和驚喜，不會發現「我居然會有這種感覺」，或出現「我不知道我們有這樣的感覺」的情況。

正如我們所說的，最完整的人類性行為，必定是完整個體之間身體和大腦、內心和心理融合的產物。然而，色情片將性化約成商品，其中的性行為僅涉及身體層面。因為是從狹隘的選項中做選擇，從色情片中學到的性必然是重複和僵硬的，並且只注重高潮。從色情片瞭解到性的人，可能除了自己的身體之外，對其他任何回饋都沒有感覺。對他們而言，溝通和回饋不會是優先事項，也可能不認為溝通和回饋有價值。他們很難與人建立關係，更難以理解何謂人際關係。從已知的清單中選擇，便永遠不會出現發現和驚喜。在某方面來說這樣更安全，雖然可能無法發現到人際關係和聯繫的真正高潮，但也因此免掉一些真正的低潮。因此，從色情片中學到的性，會大幅削弱人類的性行為。透過密切聯繫的性行為，可以發掘出怎樣一個充滿情感與人性的世界？若非如此，你還不如去散步。

改正方式

- **避免沒有承諾的性行為**，包括以金錢交易的性在內。隨時隨地都尋求性，會讓性的價值低落，也會讓與某個人建立穩定關係變得困難，而穩定連結是平等關係的最佳前提。在平等的關係中，長期來說雙方不會感到卑屈或受到輕視；而且，因為他們很瞭解你，你其實更容易在你熟悉的人身上找到狂喜和激情。
- 給異性戀女性的話：**不要屈服於社會壓力而輕易接受性行為**。如果你不想和只認識幾小時或幾天的男性上床，而那個男性會為了與只認識幾小時或幾天的女性上床而忽視你，你有損失什麼嗎？你的損失是不用浪費時間在一個用第三種策略發展關係的人身上。你最好尋找一個有能力拒絕動物衝動行為的好男人。
- **讓孩子遠離色情內容**，自己也盡量遠離。不應允許市場干預很多事，包括愛情和性、音樂和幽默等。
- **不要試圖阻止、暫停或從根本上改變兒童的發展，而干擾他們的發展**。性別是性的行為表達，是演化的產物，也比性更有變化。童年是探索和形成身分的時期，因此當兒童聲稱自己的性別和實際上不同時，不應太過在意，那只是他們玩耍並探索行為的規範而已。具有兩種性別特徵的人確實存在但極罕見，跨性別者也確實存在但非常少見。許多現代的「性別意識形態」很危險且具傳染性，並且許多干預手段（激素、手術）都是不可逆的。

- **讓胎兒和兒童遠離汙染物。**目前已知，有幾種青蛙雌雄同體個體的數量增加，與接觸到常見的環境汙染物，如除草劑草脫淨（atrazine）有關。雖然青蛙決定性別的機制與人類不同，但如果事實證明環境中廣泛存在的內分泌干擾物，與現代某些性和性別的混亂有關，也不用太過驚訝。
- **承認兩性的差異有助於提高集體的力量。**如果更看重女性擅長的工作（例如教學、社會工作、護理），就可以不再要求女性在不感興趣的領域與男性的數量相同。要建立能讓每個人都接觸到所有機會的社會，第一步就是認識到平均來說兩性之間有所不同。機會均等是個符合現實的光榮目標，但是追求平等的結果，從工人到清潔隊員的每一種職業兩性從事人數都達到均等，會讓所有相關的人失望。

第八章

親職與伴侶關係

一夫一妻制擴大了愛的範圍，從母子之愛，擴大到夫妻之愛，通常還擴及父子之愛。一夫一妻制也可以促進友誼。配對連結也讓有效的勞動分工得以出現。在單親系統中，單親（通常是母親）必須做所有事情；配對連結讓她的工作量減少一半。

個體——一個擁有身體、大腦、腿部、血液、思想和情感的自我——是種複雜的現象，也是本書一直集中討論的主題。當個體聚集在一起時，關係的複雜程度會呈指數增長。在許多動物中，個體之間的相互作用與複雜性產生出一種近乎超凡的力量：愛。對人類來說，愛的影響尤其深遠。

所有的愛都有一個共同的起源故事，只不過形式各有不同，有對孩子的愛、對配偶的愛，或是對目標的愛。這些愛都很美麗，但也可能會擾亂正常的生活。我們作為一個物種而能持續存在，部分原因是出自於愛。這樣就出現了一個問題：什麼是愛？

愛是一種情感性的心理狀態，能讓人把某人或某件事視為自己的延伸而優先考慮他們。就是這樣。愛是真實不虛的，是一種親密的包容。當愛真正存在時，甚至能凌駕所有的力量。

愛最初在母親和孩子之間發展，然後展開雙翼，擴大覆蓋的範圍。成年人很快就會體驗到伴侶之間的愛，然後其他形式的愛綻放開來，包括父子之間的愛、祖孫之間的愛、手足之間的愛。然後，愛在朋友之間、士兵之間，以及共享強烈經歷（無論好壞）的人之間，也找到了立足點。許多人類神話的核心都在於引導人們擴展「自我」，並打造能適用於自我概念的內群體（in-group，個體所認同或歸屬的群體）。好撒馬利亞人（Good Samaritan）的故事指出，即使被認為是敵人的個體之間，也具有愛的能力。最終，愛演變成納入抽象概念：愛國家、愛上帝、愛榮譽與服務，以及愛真理和正義。

我們體驗到的愛是在近二億年前首次演化出來的，當時哺乳動物和爬行動物正分道揚鑣。就像性的演化一樣，卵是我們理解愛之演化的基礎。哺乳動物和爬行動物最近的共同祖先會產卵，在牠們的卵中含有足夠的營養來餵養胚胎，直到個體孵化出來為止。那些產下卵後便離開、從此不再與後代見面或照顧後代的物種，剛孵化的年幼個體必須馬上自己進食，因此母親會事先為孩子做好準備：蝴蝶會把卵產在毛毛蟲可食用的植物上；黃蜂會在蜘蛛癱瘓的身體裡產卵，這樣幼蟲一孵化就可以吃掉蜘蛛；章魚會在產下卵後不久死去，將自己的身體養分留給飢餓的後代。沒有雙親照顧，孵化後年幼個體也只能自力更生。

第一批哺乳動物是產卵的，但卵不需要愛；儘管在許多物種中，它們仍受益於父母的警戒保護。現存的五種產卵哺乳動物（四種針鼴加上鴨嘴獸）和所有其他會產卵的物種，基本上有所不同。儘管是產卵的哺乳動物，牠們卻會分泌乳汁。早期物種的泌乳方式很粗略：改造的汗腺分泌出營養液，從母體的皮膚表面釋放出來，供幼獸舔食。之後，一種更好的泌乳構造發展了出來：乳頭。對於所有哺乳動物來說，無論是否有乳頭，乳汁都幫忙解決了重要問題。

哺乳動物母親出外覓食時，可以把幼兒留在安全的地方，她不用提前準備食物，也不需把食物送回洞裡。作為幼兒的食物，乳汁的化學與營養成分可以以多種方式調整，以促進幼兒的發育。就像這樣，一開始乳汁只是回應營養和免疫問題的眾多演化答案之一，後來成為通往更多事物的門戶。

一旦乳腺成為後代成熟過程中不可或缺的一部分，幼兒必定得與母親見面並且共同生活一段時間。在人類歷史上直到最近，嬰兒都是直接吸吮母乳。這種事情不需要愛。母親和嬰兒只是依照本能，即使沒有情感參與，也能各自完成職責。然而，就像複雜的社交和漫長的童年一樣，母嬰之間的情感也是適應的結果。此外，幾乎任何體型大到足以吃掉這些幼獸的掠食者，都會把幼獸視為美味佳餚，因為牠們毫無抵抗力、柔軟、身上不帶病原體，簡直是完美食物。這便意味著哺乳動物母親經常會面臨一個問題：當幼兒受到威脅時，應該冒多大風險來保護牠們？

每個母親面臨到的狀況不盡相同，但要進行這樣的計算，母親要能掌握到非常多的訊息。她一生中的生育時期還剩多久，已經有多少時間過去了？她面對的掠食者有多危險，自己的戰鬥力有多強？如果她為了拯救一個後代而死，是否會導致其他後代挨餓死去？把這所有因素都考慮在內後，就會出現一個最終的計算結果：即她的適應力在這次的對抗後會增加還是減少？在其他條件都相同的情況下，善於計算的母親所傳下譜系將會戰勝資訊不足的對手，並且隨著時間的推移，這種計算會不斷得到改進和調整。

當然，動物不會進行任何明確的計算，也無法得到關於生育年齡、危險或機會的數據。牠們擁有的是一個內在結構，這個結構經由天擇調整，會讓動物透過直覺調適自己的行為。這些直覺計算所呈現出的語言，是透過情感來呈現的；而愛，就是這些情感的強大混合物。

在本章中，我們將探討愛是如何演化出來的，以及它如何促進家庭的活力、影響尋找配偶的方式和對象、影響我們變老的過程，還有人類悲傷的原因等。

親代照顧：母親、父親或其他

所有哺乳動物都受到母親的照顧，我們認為母愛是最古老也最基本的愛的形式。所有真愛都是從這概念發展出來的。然而，哺乳動物並非唯一演化出愛的生物，在另一個譜系中也出現了這種模式——愛也在鳥類身上完全獨立地演化出來。

有許多鳥類的親代和後代彼此從未見過面。叢塚雉（bush turkey）把蛋產在土堆中，幼雛孵化出來並分散開來時，就已能照顧自己。杜鵑、褐頭牛鸝（cowbird）和其他「巢寄生鳥」（brood parasite）會把卵產在其他鳥類的巢中；這幾種巢寄生案例中，孵化出來的寄生幼雛，必須擁有預先設定好的生理機制，因為牠們毫不知情巢穴被其他鳥類寄生的繼父母，在教育杜鵑幼雛上做得不比我們教導猿猴如何在樹上生活來得好。除了這些擁有預設生理機制的鳥類是例外，絕大多數鳥類雙親都會積極照顧幼鳥，牠們養育後代時面臨到的適應風險，與哺乳動物母親遇到的完全相同。您可能見過體型較小的鳥類拚死圍攻大型掠食性鳥類，將牠們趕出巢穴。這種行為就是愛的表現。

在所有哺乳動物和大多數親代會照顧幼雛的鳥類中，後代是由親代餵養和保護的。這讓幼體在發育過程中處於無法照顧自己的狀態，因為有了親代的餵養和保護，牠們自然不需要自己做這些工作。

剛孵化的幼雛和新生兒的無助狀態，稱為晚熟性（altriciality），並非是一種有利條件；但這種無助狀態卻為許多非比尋常的事情開了大門。在後代與父母的密切接觸下，幼兒的腦部主要設定便可透過文化傳播來進行，這比遺傳變化快得多，不僅可以實現快速的行為演化，還可以根據當地環境（物理、化學、生物和社會等方面）來調整行為模式。

對鳥類和哺乳動物來說，晚熟性是行為靈活性的另一面，而行為靈活性當然是一種優勢。我們會在下一章談論的行為靈活性（或稱可塑性），會出現在生理機制不完全受到基因設定的生物體身上。廣義來說，在兩代之間彼此有互動的物種，以及幼雛和新生兒更為無助的物種中，可塑性會有所增加。

在有親代照顧的物種中，母親通常是主要照顧者，儘管也存在例外。水雉和海馬的例子表明，在某些生態條件下，照顧者的性別角色轉換能夠而且確實會演化出來。缺乏母親照顧而由父親照顧的狀況十分罕見，但也並非聞所未聞；雙親照料（父母親實際上都參與撫養後代）就更常見了。當一夫一妻制成為常態時，通常會由雙親共同照顧幼兒。天鵝或北極燕鷗、蒂蒂猴（titi monkey）和長臂猿等生物都是如此。最後，在許多物種中，像是華麗細尾鷯鶯（fairywrens）或貓鼬，手足之間甚至沒有親緣關係的「熟人」，都會幫忙撫養幼兒，這被稱為合作繁殖（cooperative breeding）。

狨亞科猴類（Callitrichid）是新世界猴類的一個分支，成員包括各種狨猴，其中合作繁殖的狀況十分常見。狨亞科猴類母親往往會生下雙胞胎，這讓哺乳和覓食佔據了母親全部的時間和精力。但嬰兒需要經常抱著，也得隨時留意未成年幼猴從棲息的樹上掉下去。如果不是母親，誰會抱住嬰兒、看管幼猴呢？雖然只有母親才能哺乳，但在許多種類的絨猴中，幼猴的其他照顧工作是由母親以外的群體成員完成的，其中包括父親、叔伯、年長的手足，以及暫時沒生育而加入群體的雌猴，將來有一天她們也可能成為這個生育群體的一份子。同樣地，合作繁殖也展現在裸鼴鼠的幼兒身上，牠們斷奶後會由工鼠（worker）照顧而不是由親代照顧。

是出於什麼原因，讓個體從只是單純追求自己利益的獨立繁殖，轉變為更複雜和需要協作的合作繁殖？許多人類社會都有合作繁殖的現象，某種程度上，這種現象最有可能在雜交率低且資源在整個環境中均勻分配，以致任何個體都無法壟斷資源的情況下發展出來。壟斷資源會造成對配偶的壟斷。事實上，資源在空間和時間中的分布，對交配系統來說有著深遠的影響。

交配系統

想像一對天鵝伴侶結伴游泳。雄性的體型稍微大一些，但兩隻體型十分相似，很難區別。在一夫一妻制的物種中，雄性和雌性在體色、大小和形狀上都很接近。與之相比，象鼻海豹是一夫多妻制，一隻雄性可以壟斷數十隻雌性的生殖活動。雄性的鼻子很大，體型是雌性的三倍多，從體型差距大這點來看，可以準確預測這種脊椎動物是一夫多妻制。

在兩性體型的差距上，人類更接近天鵝，而不是象鼻海豹。不過人類不是天鵝，平均而言男性的體型比女性大一五%，同時也更強壯。這告訴我們，人類祖先至少在某種程度上是一夫多妻制或是雜交的。

我們不該對人類演化史中會出現一夫多妻制感到驚訝——現存其他大猿物種都不是一夫一妻制。但自從人類的譜系與黑猩猩和巴諾布猿分道揚鑣以來，智人顯然一路朝一夫一妻制的方向演化——人類兩性的體型差異要比黑猩猩和巴諾布猿來得小。雖然大多數人類文化在某個時期是一夫多妻制，但在今日生活的大多數人所處的文化中，一夫一妻制已成為常規。

一夫一妻制十分脆弱，在哺乳動物的案例中，很容易且經常就崩解為一夫多妻制。儘管如此，一夫一妻制仍是更卓越的制度。

交配系統的類型

交配系統按每種性別所擁有的配偶數量而定，基本上分為以下幾種類型：

- **一夫一妻制**：兩種性別的個體在同一時間中只有一個伴侶。
- **多配偶制**：某種性別的個體在同一時間中只有一個伴侶，但另一性別的個體卻有數個伴侶，又分兩種類群：
  - **一夫多妻制**（polygyny。poly 的意思是多，gyn 的意思是雌性）：一個雄性配多個雌性。

* **一妻多夫制**（polyandry，poly 的意思是多，andr 的意思是雄性）：一個雌性配多個雄性。

• **雜交**：兩性都有數個伴侶，在人類中有時稱為多重伴侶（polyamory）。

從這裡開始，我們要力爭「一夫一妻制是卓越制度」這個大膽主張。一夫一妻制是從養育後代開始，展現出最多合作與公平的交配制度。在靈長類動物中，一夫一妻制也與相對而言最大的腦部尺寸有關。在整個生物群中，雌性是受到較多限制的性別，這讓她們慎重選擇伴侶。在一夫多妻制中，可以有很多雌性的性伴侶，雄性的性伴侶卻十分短缺；而且，由於雄性顯然對性行為以外的事物都不想投資，因此選擇性伴侶的標準往往低到難以置信。如果雌性沒有出現明顯的傳染病病癥，雄性基本上會接受任何願意交配的雌性，即使不屬於相同的物種。從演化角度來看，產生後代的微小機會甚至混血的後代，都比沒有任何機會來得好。

如果沒有一夫一妻制，性行為就會淪落至這樣的情況：雌性承擔繁殖的全部工作，而無知的雄性總是為了性欲發動而追求雌性。

當一夫一妻制興起時，也就是雌性和雄性都採取前一章所說的第一種策略時，雄性在性觀念和身體型態上都會變得更像雌性。由於實行一夫一妻制的雄性會選擇單一雌性，並放棄與其他雌性發生性關係的機會，因此他們和雌性一樣有慎重選擇性伴侶的充分理由。當雄性以這種方式選擇伴侶時，他們的暴力傾向也會減少。他們仍有可能為了爭奪最好的雌性而發生爭鬥，但不再渴望得到「後宮」並保護後宮。後宮和攻擊性，與鹿角、尖牙等物理武器的出現有密切關聯。如果把一夫一妻制的長臂猿與非一夫一妻制的狒狒相互比較，就會發現狒狒雌雄之間的體型差距很明顯，還有增大的犬齒。一夫多妻制與前一章所說的第二種策略和第三種策略相關，會不可避免地導致雄性之間的暴力，以及讓這種暴力出現的身體型態。

一夫一妻制還創造了幾乎每個個體都有配偶的系統，因為無論交配制度如何，族群中的性別比例往往是一比一，這可以避免在性方面受挫的雄性增加。對於那些雄性來說，暴力可能是繁殖的唯一途徑，要麼藉由推翻後宮主人（例如獅子和象鼻海豹），要不就通過強姦（例如鴨子和海豚）。我們接下來很快就會說明一夫一妻制對人類社會的深遠影響。

鳥類和哺乳類各別演化出一些相似之處，但在交配系統方面差異卻很明顯。哺乳動物很少是一夫一妻制的，但是絕大多數鳥類至少在某種程度上採用了一夫一妻制。也就是說，大多數鳥類在很長一段時間內的性行為是具有排他性的，也就是採一雄一雌配對。有些配對會持續一整個繁殖季節，有些則會持續終身。為什麼會有這種差別？

所有的鳥類都產卵。雖然聽起來很奇怪，但卵卻能好好解開雄性在性方面的猜忌。因為鳥類的卵是在蛋殼形成之前受精，蛋殼形成之後馬上就會產出來，因此雄鳥只需在交配前後的短時間內保護雌鳥免受競爭對手的侵害，就可以確保自己是那窩蛋的親生父親。

相較之下，懷孕的哺乳動物從受精到出生要經歷很長的一段時間，因此大多數的雄性無法確定與自己交配的雌性在受孕時是否也與另一隻雄性交配。無法知曉「親子關係確定性」的雄性，不太可能留下來與雌性建立配對連結並幫忙撫養孩子。雄性鳥類往往對親子關係有更高的確定性，但雄性哺乳動物很少有把握，因此雄性哺乳動物往往會放棄配偶和後代。但是當雄性對自己的親子關係充滿信心時，天擇顯然會偏好雄性留下來提供幫助。儘管一夫一妻制在絕大部分的面向都是更優越的交配系統，但是哺乳動物很難演化出穩定的一夫一妻關係。

一旦配對形成，雄性就面臨選擇：他可以只保護所選擇的雌性免受競爭對手的侵害，也可以選擇進一步以某種方式餵養和照顧後代。父親的照顧在一夫一妻制物種中並沒有共通性，但卻很常見。父親的照顧增加了後代活到具繁殖能力的機會，也增加了可生育後代的數量，這兩者都有助於雄性和雌性的適應力。

一夫一妻制藉由這種方式擴大了愛的範圍，從母子之間的愛，擴大到夫妻之間的愛，通常還擴及父子之間的愛。一夫一妻制也可以促進友誼。寒鴉（jackdaw）是烏鴉的近親，會形成終生的夫妻配對關係。而且，寒鴉還會與年齡相仿的寒鴉建立友誼，互相餽贈食物，這有助於牠們形成密切的關係。

配對連結（pair-bonding）也讓有效的勞動分工得以出現。在單親系統中，單親（通常是母親）必須做所有事情；配對連結讓她的工作量減少一半。西濱鷸（western sandpiper）在北極繁殖地孵卵時，雌鳥在晚上孵蛋，雄鳥則在白天接手。一夫一妻制的淡水橘色雙冠麗魚（Midas cichlid），父親專注在保護領土上，母親則專注於餵養幼魚。侏儒狨猴（pygmy marmoset）的母親把所有時間都花在收集食物，來滿足自己和嬰兒的需要，父親則負責其他所有幼兒的照顧工作。

至於人類，似乎存在一種正回饋循環：隨著嬰兒變得越來越無助，童年越來越長，父母之間的連結也越來越緊密。愛就是這種連結緊密程度的具體呈現。

隨著家庭的發展，手足之間的愛也發展出來。這種愛的反面則是手足之間的競爭，這在手足會遇見彼此的物種中，是一種強大的力量。當父母配對連結後，他們的後代在遺傳上都是親手足。相較之下，在雌性承擔所有照顧、雄性採用第二與第三種性策略的物種中，手足之間的親緣關係就只有一半。純粹從遺傳角度來看，同父同母手足間合作的遺傳基礎，是同母異父手足的兩倍。有鑑於一夫一妻制是手足血緣完全相同的系統，因此增強了後代間的合作，並減少手足之間的衝突。這種合作的一個極端例子是裸鼴鼠，牠們演化出真社會性（eusociality），令人聯想到螞蟻、蜜蜂、黃蜂和白蟻。

在哺乳動物中，手足之間的親緣關係還有另一個相當奇怪的意義。母親在懷孕期間出現的疾病，往往是母親和胎兒之間利益衝突的結果，這通常是溫和但真實的資源爭奪戰。對母親來說，她的重要利益是在具生殖力的整個期間，把資源分配給不同後代；而就發育中胎兒——胎兒的激素可以進入母親的血液中，但遺傳組成只有一半與母親相同——的利益來說，則是要取得比分配量更多的資源，只要不危及母親的性命即可。這種利益衝突會在一夫一妻制群體中得到緩解，與未來手足來自不同父親的族群相比，一夫一妻制中的胎兒對於未來手足生存的興趣加倍。從非一夫一妻制物種父親的角度來看，則有另一種解釋：雄性利用了雌性的母性行為，讓自己的基因藉由懷孕而延續寄生在雌性身上。

人類行一夫一妻制的意義

生物性別、社會性別、兩性關係，以及交配系統，這四個主題盤根錯節，充滿複雜性和意義。然而對於人類的體驗來說，沒什麼比這些更重要的了。前一章說明了這些主題，在此我們將參考更多背景和細微差別來深入探討。

交配系統會隨著生態條件的改變而轉變。當資源有餘時，一夫一妻制可能會受到青睞。讓所有具繁殖能力的成年個體加入撫養後代的行列，在譜系與族群層面上都是明顯的優勢，因為這能讓族群以最快速度取得資源。然而，當族群達到環境乘載量時，零和動態再次發揮作用——地位高的男性往往有了轉向一夫多妻制的動機。當擁有財富和權力的男性試圖主宰多名女性的生育產出時，男性間的競爭就成為了驅動力。在「詭異」國家中，這種模式會被模糊化，因為當一個男人離開自己的家庭，與第二個（通常是更年輕的）女人建立新家庭，我們稱之為「連續性一夫一妻制」（serial monogamy）；但實際上，這根本是一夫多妻制的另一種形式。

當一夫多妻制在社會中興起時，在性行為上受挫的年輕男性就會越來越多，他們願意為了得到伴侶而冒很大的風險。一夫多妻制中少數受益的有權有勢男性譜系，透過將夢想帶回新娘或是成為戰爭英雄的的年輕男性武裝並送到國外，再次得到好處。透過軍事冒險獲得領土和財寶，具有明顯的演化意義，這樣做既擴大了征服者族群的可動用資源，也讓這個族群跟著擴大。此外，這種軍事冒險主義也是「資源轉移」的前線，正如最後一章會討論的，這是一種盜竊形式。

不過，由於一夫多妻制的代價仍曖昧不明，因此這裡有更多研究模擬交配制度（一夫一妻制與一夫多妻制）對生育率和經濟狀況的影響，並與現有的數據加以比較。在其他條件都相同的情況下，一夫一妻制文化裡的人，他們的出生率比一夫多妻制裡的人低，社會經濟地位卻更高。此外，配偶間的年齡差異也較小。在某種程度上，這可能反映出人們不再將婦女和女孩視為商品；然而一夫多妻制根深蒂固的文化卻經常這樣。

一夫多妻制常常與雜交的幻想混為一談。在這種幻想中，性行為和生育的自由增加了，卻不會帶來負面後果。性革命似乎證實了這一點，但說這是一種幻想的原因有二。首先，在缺乏節育措施下，雜交對男性有利，因為他們幾乎不用付出代價就能生育，但對女性來說卻是危險的，因為撫養孩子的負擔全都轉移到她們身上。其次，當有權有勢的男人發現自己能獨占數個生育伴侶時，不論是連續擁有還是同時擁有，雜交往往會崩解為一夫多妻制。

無論好壞，節育都改變了人類的生育方程式，使得女性更有能力避免這種轉變，但也大幅降低女性對男性的表面價值，使得男性更加不願做出承諾。

在有節育方法之前，婦女（及其近親）都對於保護婦女的生育能力十分努力。人類嬰兒很難撫養長大，因此一個女人若能要求男人的幫助卻甘願放棄，是非常愚蠢的。在這樣的世界中，男人有強烈動機去給他們願意許下承諾的女人留下好印象。然而，現代的社會結構雖然提供女性更多享受性自由的機會、並且無需承擔成為單親母親的風險，但這也從根本上削弱女性要求長期承諾時的優勢地位——特別是她們採取第三種生殖策略（短期遊戲）的時候。

男性似乎在這場交易中獲得了更大利益。事實上，就身體的愉悅感而言，輕易得到性愛是大多數男性無法忽視的獎勵。但正如同在前一章所討論的，這種性愛的風險較低，當場就能得到回報，但長時間來看毫無意義。男性可能覺得自己的身體被很多女性認定為具有價值，但在潛意識中，他們知道這種接受門檻低到毫無意義可言。那的確是性愛，但卻是公式化而缺乏深度的垃圾性愛。

女性可能有意識地想享受不用承諾的性愛，但她們天生就會愛上跟自己發生性關係的男人，因為對女性而言，性愛、嬰兒和承諾在演化上密不可分。性愛和性高潮會刺激女性釋放催產素（oxytocin）這種有促進連結功能的激素。男性的情況也類似，只不過發揮作用的不是催產素，而是增壓素（vasopressin）。這些激素在人類性行為和社會行為中的作用，已受到詳盡的研究，但它們與伴侶連結的關聯，在一夫一妻制的草原田鼠（prairie vole）中有更多研究。我們對相關激素在伴侶連結中作用的瞭解，大多來自對於草原田鼠的研究。

然而，考慮到男性與女性之間的生殖投資天生就不平衡，我們預測人類的激素系統要比田鼠的更複雜，至少就男性而言是這樣。考慮一下，如果你是個遵循第二或第三種生殖策略的男人，那麼墜入愛河對你並沒有好處。儘管那些策略應受指責，但在歷史上對男性而言一直很有效，因此在某些情況下受到了天擇的推動。執行那些策略的人，會在遇到性伴侶後迅速發生性行為，因此我們可以預測，在與剛認識女性發生性行為的男性中，增壓素不會釋放出來，或是釋放的量很少。我們認為，男性與認識較久的女性發生性關係時，促進配對連結的增壓素在體內濃度最高。如果實際狀況確實如此，對女性來說，這就意味著在與自己真正喜歡的男人第一次或第二次約會時就上床，實際上會**降低**對方愛上你的可能性。

在這個充斥著低風險性愛的世界裡，許多男人已在很多領域失去實現目標的原始動機，並對許多人視為生命最重要意義來源的承諾，變得反覆無常。女性已掙脫一些束縛，卻踏入青春期的性愛世界，像是進行無休止的遊戲一般，其中只有毫無目的的淺薄夥伴關係。

在這種安排中，到底誰贏了？獲益的只有兩類人：有錢有勢的男人（他們有能力擁有多個伴侶），以及會假裝許下承諾並與女人上床的男人（實際上他們不會投注資源在女性身上）。這兩類男人中還有一些，會向想要晉升的女性提出以性來交換；而女性發現，若非如此她不可能得到這些職位。不知何故，我們把一個完美的系統，取代為一個有嚴重缺陷的約會和交配系統，而將所有戰利品轉移到國王和惡棍身上。

如果性別比例因戰爭或其他因素失去平衡，情況就會更糟。當符合條件的男性很少時，從性的角度來看，女性對他們的需求就會變高。這讓女性陷入兩難局面。當每個女性都盡全力引起男性的注意時，如何才能真正受到注意呢？性是有用的賣點，這時數量少的男性會發現很多的性機會，卻不用許下承諾。結果是，想在這種環境中建立家庭的女性，常常發現自己不得不付出成為單親媽媽的代價。

這正是在經濟匱乏和學校資金不足，導致死亡率、犯罪率和入監服刑率上升時，男性當中發生的情況。在美國，很大一部分的黑人陷入這種處境。結果是，避開這類不幸命運的男性，發現自己在性方面奇貨可居，往往就成了花花公子，導致許多黑人女性在沒有忠誠伴侶的情況下獨自支撐家庭。許多統治階級長期以來一直假裝這種模式源自黑人的道德敗壞，但事實上這顯然是從人口特徵和賽局理論產出的結果，在任何面臨類似處境的族群中都會出現相同的模式。

所以我們陷入了困境。有承諾的關係是件好事，對於養育健康的孩子來說非常重要。然而，如果現代女性在尋找配偶和約會的過程中不願接受已被視為正常的隨意性行為，往往會受到男性忽視。但如果她們願意接受隨意的性行為，又常常會在不知不覺中引發對於承諾的恐懼。在這種情況下，男性可能會被認為以犧牲女性來獲得好處，儘管這種說法某部分正確，但他們得到的往往是一種幻覺。男性的確生來會尋找無承諾的性報償，但他們也生來就重視充滿愛的伴侶關係。隨意的性行為會破壞這一點。

男性和女性彼此互補，兩者之間存在著健康的自然張力。當然在人類和其他物種中，關於同性戀的意義和演化有很多內容可說。儘管我們在本書中沒有進行這樣的分析，但在這裡可以簡單梳理一下。雖然女同性戀和男同性戀都是同性戀，因為都是受到同性個體的吸引，但兩者之間演化的起源以及其中關係的展開模式，差異都很大；而且這些差異與前兩章中闡述的兩性間的差異一致。此外，女性吸引同性和男性吸引同性，兩者都是適應的結果。

不過，異性戀是常態，而且不是出於社會建構的原因。在異性戀男女中，如果女性得出結論，為了平等，女性在性方面必須表現得如男性一般，那麼這個體系就會崩潰，每個人的行為也會變得像青春期男性的情況一般。儘管一夫一妻制被認為古板，但卻是最好的交配制度，因為它創造了更稱職的成年人，減少了暴力和好戰的傾向，並增加了人與人之間合作的動力。

年長者與老化

在對人類社會運作至關重要的系統當中，養育子女很可能是受到二十一世紀「超級新奇事物」影響最大的。想要瞭解箇中原因，請允許我們從一件乍看之下沒有關聯、事實上卻密切相關的事情說起。想想人們總是大肆追求青春永駐的方法。從希羅多德和得利昂（Ponce de Leon）對青春之泉的奇幻歷史記述，到富裕的現代人冷凍自己大腦，以期某天人類擁有「治癒」衰老的技術後能夠復活。長生不老，一直是某些凡人的願望。

在其他條件都相同的前提下，從生殖成熟時的死亡率推斷，如果人體輕易就可以進行完全的自我維持和修復，那麼將有一半的人可以活到一千二百歲，這個數字著實驚人。但接著，你可能會想知道：這有多難達成？答案是：比看起來要困難得多。

為了遷就本章討論的目的，想像一下身體衰老是個比治療癌症或普通感冒更容易解決的問題。再想像一下，儘管我們的大腦組織和身體其他組織之間有著重大差異，但大腦的衰老也可以用某種方式治癒。那麼問題是：我們的心智呢？

這看似沒有差異，但大腦和心智並不是同義詞——心智是大腦活動的產物。大腦是硬體，心智是軟體；如果軟體和檔案受到嚴重損壞，那麼功能完美的硬體本身也沒有什麼價值。如果我們修復了大腦而不以某種方式重新裝備心智，那麼就算大腦的每一種物理病況都被排除，多出來的漫長時光卻可能會浪費在受到衰老思想束縛的年輕身軀中，這可是宛如一場噩夢。

人類心智具有一種特殊能力：為了不讓自己被日常瑣事填滿，我們必須忘記幾乎所有事情，這個過程使我們對於生活中各種事情的記憶變得不太可靠。到了高齡時，即使是最讓人信賴的人，認知也會明顯地變得支離破碎。若好幾百年都要度過這樣的生活，就可能會造成嚴重的損害。

人類是陸地哺乳動物中最長壽的，許多人的壽命超過八十歲。然而，與演化可能提供的衰老問題終極解決方案相比，這個壽命長度顯得很短暫。透過這種解決方案，我們確實可以實現永生，方法是透過留下後代。

我們花了幾十年的時間學習如何在這世上好好過生活，獲得豐富的技能和知識。然而，這些得來不易的成果卻困在我們的身體之中，而身體會因為大自然中的不友善力量，很快就面臨死亡。如果人類的神經系統是由基因組所決定，那麼我們天生就會知道如何成為成年人，而不需要漫長的學習過程。就算是在確實有親代照顧的生物中，也常常具備這樣的設計。舉例來說，馬在出生後幾分鐘內就能站起來，牠們感知世界與移動的方式近乎成年的馬。如果我們的生活能像馬那麼簡單，情況也會相同。這並不是說馬沒有需要學習的事情：牠們必須學習在群體中的社會角色，以及瞭解環境中的危險和機會。但無論環境如何，成為一匹野馬的基本參數都是相似的，這使得馬很早熟，打從出生起就展現了強大的能力。

人類則相反。我們的生態區位具有很大的轉換彈性，經常發生戲劇化的變化，有時甚至在極短的距離內就發生很大的變化。想像一下在內陸幾公里處捕捉大型動物的北極獵人族群，以及專門在海岸捕捉水生哺乳動物的獵人族群之間的差異；這些專業需要完全不同的技能，要所有人全靠自己找出狩獵技術的祕密，幾乎是不可能的。這個難題的解決方案對我們來說是如此熟悉，以致很少人會對答案感到驚訝。回想一下歐米伽原則：任何昂貴且持久的文化特徵，都該被視為具有適應性，同時文化上的適應性元素並非獨立於基因之外。

長輩通過文化這第二種遺傳方式，將可長久使用的知識和智慧傳承下去。由於這第二種模式是透過認知而非基因遺傳，而且文化變遷又比基因變異快，所以人類能以驚人速度適應不同的生態區。這種可塑性使得人類群體就像協調的身體一樣運作，將各種任務分派給不同的「器官」執行。這些「身體」在自然環境中擴散開來，稍微調整行為以適應某座山頂，或是從根本上改變以適應全新的食物來源。

在葡萄牙中部的頁岩丘陵上，耕作非常困難，父母承擔起種植和收割的繁重工作，而祖父母負責撫養孩子。因此在葡萄牙，更年期可能標誌著主動開始撫養孩子。幾乎只有人類才有更年期，對女性來說，那並不代表活動的終結，而是直接繁殖的終結。在生孩子的風險過去之後，能為年幼者（子女或孫子）提供智慧和照顧，這可說是一種偉大的能力。

莫肯人居住在安達曼海（Andaman Sea）的島嶼上，他們的生活與海洋息息相關。在他們講述的故事中，二〇〇四年十二月二十六日的大海嘯，是憤怒之神拯救了整個村莊。然而，有位從這場大悲劇中倖存下來的老人表示，並非神明救了他，而是他小時候在緬甸經歷類似事情的直接經驗拯救了他。這樣的智慧不會過時，而且長輩的年紀越大，就越有可能親身經歷其他改變世界的事件，並知道該如何應對。

長輩的智慧在人類歷史上既古老又至關重要，而當長輩的智慧在某些場合或時機不再適用時，對於這些智慧持質疑態度也格外有價值。父母最關心的是自己的後代能夠在任何環境中都茁壯成長。如果大腦的軟體需要更新，而年輕人有能力完成這種更新，那麼取代過時的典範對於每個人來說都有益處。這或許能解釋為什麼對心理健康的父母來說，在自己孩子身上看了自己的影子時，會覺得些許安慰卻又不安；而看到孩子茁壯成長時，則感到興奮並如釋重負。

這讓我們回到「孩子作為解決人類衰老問題的方案」：把有用的技能、記憶和智慧等傳承到年輕的身體中，而那些身體天生就能利用和加強這些技能，並在必要時進行修改。渴望長壽並期望看到子孫後代擁有美好的未來，是很自然的期望。雖然有許多人認為作為個體，我們有權獲得更多，並且個人必須得到保存，但這種願望是錯誤的。這種保存會打斷人類創新和跟上變化的原始機制；如果我們拒絕這種古老的機制，將會面臨危險。

跨越物種之愛

如果想要輕鬆一點，而非把孩子當作避免衰老的解藥，那有必要思考以下這個問題：我們愛寵物，但牠們愛我們嗎？

人類為了得到食物和勞動力，在世界各地馴化了數十種動物。人類與這些物種的關係，有些一開始純粹是功能性的：貓是捕鼠者，狗是保護者；不過後來卻演變成跨物種的友誼。與狗相比，貓和人類成為朋友的時間要晚得多，也保留了更多野性和原始的自我，不過在適當的情況下貓也會與人類有著緊密的連結。至於狗，在人類開始耕作之前，就在人類身邊並且受到馴化。身為狩獵採集者，很多人早就將狗當成夥伴看待。

狗在很多方面都是人類的產物，人類和狗共同演化了很長的時間，以致牠們已經適應了人類的行為、語言和情感。那麼，你也可以換個角度說，人類有部分也是狗的產物。

你的寵物愛你嗎？當然，你的寵物愛你，但有條件限定，前提是牠是哺乳動物或少數鳥類譜系，例如鸚鵡。如果你的寵物是壁虎、蟒蛇或金魚，那麼牠們可能沒有愛的能力。每一種需要奉獻的演化伴侶關係都會發展出愛。我們愛我們的寵物，而寵物也愛我們。尤其是狗，牠們是愛的生成器，會陪伴在你身邊，讓你感到自己並不孤單。狗就是愛，而且沒有心機。

觀察貓和狗彼此之間如何互動以及與人類互動的方式，就會發現牠們雖然不會用語言傳達自己的意圖和情感，但的確有自己的表達方式。當你和你的狗一起玩球、突然停下時，你會清楚看到牠的失望；當你的貓想坐在你的腿上時，你也不會懷疑牠表達了要你坐好的意思。我們給自己的情緒命名，諸如愛、恐懼、悲傷，並把這些詞語使用在動物身上。這麼做，可能會被指責為擬人化，但正如一生研究動物情感的德瓦爾（Frans de Waal）所指出的，那種論點根植於以下假設：人類不僅是例外，而且和與人類擁有共同祖先的其他動物完全不同。我們在說明其他動物的情感和意圖時需要小心，對人類這個物種也應如此。但毫無疑問地，許多其他物種也會計畫、悲傷、愛和反省。

在與寵物的互動中，我們不用語言就能解讀牠們的訊息。在與人類互動時，有時放低音量也很有幫助。建議你可以像一名動物行為學家或是語言演化出來之前的人類那般行事。我們經常使用語言來掩蓋自己的真實感受，以此欺騙或掩蓋實際發生的事情。當你觀察人類，特別是觀察一段距離以外的陌生人，就會發現看出對方當時的情緒相對容易。關注他人行為，而不是他人對自己行為所做的描述，就是狗正在對你做的事。你的狗不會相信你的謊言，但牠可能會寬恕你的缺點。

悲傷

奧維德（Ovid）在《變形記》（*Metamorphoses*）中描寫了鮑西斯（Baucis）和費萊蒙（Philemon）這對老夫婦。他們一生都很貧窮，但對自己僅有的東西十分慷慨。諸神讚賞他們的善行，並詢問他們最想要什麼。鮑西斯和費萊蒙請求說當死亡臨近時，兩人可以同時死去，這樣就不會看到對方死亡，也不會一個人遺留在世上。諸神答應了。後來這對年老的愛侶變成了樹：一棵橡樹和一棵椴樹，它們生長時彼此的枝條會越來越緊密地糾纏在一起。

如果沒有宙斯的介入，避免悲傷的唯一方法就是過著沒有愛的生活。悲傷在不同物種中多次演化出來，這些物種全都是有親代照顧的高度社會化生物。黑猩猩的悲傷在本質上可能與人類的悲傷相同；然而狗的悲傷有著不同起源，因為人類和狗最近的共同祖先是一種不起眼、幾乎沒有發展出社會結構的小型哺乳動物。關於狗如何表現悲傷的故事，最著名的可能是八公的事蹟。八公是一隻漂亮的秋田犬，一九二三年出生於日本。八公由農學教授上野英飼養，牠會搭火車上班。每天上野回家時，八公都會到火車站迎接他，然後一起走路回家。有一天上野在講課時突然腦溢血過世，從此再也沒有回家。然而八公每天依然到火車站等待主人，持續了將近十年，直到牠去世為止。

犬科動物（包括狼和家犬）的悲傷與人類的悲傷是分別演化出來的。大象也會悲傷，虎鯨也會。以上這些動物的悲傷都是獨立演化出來的，但又非常相似——都是對親人死亡的極端情緒反應，持續的時間和表現形式則不可預測。

現代處理失去親人和悲傷的方法，往往過分強調外在衡量的標準和邏輯（他病了多少年？我如何獲得死亡證明、結束他的銀行賬戶，或是取消他的約會），而在意義和故事上做得太少（他帶給我們什麼？他如果還活著，我們為什麼會過得更好）。我們常常不想看到屍體，或者根本不想待在屍體旁邊。對於死亡，我們只感到陌生，視為一個特殊而超級新奇的情境，我們往往選擇不去面對親人的屍體，但這只會讓我們之後更加困惑。

悲傷能讓我們重新調整大腦，以適應少了一個重要人物的世界。我們必須重建對於世界的理解，因為我們無法再向那人（或動物）尋求智慧或安慰。但我們仍能回想、從回憶中學習，並從那些不會再增長但永存在記憶中的關係得到安慰。我們不願相信死者永遠消失，所以大腦創造了虛構的存在如鬼魂。剛剛在我們經常光顧的咖啡廳街角的是他嗎？剛才上火車的肯定是她，我記得她的頭髮、她的夾克。

悲傷是深深相互依賴的另一面。悲傷是愛的另一面。

現代人經常試圖保護孩子免受悲傷。例如我們認識的一些父母，不允許自己的孩子參加祖父母的葬禮，因為擔心會驚嚇或傷害到他們。撫養孩子時的這種恐懼和焦慮，反過來又會引發孩子的恐懼和焦慮。在下一章中我們將探討童年，以及如何養育能夠獨立探索並且充滿愛的孩子。

改正方式

- **花時間以自己覺得適合的方式表達悲傷**。在最深、最初的悲傷中，有時你會感到振奮，有時你不會想起你失去的人。悲傷會起伏漲落，隨著時間的推移而失去力量，但它永遠不會消失。無論如何，要尊重自己的記憶和喜好。
- **在所愛的人去世後，花時間陪伴他們的遺體**。如果所愛之人去世但屍體無法回收，我們悲傷的時間會較久。當我們看到死者並坐在他們身邊與之交談，就能為自己的悲傷和神經重建奠定基礎。
- **降低談話音量並觀察對方的動作**。像動物行為學家一樣行事，尤其是在解釋自己和愛侶間的互動時。當你停止聆聽言語，轉而觀察行為時，將可獲得更多關於實際情感的訊息。
- **以動物行為學家的角度看待自己的情緒狀態**，並要認識到，如果你蔑視、厭惡與自己有戀愛關係的人，或持續生對方的氣，那些感覺和愛是不相容的。
- **如果可能，盡量避免使用約會 APP**。在數十億人的世界中，城市居民每天以匿名方式與其他人互動，約會 APP 可能是對眾多潛在伴侶進行選擇的有效方式。然而，這也帶來一些危險，包括可能因為有那麼多可能伴侶而失去跟人深入交流的興趣。在這片機會之海中，你可能落入完美主義的陷阱，認為只要使用 APP 的時間夠長，就一定可以找到「完美對象」。在你認為值得發展的關係中，最好盡早並經常進行現實生活中的互動。

- **鼓勵有時由祖父母、年長的兄弟姐妹或朋友幫助自己的孩子**。如果你的家庭中只有成年女性或成年男性，由不同性別的人來幫忙照顧孩子，會對你的孩子特別有益。
- 如果可能，**親自以母乳哺餵嬰兒**。與由奶瓶餵養的成年人相比，由母乳餵養的成年人上顎更健康，牙齒也更整齊。母乳中含有許多未知的營養成分和訊息，例如它可能會引導嬰兒建立睡眠－清醒週期。因此，如果你親餵母乳，同時也擠奶以便在其他時間讓嬰兒用奶瓶喝奶，那麼請用同一天擠出來的母乳餵食，這樣有助於培養嬰兒良好的入睡習慣。換句話說：在母乳問題上，也要小心卻斯特頓之欄。

第九章

童年

在「詭異」社會中，父母不僅關注自己的孩子，還關注容易記錄並傳達給他人的指標，例如孩子第一次微笑、第一次說話，或是跨出第一步的時間。這些指標容易讓我們認為那些時間點不僅衡量了孩子的健康狀況，也衡量了孩子的未來能力。我們相信達到標準就代表健康和進步，這觀念助長現代人對於風險的恐懼。

童年是探索的時期，是學習規則、打破規則以及制訂新規則的時期。

我們的大兒子扎卡里五歲時，發明了一種新的下樓梯方式，他利用的工具包括一顆大橡膠球和一個床墊。這個方法一開始很順利，但後來就不管用。他從樓梯摔下，手臂骨折，需動手術插入金屬釘，固定肱骨的生長板。六週後再次動手術將釘子移除。他復原得很好，並學會運用更多智慧、繼續創新。

一隻年幼的紅毛猩猩跟隨母親穿越樹林，當遇到一個自己無法跨越的樹枝間隙時，牠可能會發出嗚咽聲呼喚母親。此時母親會回來用樹枝架橋，幫助孩子順利跨越並看看她是如何辦到的。

離開父母的年輕烏鴉在建立起長期伴侶關係之前，會在大的社群中度過數年。在這段期間當中，牠會和其他烏鴉建立聯盟，雖然也會發生衝突，但學會如何與同伴和解的烏鴉，未來的攻擊性也會降低。

當一隻名叫伊莫（Imo）的日本獼猴，發明了把甘薯浸入海中清洗的方法時，猴群中的成猴並沒有馬上注意到。牠們生活在日本的一個小島上，在接下來的五年中，猴群中只有兩隻成猴模仿她的行為。然而，年幼以及其他還未成年的猴子卻懂得觀察並學習。五年後，近八成的幼猴都按照伊莫的方式清洗甘薯。

在童年時期，我們學習如何成為人，瞭解自己是誰，並夢想自己會成為怎樣的人。

人類不是空白的白板；但在地球上的所有生物中，人類的板上留有可以盡情塗抹的空白空間是最大的。在地球上的所有動物中，人類的童年是最長的，這使得人類來到這世界後，比起其他生物更有可塑性，也最容易受到改變。人類大腦是經驗和知識交互作用的軟體，對於人類的重要程度遠超過其他物種。這點在人類於美洲擴散的過程中充分體現——少數幾個只有新石器時代技術的祖先來到新世界，最後卻散布到北美洲與南美洲，發展出數百種文化，發明了文字、天文學、建築學，同時也建立了城市國家。這種快速進展不能全歸因於基因，而是要歸功於軟體。

人類學習語言的能力為硬體的一部分，幾乎所有人類的嬰兒都具備這項能力。然而，嬰兒說哪種語言，完全取決於他的成長環境，那可就是軟體的範圍了。此外，人類嬰兒不論所屬種族與譜系為何，都很快就失去聽到和建構其他環境語言音素和聲調的能力。正如我們出生時神經元的數量比真正使用到的更多（大多數神經元在我們成年之前就已死亡）一般，我們剛出生時也擁有使用更多種語言的潛力，其中一些在童年時期逐漸消失。我們生來就有很大的潛力，但隨著時間推移，這些潛力會逐漸縮減。

表面上來看，縮減一開始具備的能力似乎是種浪費，那為什麼要這樣做呢？答案是，人類剛出生時處於一種探索模式，由於無法提前準確預知會使用到哪些神經元，或是將會說哪種語言，因此生來就擁有過剩的能力。這使得我們不論出生在哪裡，心智都能在不需先備知識的情況下，以最佳方式來運作。我們來到這個世界，就是為了探索周遭世界，發現其中奧祕，並透過這個過程建構自己的心智。然而，一旦這項工作完成，我們就會丟棄多餘的能力，以免成為代謝的負擔。如果沒這樣做，一切都會是花費而沒有回報。

人類是社會性動物，我們的壽命很長，每一代之間的生存時間也互有重疊，祖父母、父母和孩子可能同時在同一地方生活。其他猿類、齒鯨類（海豚和殺人鯨）、大象、鸚鵡和鴉科動物（烏鴉和松鴉）、狼和獅子也有類似情況。

所有壽命較長且上下代重疊的社會性物種，童年時期通常也比較長。這些物種在童年時期與人類一樣，會鬧脾氣、會玩耍，同時在這過程中也會拓展情感深度和認知能力。這些童年時期在培育下成長的成年個體，也具有我們可辨識出的社會複雜性，例如長吻飛旋海豚會精心策劃群體狩獵行動，新喀鴉（New Caledonian crow）會和朋友分享信息，大象會悲傷。

動物在童年時光學會適應所處的環境。因此，剝奪孩子童年的行為，像是安排他們遊戲的種類與時間，讓他們遠離風險和探索，透過螢幕、演算法和合法藥物控制兒童、讓他們安靜下來等等，都實際上導致他們在成年時不具備成年人的能力。這些行為幾乎總是出於善意，卻阻礙了人類軟體的進一步改造，原本未發展完全的硬體也因此受到限制。

缺乏童年的動物必須更依賴硬體，因此較缺乏靈活性。在遷徙性鳥類中，生下來就知道該在何時並如何遷徙到目的地的鳥類（完全按照與生俱來的指令進行遷徙），所採用的遷徙路線效率較低。這些鳥類天生就知道如何遷徙，但並不容易對環境適應。當湖泊乾涸、森林變成農田，或是氣候變化把牠們繁殖地推向更北方時，天生就知道如何遷徙的鳥類會繼續按照舊規則和地圖飛行。相較之下，童年期很長的鳥類或是與父母一起遷徙的鳥類，往往會依據最有效率的路線遷徙。童年時期有利於文化資訊的傳遞，而文化演化得比基因更快。童年讓我們在持續變化的世界中保持靈活。

學習後空翻與穿越馬路

人類想要後空翻的欲望，幾乎跟直立行走一樣古老，不過將「自己學習後空翻的過程」記錄下來的能力，則相當近晚才出現。你可以在YouTube上找到許多記錄年輕人嘗試後空翻、連轉兩圈成功落地的影片。這需要嘗試的意願，並且需要持續練習個幾天、幾週甚至好幾個月，同時還要冒著受傷風險的決心，以及擁有失敗後堅持不懈的精神。你無法保證需要多久時間才能練成，也沒有固定不變的成功方法。如果不願意接受這所有挑戰，你不太可能學會後空翻。

坐在房間裡聆聽關於後空翻的演講，不會讓你實際做出後空翻，不過你可能會知道如何回答與後空翻相關的問題。你可能會學會如何以專家口吻說話，但實際上並不具備專業的能力。

兒童主要藉由觀察和體驗來學習。雖然包括「詭異」文化在內的各種文化都越來越注重直接教學法（學校就是這種方法具體成形的地方），但從納瓦荷人（Navajo）到因紐特人，他們的文化都強調要盡可能避免直接教學。

兒童會向父母、手足、大家庭和朋友群體學習。從古到今，手足一直都是特別強大的矯正力量，因為當自己做錯事或是判斷錯誤時，兄弟姐妹往往會非常誠實（有時甚至是殘酷）地指出來。在成年人看來，兒童把自己認為何謂適當的觀點強加給其他孩子的方式可能顯得嚴苛，但是當孩童被允許自由而成群地活動，並參與長時間非結構性的遊戲時，霸凌者和搗蛋鬼更有可能失去權力，而不是獲得權力。而且，在這種情況下，每個孩子都能學會如何制定有效的規則並予以遵行。

觀察不同文化中的遊戲會發現，即使是很小的孩子，如果被允許在沒有成人監督下，於有潛在危險的地方進行開放式的遊戲，往往很快就學會解決彼此之間的糾紛，並且很少發生事故。

相較之下，在現代學校的下課時間中，孩子們的遊戲會受到監督，他們也經常受到限制，不能制定或創造那種誰可以參加或多少人可以玩的遊戲（這可能會造成排他性），而且學生之間的任何紛爭，都會馬上有成年人前來調停。在這樣的環境中長大的孩子，不會成為有能力的成年人。

在厄瓜多首都基多這個熙來攘往的大都市，車輛快速行駛，人們也不太遵守交通規則，我們曾目睹一個約四歲大的小孩自己一人穿過複雜的十字路口。在安全穿越幾條車道後，他進入一家小店，買了一袋水果，回程時又穿越同一個十字路口，然後消失在一棟公寓中。可能是他的母親、阿姨或其他成人，派他去買個東西並在那裡等他。當時，我們的孩子分別是十一歲和九歲，我們不敢相信**他們**能自己穿越那個十字路口。他們過去從未遇過這種狀況，怎麼有辦法意識到其中的危險？然而，他們對於亞馬遜雨林十分熟悉，因此我們允許他們自行探索叢林，這對那個基多小孩而言可能並不安全，因為他可能從未在亞馬遜待過。

給予兒童足夠的空間自己做出決定和犯下錯誤，並保護他們遠離真正的危險，就像是要把線穿到針孔中一樣需要微妙的平衡。我們的社會已過度偏向一側——想要保護兒童免於所有危險和傷害，以致對許多在這種規範下長大的人來說，所有事物都是威脅，他們需要安全的空間，而言語就如同暴力。相較之下，在身體、心理和智識上有著不同經歷的孩子，會瞭解什麼有可能，心胸視野也會更開闊。兒童必須親身體驗身體、心理和智識上的不適，若缺乏這些經歷，他們長大後會對真正的傷害困惑不解。他們最終只成為擁有成年人身體的兒童。

兒童生來就被完美設計成有能力得到也想要獲得成年後所需的技能。現代社會在很大程度上干擾了這個過程。如果我們願意讓兒童嘗試，他們會自己找到出路。同樣地，若沒有市場力量的干預（這點最後會在書中再次提到），成人將為孩子的成長環境提供路線圖。購買權威所寫的育兒書籍，當成養育孩子的良方（儘管可能出於好意），已成為好父母的標誌，但實際上不該如此（我們知道這樣說會讓自己在某種程度上表現得就像是提供育兒建議的權威）。與此同時，相信自己會正確對待孩子並讓孩子探索和承擔風險，會遭人白眼。這種局勢是一種倒退。

可塑性

童年（擴大範圍來說包括教養）是關愛和放手的交互過程。在緊緊擁抱某人的同時，也給予他探索的自由，甚至還包括離開的自由。生物學中所說的可塑性，通常是指表現型可塑性（phenotypic plasticity），意指同樣的起始材料可能產生的多種結果。簡單來說，基因型（例如棕色眼睛的等位基因）產生了表現型（實際的棕色眼睛），而表現型是生物本身可被觀察到的特徵。然而對於許多特徵來說，儘管特定的基因型編碼了一系列可能的表現型，但卻是與分子、細胞、懷孕和外部環境的相互作用，決定了實際產生的表現型。

表現型可塑性使得個體能夠對持續變化的環境即時產生反應，以避免被基因引導到已被設定好的模式和生活方式中。

居統治地位的野生鬣狗的顱骨既大又堅固，頂部有高聳的矢狀脊（sagittal crest），臉頰則有寬闊的顴弓（zygomatic arch）。這兩種結構都是肌肉附著的部位。如果想用牙齒維護自己的統治地位，這兩種結構就非常需要。與圈養鬣狗的頭骨相比較，後者就沒有這樣的結構。野生鬣狗與圈養鬣狗身處在不同環境中，影響了牠們身體的型態。

同樣地，咀嚼柔軟加工食品的人類兒童，在成年後臉頰會比咀嚼堅硬食物的兒童要來得小。

在允許慢慢成長的環境中，鋤足蟾（spadefoot）的蝌蚪會轉變為雜食性。但如果牠們是住在擁擠而且很快就乾涸的池塘中，沒多少時間和空間供牠們成長，牠們就會快速成長，成為體型更大、更凶猛，也會吃掉同類並互相捕食的個體。鏟足蟾蝌蚪發育成哪種型態，完全取決於環境。

當氣溫突然飆升時，錦花鳥（zebra finch）會把這個訊息傳達給尚未孵化的雛鳥。雛鳥的父母在雛鳥還在蛋中時，就「告訴」牠們關於高溫的訊息，以此改變牠們孵化後的乞食行為。而這些雛鳥成年後會偏好在更熱的位置築巢。

即使是我們極度重要的主動脈弓（心臟的第一個動脈分支，把含氧血液輸送到身體各處），在人類族群中也有好幾種不同的構造，都是從非常相似的遺傳起點發育而來的。

可塑性通常透過不設定確切結果的簡單規則，引發不同表現型出現的可能性。無論是字面上還是隱喻上，其結果都增加了複雜度，從而拓展到了新領域。

人類的可塑性具體表現在各種文化養育後代方式的多樣性上。在塔吉克（Tajikistan），嬰幼兒會連續好幾個小時被放在稱為 gahvoras 的搖籃中。Gahvoras 在家中受到極高的重視，並且代代相傳。在塔吉克，兒童是家庭生活的中心，母親、祖母、阿姨和鄰居都隨時待命，只要搖籃中傳出哭聲，成人就會立即用食物、唱歌或其他方式安撫嬰兒。與西方人想像的不同，嬰兒出生後幾週就會被放在 gahvoras 中，其中的孔洞能讓尿液和糞便排出，而嬰兒的雙腿和軀幹會被牢牢束縛，搖籃裡的嬰兒只能移動頭部，除此之外就很少有其他動作了。那些孩子在嬰兒時期幾乎不爬行也不嘗試走路，不像在西方社會中長大的孩子那麼早就學會走路。世界衛生組織對兒童開始走路的官方預期是在八個月到十八個月之間，但塔吉克兒童可能要到兩、三歲才能走路。塔吉克嬰兒是笨蛋，還是他們的身體無能？當然都不是。

相較之下，肯亞鄉下的孩子比西方社會中的嬰兒更早學會坐起和走路，這是否意味肯亞的嬰兒天生注定成為偉大的人？早熟的運動技能是否預示他們能更早掌握跨領域的知識？答案是否定的。

人類育兒文化的差異，體現了人類巨大的可塑性。肯亞嬰兒比西方社會的嬰兒更早學會走路，但除了殘疾極度嚴重的嬰兒之外，所有西方社會的嬰兒都很快學會了走路。

在「詭異」社會中，父母不僅關注自己的孩子，還關注那些容易記錄並傳達給他人的指標，例如孩子第一次微笑、第一次說話，或是自己跨出一步的時間。一旦掌握了這些指標，我們很容易產生混淆，認為那些時間點不僅是衡量健康狀況的重要指標，也是衡量未來能力的重要指標。再次強調，容易測量的東西，包括熱量、尺寸和日期等，都是對整體健康狀況進行大規模分析的不精確替代品。我們相信達到標準就代表了健康和進步，這觀念助長了現代人對於風險的恐懼。我的孩子還沒達到標準，這是有風險的。對我來說，強迫我的孩子達到任意設定的目標也有風險。父母這樣的關注只會把恐懼灌輸給孩子，而他們會把這種恐懼當成是對於風險的厭惡。

脆弱性與反脆弱性

人類具有反脆弱性。我們唯有在挑戰可控的風險並突破界限後，才會變得更強大。成為成年人的過程中，我們必須體驗身體、情感和智識方面的不適和不確定性，才能夠成為最好的自己。受精之後，受精卵非常脆弱。很大一部分的懷孕在早期就以流產告終。有時流產發生得太早，以致女性甚至不知道自己懷孕了。隨著時間的推移，受精卵變得更強壯、更有彈性也更有能力。但即使在出生時，嬰兒也還沒有完全發展好，需要父母主動而持續的長期照顧。

從極其脆弱的受精卵，到相當脆弱的嬰兒，再到沒那麼脆弱的兒童和年輕人，個人和父母的目標應該是反脆弱（antifragile），而不僅僅是不脆弱（unfragile）。在某種程度上我們需理解到，發育是一個連續過程。就像建議準媽媽在懷孕期間不要喝酒讓胎兒攝取酒精，我們也不會讓嬰幼兒喝酒；然而隨著時間推移，這條界限變得越來越模糊。在某種程度上，年輕人是可以喝酒的，因為他們的身體結構和生理系統已足夠發達，可以應對飲酒帶來的各種傷害。同樣地，如果可以辦到的話，我們不會讓子宮裡的胎兒暴露在身體或情緒的風險中。出生似乎是一條分明的線，一條清晰明確的界線，在某些方面確實如此。但我們為嬰兒設置的這種明確界線越少，嬰兒長大後就會越堅強，反脆弱程度越高。

因此，「讓孩子面臨風險和挑戰」是一條規則，就像複雜系統中的許多規則一樣，是否遵守要視狀況而定。讓你的孩子在成長過程中挑戰更大的風險，是他們能夠反脆弱的必要條件，但你不能單純地把他們推下深淵來達成這個目標。首先，你必須確保孩子打從心底知道自己受到雙親的關愛和支持，並且無論他們做了什麼或是遭遇麻煩，雙親都會盡一切可能地介入並幫助他們脫離困境。

要盡早與孩子建立緊密的情感聯繫。正如之前所指出的，不同文化有不同的做法。我們喜歡依附養育（attachment parenting），即父母在世界各地移動時會帶著自己的孩子，讓他們看到父母所看到的，並與自己真正地接觸。我們會和寶寶睡在一起（與一些說法相反，這使得養育嬰兒對父母來說更容易，而不是更困難）。當嬰兒哭泣時，我們會走到他身邊，讓他知道自己並不孤單。接受這種教養的孩子很可能很早就有信心出去冒險，因為他們知道無論發生什麼事情，都會有人（父母）支持自己。

因此，有些父母把嬰兒單獨放在黑暗的房間中，期望他們學會安慰自己而擁有適應能力時，並不瞭解自己照顧的是怎樣的生命。在人類數百萬年的演化史上，從沒有任何東西能讓嬰兒獨自待在房裡而感到安全；同時，嬰兒發出的尖叫聲只會讓父母抓狂，而且那也可能是嬰兒評估自己是否遠離危險的方式。只有知道自己是安全的（無助的嬰兒與大學生不同，確實需要安全空間），就可以繼續做自己的事，學習如何成為人。嬰兒看似學習得不多，但他其實學到了很多東西。而且，在「我有自信而且覺得安全，因為我受到照顧」的情況下建立的神經網絡，與在「我不知道現在是什麼狀況」下建立的有所不同。後者很可能會產生恐懼和焦慮。

事實上，孩子不知道自己在做什麼，也不知道這樣做的原因，但這並不會降低那些事情的真實性或演化性。建造蝸牛殼所涉及的微積分是真實的，但任何有理智的人當中沒有一個會得出結論說：蝸牛是有意識地進行微積分計算。

孩子越小，就越需要知道自己處在保護和安全之中，這會在孩子心中打造出力量和韌性，讓他能更快、更有技巧地勇敢探索世界。父母知道自己愛孩子，甚至為了保護孩子會讓傷害降臨到自己身上，但這並不代表孩子也知道這一點。他們太小，無法知道這一點。嬰兒接收到的訊息只有：當我發出我的需求時，會得到滿足嗎？當我向父母求助時，可以保證他們會在身邊嗎？

當然，孩子們很快就學會測試系統，並開始在父母面前耍花招。父母和孩子長期在一起，在天擇下孩子會去釐清父母的舉止並試圖操縱他們。事實上，操縱在出生之前就開始了。在天擇的作用下，胎兒會從母親那兒獲取資源，一如母親在天擇作用下會去養育孩子一樣。但同時，母親也會為了她自己和未來其他孩子的健康保留一些資源。

固定規則不太適用於孩子。規則應該有靈活性，能夠隨孩子的成長而調整，同時滿足孩子的需求和策略。盡早與你的孩子對話很重要——實際上，要遠早於期望孩子能聽懂你說的話的年紀——而且要對待他們就如同他們是成熟和負責的人一樣。讓他們對自己的行為負責，並在他們成長時承擔更多責任。給他們真正的工作，而不是繁重的工作。不要做出虛假的威脅（「如果你繼續這樣做，我就調車回頭不去了！」）。時時刻刻確保他們知道自己是被愛的。

我們充分理解運氣和時機有時是一個家庭無法控制的，即使是最周密的計畫和養育方式，也不能保證能夠成功。請允許我們說明我們家的情況。對於我們自己的孩子，我們期望他們從小學階段就能自己做早餐和午餐，每天照顧寵物，每週自己洗衣服。我們也讓他們逐步去面臨各種風險。他們十歲時，我們就放手讓他們面對各種風險：爬上華盛頓東部的台地、在亞馬遜森林中與珊瑚蛇（coral snake）共處，以及在各地衝浪（但他們在城市裡的生活能力較差）。當他們真的受傷時，我們不會為他們包上繃帶，而是告訴他們跌倒之後要站起來，然後繼續騎自行車、踏板車或爬樹。

然而，在他們年幼時，我們當中總會有一人會與孩子做肢體接觸，幫他穿衣服、抱著他或和他一起睡覺。現在，他們富冒險精神、彬彬有禮、有幽默感和正義感。他們知道要遵守好的規則並質疑不好的規則。我們告訴他們，有時父母也會犯錯，制定不好的規則，但我們百分之百和他們是同一隊的，所以他們應該問為什麼是這樣的規則，為破壞而破壞則會適得其反。他們在大多數的情況下不會打破規則。

許多「詭異世界」的父母有一套關於睡覺時間的規則，但孩子經常打破規則。該如何提高孩子就寢後不走出臥室的機會（就像我們做的那樣），好為成年人保留數小時、數週甚至數月的時間？我們的孩子在滿週歲之前，會和我們一起睡或是睡在我們旁邊，當他們哭泣時我們很快就會有所反應。的確有時候會覺得這樣沒完沒了，但很快地，他們哭的時間就沒那麼多了。一旦他們開始在自己的房間睡覺，我們便進行家庭夜間儀式，例如讀書給他們聽。但我們也明確地對他們表示，睡覺時間就是睡覺時間，他們不該玩手段。到了睡覺時間，我們給他們蓋好被子後，他們都不會因為什麼夜間需求而離開房間。我們相信這是因為他們知道我們在，如果真的需要我們，我們就會出現。

玩耍、修補和運動

人類既競爭又合作，若沒有這兩種能力，我們就不會是人類了。而兒童在進行無特定結構的遊戲時，將這兩種能力展現無遺。

就像有人提出的，遊戲有助於哺乳類幼兒發展出運動和情緒的靈活性，而在意外和無法控制的狀況出現時得以使用。金絲狨猴是生活在巴西的一種有橙色鬃毛的小型猴，幼猴的玩耍可是非常狂野而喧鬧的。玩耍既會消耗幼猴代謝能量，也因為老鷹、大型貓科動物和蛇的掠食風險是真實存在的，迫使成猴必須注意牠們。但即使有這些成本和風險，牠們依然持續玩著複雜的遊戲。回想第三章所提到的檢驗適應的三步驟，就可以知道玩耍必定是適應的結果。

我們可以以多種角度來看待遊戲。總的來說，遊戲既可以探索物理世界、社交世界，有時甚至可以探索這兩個世界的某種組合。拿起某個東西測試其用處和強度，然後拆開看看能否再次組裝回去——這種對物品的修補玩弄非常重要。我們這些上點年紀的人，應該都還記得模型店和電子零件店助長了此類研究活動；這些場所的衰落和消亡，加上從汽車到烤麵包機等工具中的機械零件多半已被電子零件所取代，代表這種遊戲在二十一世紀更加窒礙難行。然而，這是非常值得探索的遊戲；對於機械世界的研究，跟在物理空間中偏離路線的徒步旅行一樣具探索性。許多女孩可能更想探索明確的社交空間（例如舉辦茶會），因此在可以與之互動的客人真正出現之前，她們把玩偶與絨毛娃娃當成客人，把言語和意圖付諸行動，這些都屬於探索。

正式的體育活動常把這兩者結合在一起，尤其團體運動會以有趣和具創意的方式，把身體運動和社交活動結合在一起，因而成為了非常有價值的探索平台。團體或許不適合所有人，但運動能確保身體的技能，而身體技能可以提高心智的清晰和力量。儘管如此，團體運動仍無法完全取代沒有結構的遊戲，或是大多數人稱作「工作」這種與世界的實際接觸。工作是必須完成的事項，從事工作對孩子有益。舉例來說，籬笆必定是由某人建造而成的。然而，對那些從來沒有建造過籬笆的人來說，很容易就會認為建造籬笆是很簡單或平庸的事情。在白領階級家庭長大的孩子，如果只在特定時間和地點進行體能運動，而且還是由父母接送，就會產生一種錯覺，認為真正的體力勞動是種選項，而不是必需。雖然這可能符合你的階級志向（並且可能也反映了你的生活現實），但並不適合你的孩子。體育運動是有價值的，不該完全取代體力勞動。

就如同正式的體育運動是有價值的，體力勞動也非常有價值，但是更具深層價值的活動，是沒有從上到下既定規則的遊戲。當兒童在住家附近玩臨時想出的遊戲，還邊玩邊制定規則，或是根據現場場地和手上裝備修改既定遊戲規則時，正是在從遊戲中學習深刻的真理。如果這些孩子的年齡和技能都不同，學到的還更多。年幼的孩子將有機會參與他無法獨自完成的活動，或是從旁觀察自己還無法參與的活動，並獲得同齡人無法提供的指導和情感關懷。同樣地，年齡較大的孩子也能獲得照顧、帶領和指導年幼孩子的相關經驗，並經常得到靈感，創造新的活動。

記住卻斯特頓之欄：對於令人不安的東西，在你知道它的用途之前不該將它移除。現在可以思考一下，卻斯特頓的遊戲就在混亂和多樣化之中；根除它，只會帶給你和你的孩子危險。

動畫角色不會回應你的孩子

不要讓沒生命的物體照顧孩子。讓你的孩子獨自觀看視聽效果都很生動的影片，無論是真人演出還是動畫，由於這些影片不是活生生的，不會對生物做出反應，孩子只會從中學到錯誤的教訓。為什麼現在自閉症類群（autism spectrum）的診斷案例增加了？我們認為，這在一定程度上與許多兒童從小就盯著螢幕上的動畫角色有關。這些角色看似活的，其實不是。那些看似有生命的角色，不會也無法回應孩子的表情、手勢或問題，它們對於正在發育的大腦傳遞了這樣的訊息：這個世界不是一個會回應你情緒的地方。如此一來，孩子該如何看待這個世界？孩子又該如何發展出細膩的心智理論（theory of mind，即一種歸因他人心理狀況的能力，並理解他人的欲望和觀點可以且確實與自己的不同）？

認識到其他人與自己不同但同樣值得尊重並被公平對待的能力，並不是人類所獨有的。舉例來說，狒狒就發展出深刻的心智理論。母狒狒可以根據自己最近與對方的互動，準確評估另一隻母狒狒所發出的威脅聲音是否針對自己。狒狒明白，當另一隻狒狒看著食物時，當牠感覺到食物有被搶走的威脅，牠很可能會保護食物。然而，狒狒無法完成對人類來說顯而易見的任務；像是狒狒媽媽通常會將嬰兒狒狒抱在肚子上，當牠涉水去另一座島上時依然這樣做，有時沒在水下的嬰兒會被淹死。

人類在調用心智理論上比起任何其他物種都更頻繁也更深入。我們與無生命和有生命物體的互動方式不同，並學到那些沒反應的物體不具備意圖。讓無生命的物體照顧你的幼兒，可能會把這樣的訊息傳遞給他們：這世上的其他人既不會回應，也不值得尊重和公平對待。

合法藥物與兒童

限制兒童接觸風險和遊戲（所謂的直升機教養）、使用螢幕保母安撫照顧幼兒，以及讓兒童定期服用現存許多種合法藥物，這三者加起來，催生了一場完美的社會因素風暴，危害了我們的孩子。

我們認為，近幾十年來給兒童服用試圖改變他們情緒和行為的藥物大量增加，部分出於兒童抵制學校文化的反應，這部分我們將在下一章進一步探討。男孩更有可能被診斷出有注意力不足過動症（ADHD），並由醫生開「快速丸」（speed，甲基安非他命的毒品名），好「讓」他們服用之後能夠集中注意力並坐得住，還有臉部朝前排隊站好。打鬧遊戲這種文化已不再適合我們纖細的感覺，所以我們更願意給孩子服藥，好讓他們變得順服。與此同時，女孩則傾向不將真正的想法「表現於外」，而更偏向於柔順和焦慮，因此更有可能服用抗焦慮和抗憂鬱劑。大多數的學校似乎更適合女孩的生活和學習方式，而不是男孩的，但這並不代表對女孩而言就是健康的。

男孩被診斷出來的狀況通常被歸類為學習障礙，或是最近被稱為讓人比較不擔心的「神經多樣性」（neurodiversity）。關於神經多樣性，我們要指出兩點。

首先，除了罕見的極端例子之外，許多表現出「神經多樣性」的人都得益於權衡之道，因為這讓他們在其他領域獲得提升自己見解或技術的能力。同時，神經多樣性作為一種「罕見的表型」，是非常有價值的，因為這樣的人會以不同於大多數人的方式看世界。這個道理適用於有自閉症類群障礙的人（特別是高功能自閉症），也適用於患有注意力不足過動症、閱讀障礙、書寫障礙、色盲、慣用左手的人。如果可以選擇，你可能不希望自己或孩子具備這些特徵，但這種偏好也指出我們還無法理解，權衡（特別是隱晦難解的智力權衡）其實對個人和社會是有益的。

其次，雖然學習差異本身沒有好壞之分，但卻可以打破不良的教育關係。良好的師生關係是一種解放，不良的師生關係則可能帶來毀滅，而教學的量化更有可能使得教師成為海豹訓練師，而不是全人教育者。一旦教育變得高度渠道化（canalization），亦即堅定不移地引導人們做出平庸和普通的選擇，那麼這種渠道本身就有毒了。患有學習障礙的人甚至無法在這種有毒的渠道中**玩耍**，從而迫使這樣的年輕人開闢出自己的教育方式。這種狀況為我們提供一個角度，不只看到現在的教育系統著重於評量標準，因而無法揭示智慧或能力；也讓我們期待一種更好、更另類的未來。在這樣的未來中，有多種途徑可以獲得成功、具生產力並得以反脆弱。

但是，製藥業在神經多樣性中發現了獲利的機會。因為安靜聽話的學生更適合孩子太多、資源太少的學校，所以現在很多神經多樣性的孩子都被藥物給壓制了。

我們在大學教授學生十五年了，我們幾乎每個學期都會收到學生的健康紀錄，因為我們要帶他們去華盛頓州東部、聖胡安群島（San Juan islands）、俄勒岡州海岸進行多天的實地考察。在二〇〇〇年代後期（2008-2009），我們發現有超過一半的學生正在服用或兒時服用過改變情緒的藥物。通常（並非總是）男孩服用的是甲基安非他命，女孩則服用抗焦慮和抗抑鬱藥物。在接下來的幾年裡，這個數字確實有所下降，不過醫生也同時開出了更多的外源性跨性激素

（exogenous cross-sex hormone）和激素抑制劑，而且總是有少數學生正在服用醫生開的藥物。許多學生都在積極戒掉這種種藥物，有些成功了。

蝴蝶記得自己還是毛毛蟲的時候嗎？

隨著孩子成長，從幼兒到兒童再到青少年時期，孩子會持續發生變化。然而，改變的不僅僅是身體的結構和生理的運作，例如身高體重、體型和各部位的比例；他們的大腦和心理也在發生變化。這些變化是我們學習如何成為一個成年人的過程，確實就是童年的意義所在。

因此，生在一個永遠會讓人回想起過去的時代，尤其具挑戰性。當你十三歲時，看到自己六歲時的照片，你會知道自己和照片裡的那個人雖然是同一人，但已經有所不同。你正處於轉變的過程中。身為人類，我們一生會持續轉變也真的有所轉變，但轉變最劇烈的時期就是童年，這也同時是你的身分認同成型的時期。在這樣的轉變過程中，調和童年早期的自己和童年晚期的自己並不是一件容易的事。更艱難的是，要調和童年晚期的自己和剛步入成年期的自己（你可能認為自己已經是個成年人了）。如果這些早期階段的永久紀錄總是出現提醒你，日子還會更艱難。

如果說呈現自己早期模樣的照片，很難與現在的自己協調一致，那麼社交媒體的出現只會讓這種情況變本加厲。如果你屬於中產階級，十四歲，生活在當今的「詭異」世界中，你很可能會活躍於社交媒體，總是發布一些自己酷炫的證據。僅僅過了幾年，那些早期的貼文似乎呈現了你當時的樣貌，最好的狀況是你知道這些影像不過是精心挑選出來的，最糟的狀況則是有些照片完全是在扯謊。兒童如今正與自己的早期版本競爭，把「做真實的自己」的呼籲和「力求永遠正確」的西方文化規範結合起來，而這些在社交媒體上發表的早期貼文，注定會讓孩子感到困擾並成為阻礙，因為他們此時應該要轉變為成人的模樣才是。

如果說，看到你和你同齡人從青少年起就放在社交媒體上的照片會讓你感到困擾，那麼這類紀錄開始的時間越早，情況就會越糟。如果你在中學時就使用社交媒體，必然會對自己的身分感到混亂和困擾。如果父母放上你七歲時的照片，而你也與這些照片做比較，那就更煎熬了。當然我們應該擁有孩子各個成長階段的照片。一般來說，這些照片不該展示給所有人看，除非它們清楚代表了某個特定的時刻，但不具有普遍意義。

現代化正在把我們的形象固定下來，而在之前，這種固定的時間比較短暫。思考一下最初由古希臘人提出的哲學問題「忒修斯之船」（ship of Theseus）：隨著時間推移，這艘船有塊木板因腐爛而被更換，之後又更換了另一塊木板，如此直到最後，每個原始零件都經過更換，那麼這艘船還是不是原來的忒修斯之船？事實上，那還是同一艘船嗎？對於比一艘船更多些什麼的生物體來說，答案在某種意義上既是否定的也是肯定的。我們從出生到死亡的生命歷程是連續的，然而從童年走向成年時發生的轉變最劇烈，這代表我們不再是與過去相同的人了。如果我們試圖保持以前的身分，就會限制自己的未來。

所以，**蝴蝶會記得自己還是毛毛蟲的樣子嗎？**不記得。在這種情況下，記憶不完整的本質並不是記憶的缺陷。**蝴蝶不需要記得自己毛毛蟲時代的生活。**同樣地，成年人記住自己更年輕時如何看待世界，對於美好生活而言通常來說並不必要，特別是當那些想法和影像經過記憶的更動而沒有反映真實的情況。持續被提醒自己年輕時與現在不同的模樣、行為方式，以及在社交媒體上發布的想法，都會阻礙我們的成長，這點同時適用於成人和兒童。

改正方式

- **不要拿你的孩子跟別人的孩子比較**。有些發育「延遲」確實是延遲，代表了身體或神經系統的問題。但發育過程的可塑性很大，並不總是按照你所預期的順序或在預定的時刻進行。如果孩子在二年級時不讀書，無須驚慌，因為他長大後成為文盲的機會微乎其微。贏在起跑點並不一定比較好。比較早會走路、說話或閱讀，並不代表他一定會成為更熟練、聰明或具生產力的成人。
- **鼓勵孩子積極參與實際的世界**。這主要靠以身作則，但要創造機會。在某種程度上，可以提供手邊有趣的玩具。允許犯錯，預期事故，例如跌倒、小傷等事件的發生，以此為可能發生的更大傷害做好準備。要記住，人類不光是從別人口中學到經驗，在真實的世界中，他們必須自己經歷危機。

- **不要用無生命的物體照顧孩子**，特別是當這些物體偽裝成有生命的物體時。
- 盡早並經常**讓孩子在沒有成人監督的情況下玩耍**，這包括在有既定規則的遊戲和運動。
- **堅定地履行承諾**，無論是積極的還是消極的。不要威脅（「如果再尖叫，我就要拿走你的玩具」）之後卻不執行。最好一開始就不要使用威脅，但若真的用了（幾乎所有人偶爾都會這樣），就要確保執行。
- **預期固定規則會被利用**。在某種程度上，長大成人的過程就是去瞭解成人的規則是什麼，有什麼弱點，以及如何利用那些弱點。孩子會在自己家中學到這些。因此，要建立主動誠實的系統，當孩子感到委屈時要加以傾聽，從小就認真對待他們，但不要對他們、對自己或對任何人假裝你們是朋友而非親子。每當利用要發生時要懂得制止。
- **不要當直升機父母或鏟雪機父母**。讓孩子犯錯，同時制定明確的規則。我們給孩子的規則是手臂、腿、手腕、腳踝可以受傷，但是頭部和背部不可以骨折，五官也不可以受損。這讓我們的孩子瞭解到怎樣的風險是可接受的，以及為了保護腦部和中樞神經系統，如何制定各種備案計畫。
- **不要溺愛孩子**；相反地，要盡早讓他們自己負起責任。一個一直受到照顧的孩子會持續期待豐衣足食的生活，注定會對原生家庭以外的世界不滿意，並且不願意也可能無法為自己做很多事。

- **讓孩子參與（幾乎）每一次談話**。通過對話來獎勵孩子的好奇心，不要為了他們而把概念簡化。顯然有些事情對不同發展階段和年齡的孩子而言是不合適的，因此你要決定合適的內容與階段，這點因人而異，但總的來說，要假設你的孩子夠聰明，可以理解成人談話的內容。不要試圖讓他們感興趣，而是順其自然，藉由自己的行動證明哪些事物是有價值的，他們也會加以重視（就像對待食物的方式）。同樣地，讓他們參與真正有用的任務，並讓他們透過參與任務增加對於這個世界的理解。
- **讓手足之間（和朋友）互相教導，當他們出現分歧或爭吵時不要介入**。當他們爭論的強度提高而讓你覺得必須介入時，不要認為這種行為是合宜的。他們應該盡早學會自己解決爭端。
- **讓你的孩子睡覺**。睡眠對大腦發育而言非常重要，當突觸（神經元間的連接）以極快的速度生成時，睡眠範圍也會擴大。
- **不要屈服於主流的教養內容**，其中大多數是愚蠢的。說好聽點是沒必要，說難聽點則是實際上有害。傾聽自己的聲音，不要因為同儕壓力而做出一些自己認為有問題或是讓你的孩子感覺不對的事情（舉例來說經常舉辦遊戲聚會，或是安排大量的會議和課程）。

- **不要養成在社交媒體上展示孩子的習慣**。
- **為孩子提供充足的自由時間**，如果可能的話，允許他們在這段時間不受監管地進行探索（然而許多現代人生活在無法這樣做的環境中）。
- **成為你希望孩子成為的模樣**。有樣學樣。如果你的孩子看到你吃加工食品，也要求在每家商店買來吃，不要感到驚訝。

第十章

學校

利用恐懼讓兒童坐得整整齊齊、眼睛朝前、閉上嘴巴，每天除了幾個預定時刻外根本不運動身體，這樣長大後，就更難調節自己的身體和感官，也難以相信自己有能力做決定，並在成年後可能仍持續生活在類似的受控制環境中，總是需要預先警告和安全空間等措施。

不同文化、不同年代的孩子，在不需上學的情況下長大成人，成為在社會中發揮作用的一員。然而到了二十一世紀，我們卻處在一個覺得孩子沒上學就非常不可思議的世界中。

——《童年學習的人類學》（*The Anthropology of Childhood: Cherubs, Chattel, Changelings*），蘭西（David Lancy）

真教育的主要目的不是傳授知識，而是引導學生具備能對自己的生活負責的知識。

——《不同的教師：解決美國學校教育的危機》（*A Different Kind of Teacher: Solving the Crisis of American Schooling*），蓋托（John Taylor Gatto）

亞馬遜西部適逢乾旱，我們班上三十名大學生，加上我們當時九歲和十一歲的男孩，住在希里普諾河（Shiripuno）流域的一個偏遠地區。希里普諾河流入康諾納科河（Cononaco），後者會依序流入庫拉萊河（Curaray）、納波河（Napo），最後是亞馬遜河。當天陽光刺眼，我們的皮膚都曬燙了。布萊特、我們的孩子和十名學生以及導遊費南多，正在叢林中前進、尋找鹽地（salt lick），那裡是動物聚集、補充寶貴營養物質的地方。叢林下總是很昏暗，由於太久沒下雨，水一旦從天上傾瀉而下，光線就變得更黯淡，沒多久那條小路成了小溪，很快就完全消失。費南多建議其他人留在原地，由他原路折返、重新找路。狂風呼嘯，樹枝瘋狂搖動。當猴子安靜下來，森林本身開始發出咆嘯聲，由攀藤植物連接起來的樹木相互拉扯，緊張的氣氛讓人不安到想要尖叫。這時，出現一個明顯尖銳的斷裂聲。

就在東西墜落下來之前，布萊特感到有些不對，於是衝向男孩，護住他們並撲倒在地。他們消失在一個巨大的樹冠下；樹葉和樹枝埋住他們，但沒被樹幹擊中。他們馬上聽見學生模糊的叫喊聲。學生都受到驚嚇卻安然無恙，衝過去大叫：「扎卡里！托比！扎卡里、托比！」

幾分鐘後，扎卡里、托比和布萊特從茂密的樹冠下爬出來，除了被螞蟻咬之外並沒有受傷。風勢仍然強勁，雨水傾盆而下，森林的地面現在到處都有湍流縱橫，但是每個人都很安全。

就在幾週後，加拉巴哥群島（Galapagos）的一場巨浪造成的事故，導致希瑟和船長差點喪命。這次意外差點奪走船上所有人的生命，包括我們八名學生在內，其中有幾個在希里普諾河畔樹木倒塌時也在現場。後面的故事又長又可怕，我們在其他地方已描述過，但是得到的教誨卻是一樣的：要臨危不亂、運用智慧，相信自己可以辦到而非無計可施。建立緊密的社群，並相信有一天會派上用場。

我們在挑選這個海外研習計畫的學生時，看重的是他們的智能技術和好奇心、身體素質和解決問題的能力以及社群意識，而不是任何潛在親職技能或興趣。然而，其中有許多學生深具親職技能。我們的教育核心在於建立真實和真誠關係的社群；不僅在學生與學生之間，或是學生與教職員之間，在這次的海外長期研習旅程中，我們的兩個學齡兒童和大學生之間也建立了同樣的關係。其中許多人的年齡更接近於我們家男孩的，遠勝過我們的，還有一些人與我們的年齡較接近。這是為每一個人提供的教育：為了我們的學生、為了我們的孩子，還有為了我們自己。

學校在人類演化史上是全新的事物，比農業新、也比文字新。就像所有擁有漫長童年和世代重疊、具社會性的長壽生物體一樣，我們需要學習如何成為成年人。然而，這與需要接受教導截然不同。

不僅學校在人類史上很少見，教學也一樣少見。一些證據指出人類之外的物種也進行教學，我們知道的例子相當有趣。

在許多種類的螞蟻中，當負責覓食的螞蟻發現值得讓夥伴知道的東西時，例如食物的來源或是適合的築巢地點，就會透過與其他螞蟻並肩奔跑、引導牠們找到新發現處，如此傳遞訊息給其他螞蟻。有時，螞蟻會把尚未得知訊息的同巢夥伴背在身上，直接帶牠們去到目的地——這樣更快，有時牠們真的會這樣做。但是背上的螞蟻比較難透過這種方式學到新路線，原因在於牠往往被上下顛倒吊掛著，頭朝向後方。雖然並肩同行、一起走到目的地，對於已知方向的螞蟻來說需要更長的時間，但是比起其他方式，一起走到目的地的螞蟻會知道得更多，行動也會更有效率。

在與人類親緣關係更接近的物種中，狐獴捕食的範圍很廣，其中一些食物如蠍子，既難捉到又可能造成危險。成年狐獴會為初生兒提供被殺死的獵物，但在幾個月的時間內，成年狐獴就會讓幼兒接觸活生生的獵物，教導牠們如何處理和捕捉獵物，並抓回想從越發熟練的幼兒手中脫逃的獵物。同樣地，獵豹和家貓都會把獵物帶回給幼兒，讓幼兒學習如何處置獵物，而不是馬上吃掉。有幼兒在場時，一些大西洋斑點海豚媽媽會用更誇張的動作和更長的時間覓食。許多非人類靈長動物（黑猩猩除外），有時也會表現出類似的傾向來教導自己的幼兒。沒有任何一種其他物種——以及詭異社會之外的人類文化——會把絕大多數的學習，外包給學校這樣的場所。

事實上，許多人類的文化積極避免教學。例如，一位採鮑魚的日本女性潛水夫，就對幾十年前自己母親的做法感到憤怒。她的母親在她剛開始學採鮑魚時把她推開，要她去找自己的鮑魚：「她就像是尖叫似地要我走開，要我自己去找討人厭的鮑魚。」包括上述的日本女性採鮑魚、西伯利亞的尤卡吉爾人的狩獵，以及二十世紀瓜地馬拉的馬雅人學習操作動力織布機等等，他們的技能都是在沒有受到直接指導下學會的。在這些例子下，教學不僅不存在，而且還極力避免。

有鑑於在其他物種和其他人類文化中教學很少發生，那麼我們就該捫心自問：為了成為最好的自己，我們需要學些什麼？在確實需要學習的東西中，有哪些需要其他人教授，哪些又是可以以其他方式學習的，像是透過直接體驗或是透過觀察和實踐？換句話說：我們需要學校做什麼？

你不需要去學校學習如何走路，也不需要到學校學習如何說話。

你確實需要到學校學習閱讀和寫作。或是更精確地說，大多數人需要這方面的指導。閱讀和寫作是非常新的技術，的確需要更多的教育才能學習。學校對於學習細胞生物學、信史以及基本數學之外的知識技能也很有用。讀寫能力，如同學習數學和以第一原則思考一樣，就像個適應性山麓，一旦你識字（或是能算數，熟悉邏輯）後，就可以自學很多東西，無需再去學校學習。

在學校，我們還可以與真實的人一起討論文本，增加之前接觸不到的思考方式和過去從不知道的世界，並獲得規畫和執行科學實驗的經驗。學校並非進行這些事情的必要場所，但是非常有用。

在學校裡，我們也有機會瞭解遇上不可調和的立場時會是什麼樣子；這也讓有洞察力的人在自己心中持續進行同樣的事情——腦中同時存在兩個不可調和的立場。這種能力的價值不可估量，因為它允許我們透過與自己辯論來學習各種論點，有助於提高發現和認識真理的能力。人類的獨特之處或許就在於我們擁有強大的心智理論（即理解他人觀點的能力，以及這些觀點可能與自己的不同），使我們能夠探索矛盾和悖論。

再提一次：當我們站在錯誤的立場，用錯誤的模型處理所看到的事物時，就會看到悖論。例如，馬達加斯加人的生活狀況瀕臨飢餓邊緣，但為何定期舉辦盛宴？悖論就像寶藏圖上標示X的地方，等待我們深入挖掘。儘管西方文化傾向於避免悖論，認為悖論很麻煩，但東方傳統更容易接受不一致。我們認為充滿矛盾的佛教是適應的產物，符合我們倡導的教育目標。同樣地，課堂上應該要充滿悖論，保留各種解釋，讓兒童和年齡較大的學生發現、探究和理解。

此外，我們也可以利用學校來培養記憶力，但同樣地，這並不一定僅限於學校。阿根廷作家波赫士（Jorge Luis Borges）撰寫了一則寓言，警告人們對於驚人記憶力的追求。故事中的主角富內斯天生具有記住一切的能力：「他不費吹灰之力就學會了英語、法語、葡萄牙語、拉丁語。不過，我懷疑他不擅長思考。思考就是要忘記差異，才能概括或萃取精華。在富內斯過度豐富的世界中只有細節，而且是連續的細節。」簡而言之，富內斯困在細節中，看不見整體。

雖然記憶和回憶相對容易評估和測量，因此成為學生、教師和學校著重的指標。但批判性思維、邏輯和創造力同樣具有價值，甚至可能更重要。記憶練習傾向於深入細節，強調不受脈絡影響的事實。在這種權衡中，對於細節的關注可能會以忽略整體作為代價。

學校在教授科學和藝術方面具有重要功能，如果我們假設兒童天生就擁有科學和藝術的傾向，那麼學習這些領域就會變得更容易。人類雖然很難以直覺瞭解科學方法中的定型化（formalization），但兒童有觀察的天性，會去推測形成模式的原因，並試圖釐清自己的觀點是否正確。人們通常都希望找到證實自己觀點的證據，而非尋找證明自己錯誤的反證。如果證偽的證據沒有出現，就會更加認定自己珍視的想法是對的。學校（或是積極參與的父母或朋友，以及直接和重複的經歷）可以教導「證偽」（falsification）的價值，但願人們能夠更常這樣做。

同樣地，個人雖然不容易直觀理解調色板中顏料的製造方式或藝術風潮的歷史，但傾向於以各種方式（從徹底寫實到完全幻想的方式）觀察並描述世界，不需要經由正規教育的推動。如果按其自然的發展，人們會發現自己既傾向成為科學家，也傾向成為藝術家。

學校是什麼？

對兒童來說，可以把學校想成是提供商品化的愛和養育的地方。換句話說，學校的功能在於承接部分外包的養育工作。我們已經見證化約論帶來的傷害和風險，但還有一個風險是：化約論會使容易量化的事物商品化，同時傾向忽略難以量化的事物。因此，學校制定了各種衡量指標：兒童的閱讀量有多少？學習乘法表的速度有多快？一首詩背得有多好？不用說，閱讀、乘法和詩歌的價值是明確且經得起時間考驗的，然而把焦點放在速度和數量上是錯誤的。有多少東西因為難以用化約主義的方式評估而沒能在學校中學到？學校的運作基於經濟效率，但在能達成的目標方面卻缺乏想像力。學校的經濟學（更不用說義務教育背後的不當誘因）往往讓兒童的頭腦充滿知識，卻沒有展示通往智慧之路。

也許學校的目的應該是幫助年輕人應對這個問題：**我是誰，以及，對此我該做什麼？**另一種表示方式可能是：**我能夠運用自己的天賦和技能解決的最大且最重要的問題是什麼？**或是：**我如何找到自己的意識，也就是最真實的自我？**這部分如果做得好，學校就可以成為進行規範化（formalizing）和通過儀式的絕佳場所，協助年輕人轉變成為成年人。然而現代的學校教育，尤其是在詭異世界中普遍存在的義務教育，並不關注這些問題的任何版本，而是更傾向於教授安靜和順從。

如果我們教導兒童理解和破解自己的動機結構，並把這當作學校教育的一個目標呢？幫助他們擺脫他們肯定會陷入的低適應區域——「我不擅長數學、語言、體育⋯⋯」——或相反——「我擅長數學、語言、體育，但其他領域都無法吸引我的注意力」——進入非舒適圈中，從那裡開始，會有許多值得挑戰的項目。

或許學校應向兒童表明去探索非主流職位是可行的，而非因為那些職位不受歡迎而馬上拒絕。押注反對非主流是種容易的選擇，通常也很安全，但若是在家長式作風或在專制式的蔑視下進行，通常會壓制異議。儘管大多數非主流想法很多時候是錯誤的，但進步往往是從非主流領域開始的，那就是典範轉移發生的地方，是新穎和創造力浮現的地方。的確，絕大多數的新穎和創造力不是錯誤就是無用，但我們現在已經瞭解到，世界和社會最重要的想法一開始都是非主流的：太陽是太陽系的中心；隨著時間推移，物種會適應環境；人類創造的科技使我們能夠跨越時空進行交流、飛行、創建和探索虛擬世界。在當時這些都是不真實的想法，令人發笑。那些很快就嘲笑所有非主流想法的人，在他們自己的時代也會嘲笑上面提到的種種想法。

學校應該是有趣的地方，但不該是讓孩子學會操控的地方。孩子不該在學校中「獲勝」（雖然很多人獲勝了，但還有更多人「落敗」）。社會規則和習慣是在學校中學習的，但根本上學校應該是發現真理的地方，無論是普遍的真理還是只適用於局部範疇的真理。

無論好壞，學校都是父母、親人以及與孩子共享命運者的替身。

因此，學校不該利用恐懼來教學。風險和挑戰有助於兒童學習，但就如同養育子女一樣，學校需盡早建立與學生緊密的連結，在學習過程中為他們打下安全的基礎，培養信心，讓兒童盡早出去冒險，因為他們知道不論發生什麼事，都有人在背後支持他們。靠恐懼運作的學校會產生相反的效果。

恐懼是一種簡單的操控機制，教師利用恐懼控制各個年齡層的學生，這已不足為奇。隨著許多（但非所有）地方不再歡迎課堂上的體罰，更加不著痕跡的心理和情緒控制開始取而代之。兒童可能會因為成績不佳、考試表現差，以及被告知父母自己不守規矩而受到威脅（大多數孩子都聽過「你是一個壞孩子」）。系統內出現指標（通常過於簡化、目標錯誤且僅是虛假的定量評估），往往意味著社會信任的下降。當外部影響力讓系統使用的指標持續惡化，優秀的教師要如何對抗這種流行文化的力量？對於年齡較大的兒童和年輕人來說，更有效的方法是教師明確放棄自己的權威，告訴學生不要僅僅因為自己站在教室前面就要給予信任。當教師確實贏得學生的尊重和信任、成為合格的權威時，這種權威是贏得的而非強加的，對學生和教育來說反而都更有益處。

利用恐懼讓兒童坐得整整齊齊、眼睛朝前、閉上嘴巴，每天除了幾個預定時刻外根本不運動身體，這樣長大後，就更難調節自己的身體和感官，也難以相信自己有能力做決定，並在成年後可能仍持續生活在類似的受控制環境中，總是需要預先警告和安全空間等措施。

對於小學生來說，解決方案之一是在學校中建立花園，並在各種天候下都在花園中度過一些時間。經常實際去到自然的地區，花時間待在戶外，而不是待在能夠遮風避雨、維持適當溫度的「自然中心」中也有幫助。這樣做會讓人一直覺得舒服嗎？不會。有些兒童可能還沒準備好接受風雨或陽光嗎？是的。然而，他們會從早期的細微錯誤中吸取教訓，開始對自己的身體和命運負責，從而在這個世界中更自在的行動嗎？是的，他們辦得到。

人類具有反脆弱性；體驗到身體、情感和智性上的不適感和不確定是必要的。讓學生瞭解風險，能促使他們擴大自己的世界觀，並接受能夠幫助自己走向成熟的經歷。這確實是要付出代價的：瞭解風險並不能完全保護個人免於危險。

簡單來說，風險就是風險！悲劇一定會發生，這可不是小事。對於我們這些能夠幸運避免這種情況的人來說，幾乎不能想像如果某人的孩子死了，或者某人牽涉到他人孩子的死亡，日子將要如何繼續下去。指出有人把風險帶入校外教學而發生悲劇，是很容易的。這樣的故事往往很容易說明且富有吸引力。相較之下，不惜一切代價避免風險所導致的，將是全體人類難以應對風險而產生的族群階層悲劇，而後者的影響更為深遠。

現代學校傾向於防止個人悲劇的發生，這助長了更大的社會悲劇發生。讓所有小男孩、小女孩整齊地排隊，分配座位，並要他們除非被點到名否則不要說話，只因這樣才能掌握他們每一個人的動態。與此同時，在家裡我們卻教導小男孩、小女孩他們是整個宇宙的中心，可以而且事實上能在任何時候、出於任何原因打斷成年人正在做的事情。我們也教導孩子發脾氣是可接受的，每當孩子鬧脾氣時我們就屈服，並告訴他們，他們是世上最寶貴、最不會犯錯的人，導致對他們內心的自我而言，任何批評都是有罪的。

以這種方式成長的孩子無法理解來自家庭和學校的訊息而感到困擾時，我們不該感到驚訝。

而當他們傾向於玩操縱遊戲時，我們也不需感到驚訝：

> 媽媽不喜歡我尖叫或發牢騷，但如果我堅持這樣做，她會為了讓我停下來而屈服？筆記下來。
>
> 只要我偶爾在課堂上發表看法並取得好成績，即使我複習課本但什麼也沒學到，老師也會放過我？瞭解了。

恭喜啦社會，你成功培養出自鳴得意的抱怨者，他們習於得到想要的東西，並在學校中表現出色卻缺乏思考能力。事實上，他們既不聰明也缺乏智慧。

世界不是繞著你轉

在二十世紀末和二十一世紀初，一些社會因素交織成一場完美風暴，對兒童造成傷害，這並不是他們的錯，我們已對這點有所認識。開立處方藥物、直升機父母、鏟雪機的教養方式，以及幾乎無處不在的螢幕（不管螢幕中有什麼），都使得學校生活變得比以往更困難。在美國，由於經濟和政治力量的影響，學校經費被削減，同時考試增加，削弱了教師的創造力和自由度。

希瑟在學生海外計畫（前往巴拿馬或厄瓜多爾）之前為他們預做準備，不僅試圖培養研究所需的學術技能，還培養他們在國外長期旅行所需的社會和心理技能，因為他們大多數人都沒有長期待在國外的經驗。她會問：「你們與風險的關係如何？與舒適的關係又如何？事先說明要你忍受蟲子、泥巴和無法上網，不代表你真能忍受。不過也許最重要的是：我們要對對偶發事件保持開放態度。我們無法知道這次旅行會發生什麼事。但我們就要出發了，將會發生一些有趣的事情。」

這些對話包括對於風險的討論：在無法進行責任訴訟又無法及時得到醫療救助的地方，我們面臨的風險與平常熟悉的那種截然不同。我們討論了叢林中隱藏的危險，例如河水暴漲、樹木倒塌等，並將這些風險與叢林中人們熟知的危險，像是令人害怕的蛇和大型貓科動物做比較。

風險和機會相伴而生。我們需要讓孩子們，包括大學生冒些受傷的風險。避免疼痛會導致未來變得虛弱、脆弱，而遭受更大的痛苦。這種不適感可能是身體上的、情感上的或智性上的（我的腳踝！我的感覺！我的世界觀！），但一切都需要經歷才能學習和成長。

我們帶去海外的學生都經過精心挑選，他們成熟、有能力、聰明、懂事。即便如此，我們還是無法控制周遭環境中的不確定因素，以及叢林中偶遇意外事物的可能性，這讓他們當中許多人內心混亂，有時表現為憤怒。他們當中有許多人相信自己會因為探索、發現而感到興奮，但只有探索與發現看起來且感覺上與他們之前的想像一致時才如此。社會向孩子灌輸了以下的觀念：秩序總比混亂好，並且容易計算成績並優先做可被列入成績的事情，才能以優異成績畢業（因此許多人會把這種模式延伸到生活上），這使得他們成年後會因為意外事物和新事物感到憤怒。不僅叢林不像最佳自然紀錄片所呈現的那樣，巴拿馬城或基多街道上的人也與你想像的不同。但如果你想擴展狹隘的視野，就不要僅從自己的角度體驗這世界的每件事物。那麼，在印加人或西班牙人到來之前就把雲霧森林當成家的人，可能會出乎你的意料之外，讓你感到驚喜。其他事物也是如此。大多數情況下，世界與你無關，但你可以瞭解這個世界，教育的目的就是要讓你做到這一點。

高等教育

想像學者的模樣，你腦中浮現了什麼模樣？撇開刻板的外貌印象——眼鏡、外套袖子肘部有絨面皮革補丁等——你可能會意識到，這樣的形象通常是前人塑造出來的。你對於典型學者的想像很可能是他們正在閱讀，也可能是他們正在圖書館的書架間翻閱資料。進入大學時，學生對於這樣的形象已有所認知；要成為一名學者，首先你要去閱讀前人作品，然後做出回應。也許有一天，你也會寫出一本巨作，其他人則會坐下來閱讀並做出回應，如此循環下去。

然而這種學術活動模式，即學者擁有自己的精神生活，成為一個具批判性、積極參與的世界公民，對於某些學術領域來說並不正確，尤其是科學和藝術（很多人誤以為它們位在追求真實和意義的光譜兩端），並沒有透過對前人思想進行仔細而深思熟慮的評估和批判，來對世界產生重要影響。是的，我們站在巨人的肩膀上。是的，我們之前的思想和所創造的歷史，是我們所知、所想和所行時不可或缺的一部分，但這並不意味著它們應該是我們最主要的關注，或要成為我們的使命。

陽光之下有新鮮事，但每一代人都認為新鮮事來得太晚，一切都被理解了，最好的反應就是陷入虛無主義的混亂中。

在最好的情況下，大學教育具有打開一個充滿驚奇、創造力、發現、表達和聯接世界的潛力。十五年來，在常青州立學院（The Evergreen State College）中，我們就是這麼做的。那是一間位於太平洋西北部的小型公立文理學院，在那兒，我們和熟悉的學生在教室、實驗室和田野（無論是靠近校園還是很遙遠的地方）深入研究複雜的主題，為高等教育的可能性提供一個窗口。

施奈德勒（Drew Schneidler）曾是我們的學生，他才華橫溢，在學校度過了一段可怕的時光，就像布萊特一樣（我們是朋友，他也是這本書的研究助理），在我們撰寫這本書時，他告訴我們說：「走進你們的教室就像走進一種祖先模式，對此我已經做好準備，隨時可以啟動，但我過去甚至不知道它的存在。」

這段話就像本書幾乎所有內容一樣，都值得單獨寫成一本書。以下是我們在擔任高教教師期間學到的東西，以及我們創新的內容。

工具比事實更有價值

我們向學生傳達的一個信息是：有些智力工具比事實更有價值，原因在於是它們得來不易。使用這些工具能讓你變得強大而精確，並且可能會發現過去從來沒人質疑的事情。

但如何在與外界隔離的狀況教導學生使用這些工具呢？要怎樣才能真正教導人們如何思考，而不是思考什麼內容？這說來容易，但要如何做到呢？一個善意的批評家可能會說學生需要一些東西來思考，對吧？當然，有內容可以討論會讓事情變得容易，但一旦引入這些內容，所有人都很容易陷入過往就扮演的角色：教師擔任資訊提供者，學生則是資訊接受者，而在一場看似激動人心的討論後，最突出的表述方式是有人舉手發問：**這些考試會考嗎？**

難題之一是如何打破「誘因加懲罰」（胡蘿蔔加棍子）的模式，明確告訴學生（並確保這是真的）他們彼此之間沒有競爭關係。當學生互相合作時，他們實際上可以學到更多。從來都不存在一條緊迫的「曲線」，會讓其中某些人失敗。

另一個難題是打破「我們只在這時間接受教育」的規範，這要透過離開教室、花更多時間在一起來達成。當學生和教師這麼做，並在好幾天、好幾週甚至好幾個月的時間中，日復一日共同進餐，好問題肯定會在一天中的所有時間、一週當中的所有日子出現。若你具備經由邏輯、創造力和實踐培養出來的智力工具，並展開這樣的智力之旅，這樣的問題無論在何時何地出現，都可以著手開始研究，而不只是在課堂上由擁有學位的權威站在你面前，接受你的學費並回答你的問題。

倚靠自己的智識

「當我晚上出外仰望星空，我得到的並非舒服的感覺，而是一種美妙的不適感，因為我知道那兒有那麼多我不瞭解的東西，並且因為認識到有巨大的奧祕而感到高興，這不是件舒服的事。我認為這是教育的主要贈禮。」

——〈教學：就像表演魔術〉，泰勒（Teller）

想像一下，一位教授著手動搖學生的先入之見，讓他們對於自以為知道的東西不再那麼確定，並迫使他們與自己、自己的感知和權威交鋒。當人們太安逸於自己所知的事情但世界並不像他們所期望的那樣時，就會面臨很大的風險，覺得自己受到欺騙、感到憤怒以及自己內心的不一致。當你安於自己所知的事情時，你的見解不會增加，成長也會停滯。你可以將知識添加到現有基礎之上，就像蓋房子時在牆上添加磚塊一般，當你完工後，房子看起來會跟你預想的差不多。然而對於大多數人來說，我們在剛成年時所擁有的基礎，並不一定能成為度過想要生活時的知識之屋根基。

牆上的那些磚塊扼殺了創造力，也扼殺了好奇心。它們的存在讓人覺得從零開始（也許根本就沒有藍圖或基礎）似乎是不可能的。那些磚塊讓我們感到舒適，因此我們會把磚塊堆砌得越來越高。然而，磚牆模型創造出的頭腦都是相似的，這類頭腦產生或思索奇特新想法的能力越來越差，而且心智會被混亂和不確定性給激怒。

到頭來，幾乎每一個我們教過的學生都要接受挑戰，而且是真正的挑戰：我們會告訴他們，他們什麼時候錯了，我們什麼時候錯了，也會告訴他們需要學會提出真正的問題，然後學會坐下來花足夠長的時間，釐清如何解決這些問題。

作為教師，我們應致力於讓學生遠離教室，最好是在沒有網路和圖書館的地方，例如華盛頓州東部的荒原、巴拿馬的庫納雅拉特區（Kuna Yala）、厄瓜多爾的亞馬遜地區等等。一旦到了那些地方，就可以提出問題：那些岩石是如何出現的？當地人如何捕魚？那些鸚鵡在做什麼？這些問題是可被回答的問題，但學生需要學會使用邏輯、第一原則和嚴謹的態度來做到這一點。對話被迫在此地此刻進行：他們的答案來自於自己的大腦，而不是網路上的集體大腦。這些答案能夠說明他們觀察到的內容嗎？如果他們就這樣重新發明了輪子，就隨他們去吧。他們將會磨銳他們提出的科學假設和預期結果、實驗設計以及邏輯方面的技能。一旦學生做到這一點，不僅他們得到了教育；他們也變得更能接受教育。

在一次成功的課堂討論中，當一個問題被提出而教室裡似乎沒人知道答案時，為什麼不該有人去查詢一下呢？確定門德列夫最初的元素週期表是否長得像現在這樣？有多少人在德勒斯敦轟炸中喪生？或者，白令亞陸上的人何時首次進入新大陸可能帶來什麼危害？這些問題的答案直截了當，找出來有什麼不好？危害在於：讓所有人養成不靠自己的習慣，無法在自己腦中建立起關聯性，並且不太願意探究我們確實知道的相關事物，然後嘗試把它應用到我們不太瞭解的系統中。

如果透過敲打鍵盤幾下，就能快速回答「如何」的問題，便會阻礙自力自主的發展。那麼，想以同樣方式得到「為何」問題的答案，又會有什麼影響呢？可能會扼殺邏輯和創造性思考的能力。鳥類為何要遷徙？為什麼靠近赤道地區的物種更多？為什麼地貌會是這個樣子？在你尋找答案之前，先想一想。行走坐臥時都想一想，與其他人討論看看，與朋友分享自己的想法；當他們不同意時，試著解決你們之間的分歧。有時「同意彼此意見不同」是唯一的結果，不過通常如果你稍微深入挖掘一下，就可以學到更多東西。你和你的朋友最後理解世界的能力都會提升。

冷靜與提升

希瑟有一次在亞馬遜教授海外課程時，親眼目睹到關於亞馬遜危險、狂野和邪惡的謠言四起，並在自己面前擴散開來。當時她所在的偏遠田野工作站還有另外一個班級，一位教授正在向自己的學生講述蜘蛛、猯豬（peccary）和蟾蜍的致命危險。實際這些謠言都是假的，但他說的像是真的一樣，特別是關於蟾蜍將毒液射入人的眼睛（事實），導致人永久失明（非事實）。謠言傳開後，希瑟一名學生的眼睛被那種蟾蜍的毒液噴到了，學生的恐慌程度遠超出她從未聽到這個謠言之前。她問我們的傑出博物學家導遊拉米羅，自己接下來會怎樣，而他就像所有優秀的嚮導一樣謹慎，告訴她說「有人說」這種蟾蜍毒素會讓人失明。當然，這名學生沒有失明，但是經歷了不必要的恐慌，因為有人利用恐懼和誇張作為擴大自己權威的工具。

在以往，一個人若不深入瞭解某個棲地，就很難找到自己的位置。要不是從長輩那裡得到關於這個棲地的知識，要不就是從邊緣進入、逐漸深入瞭解該棲地。然而我們現代人生活的棲地變化速度既快速又不可測，沒人敢說自己全然是個「原住民」。我們還面臨了祖先沒遇過的突兀邊界問題：有一條奇怪又清晰的界限，將安全和不安全（例如游泳池、垃圾處理器、水泥築成的路緣）區分開來。

恐懼、憤怒和誇張，都有利於推銷產品、吸引觀眾，並成為有效的控制工具。然而，這並不是身為人類的我們能做到的最好事情。引發恐懼的故事可能是推動現代人採取適當行為的一種手段；前一天睡在熙來攘往的國際大都會基多，隔天便睡在亞馬遜叢林深處，是現代化社會才有的一種奢侈，但是代價卻是讓人們陷入一個既不熟知其歷史、也未充分準備好要面對的環境。此外，首次進入亞馬遜的人通常來自遍布律師之地，那裡的一切都經過審核以確保安全，至少在短期內如此。透過嚇唬人、讓人採取可接受的行為，是教育的一大敗筆。如果教育的最終目標是培養有能力、好奇心旺盛且富有同情心的成年人，那麼幫助學生保持冷靜和理性，而非一直處於驚慌狀態，才是實現這個目標的更棒途徑。

觀察與自然

高等教育的其中一個目標應該是教導學生如何磨銳直覺，在這世界得到足夠的經驗，得以確實地辨別出模式，還能在嘗試解釋觀察到的現象時回到第一原則，並且學會拒絕基於權威的解釋。

這需要教師和學生花時間在一起，建立彼此的關係。延伸出來的時間（例如田野考察）是一種特別的奢侈，不是所有教師都有這樣的餘裕，但也許所有教師都應該要有。我們需要有強烈的意願，對那些從出生到現在為止，只聽到自己所做一切都值得讚揚的學生說：「不，那是錯的，原因是這樣……」需要有意願，才能改正自己的錯誤。教師需以身作則、為學生樹立榜樣，示範一個想法出現、修正和測試的真實過程，接著丟棄或接受選擇，讓學生擺脫大多數學校教育和幾乎每本教科書灌輸給他們的線性知識獲取模式。

在多次國內外旅行的過程中，我們看到學生以在家根本無法做到的方式迎向挑戰。我們刻意尋找偏遠的田野考察地點，不只因為那些地方更有趣、更原始——有更多藤類攀爬到陽光下、更多擬態藤類的樹蛇（vine snake）——還因為往往需要以與外界失去聯繫為代價，才能讓學生在最不受干擾的狀態下遇見自然。遠離記錄我們一舉一動的虛擬眼睛，我們才會自我揭露，對自己也對別人。

但是這種方式也有風險。螞蟻咬人，真菌入侵，樹木倒下，船隻翻覆。為什麼要冒這些險？研究使用土地的政治學、早期美洲人的文化和蝴蝶的領域性，這些值得嗎？

在野外考察中，我們看到一些學生陷入了黑暗面，被憂鬱的情緒所籠罩。但我們也看到他們從黑暗中走出來，變得更堅強、更踏實。他們對於叢林的浪漫想法，逐漸消失在持續流汗和昆蟲叮咬的現實中，他們也意識到為了看到極富魅力的動物做的有趣事情，你必須走出營地、深入森林，然後耐心等待牠們生意盎然地出現在你身邊。

有些人很討厭這種方式，他們無法忍受自己無法控制的局面，也無法忍受自然不是一部自然紀錄片。然而，大多數人都發現了隱藏的力量和預期之外的自由。

有一晚在亞馬遜，學生在金屬波浪板屋頂下準備發表他們的研究報告時，一場暴風雨突如其來。雨點打在屋頂上的聲音實在太大，在這種情況下根本聽不到人聲，我們也沒有其他地方可以去，因此我們不得不重新安排時間。眾人散去，有些人趁機補眠，還有些人選擇在暴雨中去森林漫步，探索熱帶叢林溫暖潮濕的氛圍。如果教育的其中一個目的，是讓孩子預備好迎向不可預測和持續變化的世界，那麼培養勇氣和好奇心應該是首要任務。

我們也在課堂上進行閱讀，包括基礎的科學文獻、各類書籍、散文、小說等等，我們讀到的內容有些彼此間存在著矛盾。然而，讓人們打造出自己的工具箱，學習在新想法或新資料出現時，以積極自信的態度來評估世界，這些能力都是在擺脫文本束縛下完成的。我們走到野外，與物理世界以及在其中無數演化出的居民面對面接觸。十九世紀傑出的博物學家阿加西（Louis Agassiz）敦促人們「走向大自然，將事實掌握在自己手中，睜開你的眼睛去看」。無論你的學科是什麼，也不管你想要教授什麼，藉由創造出進入自然的機會，你可以讓學生開始信賴自己，而不是把別人說的話當作是真實。

當你像我們一樣，連續兩到三個學期集中地與一小群學生朝夕共處時，教育就變得個人化了。我們告訴學生他們沒預料到的事：

- 我們需要用隱喻來理解複雜的系統。
- 你並不是以消費者的身分在這裡，也不販售任何東西。
- 現實並不民主。

我們不接受他們以一般性的回應作為回饋。我們在智性上刺激他們，他們被迫竭力思考，因為向我們重複已知的材料並不能解決問題。我們想認識他們每一個人，好讓我們可以向他們學習。

但是，有許多教授將學生訓練成不動腦筋的工人。有位教授曾告訴希瑟（他的語氣中不帶任何諷刺意味），他認為把學生教成為齒輪是他的工作，畢竟那就是他們的命運。教師應該比學生更清楚學校的意義，但對學生來說並不是這樣。誘惑（seduction）和教育（education）的詞意來源上十分接近。學生可能認為自己想被誘惑，並因為虛假的讚美一時帶來的良好感覺而誤入歧途。然而，我們遇到的大多數人都希望接受教育，讓自己擺脫狹隘、基於信仰的信念，成為在一個在智識上獨立自主的人，這樣他們就可以從第一原則出發，來評估這個世界及其相關主張，並尊重和同情一切。

改正方式

學校（顯然也包括父母）應該教導孩子：

- **要尊重，而不是恐懼**。
- **遵行好的規則，質疑不好的規則**。所有人都會遇到不好的規則，不論是在法律系統中、在家中、在學校或是在其他地方。身為父母，不論孩子遭遇到怎樣的麻煩，都要盡力表現出自己百分之百站在孩子那一方。孩子應該要能自由地詢問為何父母設下的規則是這樣，但也要知道如果只是為了要破壞規則而破壞，會得不償失。

- **讓他們離開舒適圈，探索新的想法**。不論你認為自己所知的實際上是否正確，在您自以為知道最充分的領域，你可能學到的東西最少。
- **瞭解物理世界中真實事物的價值**。當你對現實世界有一定的瞭解，在社交圈就不容易受到操控了。絕不要接受權威所給的結論，如果發現有人教給你的內容與你對世界的體驗不符，不要默默接受，而是要探究其中不一致之處。
- 縱使系統的混亂程度超出了課程範圍，**也要瞭解複雜系統的實際模樣**。自然就是這類系統。自然糾正了情緒痛苦等同於身體痛苦、生命完全安全等錯誤觀念。重點在於要去接觸複雜事物。

在高等教育當中，尤其應該瞭解到：

- **文明需要擁有開放胸襟和探究能力的公民**；這兩者應成為高教的標誌。在提出問題和找出解決方案的過程中，需要的是靈活的思維以及回歸第一原則的能力，而非依賴記憶中的方式和眾人接受的想法。在二十一世紀前進時，這些能力變得越發重要。對於未來工作樣貌的誤解，促使人們更早、更狹隘地往專業化發展。高教應該成為對抗這種趨勢的場所，推動人們擁有更廣闊的視野、洞察細微差異，並能整合兩者。如今處在大學年齡的學生，並無法準確預測自己七十歲、五十歲或三十歲時會從事什麼職業。大學應該是培養廣度的地方。

- 一如強納森・海特（Jonathan Haidt）著名的論點，**大學不能同時追求最大限度的真理和社會正義**，這是一個基本的權衡，避無可避。那麼，接下來的重點便是要問：大學的目的為何？在大學中有必要專注於追求真理嗎？是的，的確如此。
- **必須承擔智性、心理、情感等社會風險**，但在陌生人面前做到這點特別困難。小班授課和增加一起打造社群的時間，都能改善匿名發言的現象。
- **權威不該被用來當成阻止思想交流的棍棒**。傑出演化生物學家崔弗斯（Bob Trivers）是我們的大學導師，他曾建議我們尋求教導大學生的職位，理由是：大學生還不瞭解這個領域，因此很可能提出你料想不到的問題、「愚蠢」的問題，或是想像中已被解決的問題。

教育者面對此類問題時，做以下三種回應之一可能是對的：

- 有時問題落在正確的領域，答案也很簡單，馬上解決它。
- 有時問題落在正確的領域，但答案複雜、細緻且有微妙之處。對於任何配得上思想家頭銜的人來說，花時間釐清該如何針對問題的複雜性或微妙之處進行說明，是很值得的事。
- 有時問題落在錯誤的領域，答案也不好理解，但提出問題需要對事情有天真的看法。

- **教室實際上是個與現實隔離的無菌盒子**，在這種情況下學習是很困難的，因為你不會遇到那些需要學習但無法教授的東西，例如如何在樹木倒塌、船隻事故或地震中（會在下一篇中看到的）求生存。

第十一章

長大成人

通過儀式是代表轉變的有效標誌。但在「詭異世界」的人不但不進行通過儀式，就算有也往往少了儀式感，導致我們忘了成年的特徵。過往歷史中，成年人是知道如何餵飽自己、成為群體中的一分子，能進行批判性思考的人。但這不因年紀增長就出現，而是必須費力掙扎來獲得的。

嬰兒出生後，經過成長階段會長大成人，成年後結婚生子，然後走向生命的盡頭。在許多文化中，這些轉變階段會透過「通過儀式」（rites of passage）來標誌。這些標誌個人開始進入成熟階段的通過儀式，包括納茲帕西的年輕人（Nez Perce）進行的靈境追尋（vision quest），以及年輕納瓦荷女性進行的潔身、跑步與穿衣儀式。這些儀式具有重要的象徵意義，幫助年輕人踏入他們的新角色之中。生活在「詭異世界」的現代人，類似的時刻可能包括十八歲生日、從高中或大學畢業、得到第一份工作、買房子等。這些事件是時間之沙上的一條條界線，將以前與之後區分開來。我們利用儀式在複雜系統中清楚劃出界線，因為複雜系統很少有那麼明確的界線。

通過儀式是代表轉變的有效標誌：**現在你是男人，或從今天起妳成為了一個女人**。但是在「詭異世界」的人不但幾乎不進行通過儀式，而且就算有也往往少了儀式感，導致我們忘卻了成年特徵的蹤跡。在過往的歷史中，成年人是那些知道如何餵飽自己、得到居所、成為群體中具創造力與生產力的一分子，同時知道如何進行批判性思考的人。但這些知識不會因為年紀增長就自然出現，而是必須費力掙扎才能獲得的。

還記得在第三章中說到，檢驗一個特徵是否為適應結果的檢驗三步驟嗎？我們認為，如果一個特徵足夠複雜、需消耗能量或物資，同時在演化尺度的時間中持續保留下來，那麼它就是一個適應特徵。請注意，最後一個步驟關乎到時間元素，接著我們把時間放入文化演化的脈絡中思考：如果一個特徵在文化尺度的時間中被保留下來，那麼就可能是文化適應。這並不代表該特徵本質上對於個人或社會一定是好的，也不代表過去它所適應的條件不會改變，使得它現在變得不具意義或是成為不良適應（maladaptive）。一般來說，若能在改變舊事物時保持謹慎（援引卻斯特頓之欄），就不太可能清除那些對人類和世界做出重要貢獻的東西。

因此，在各個不同的文化中，通過儀式對個人發出了清晰的訊號，讓你知道自己已走了多遠，以及社會對你的期許。如果沒有這些訊號，我們很可能會陷入困惑之中，到了三十歲還是如同小孩一般，完全不知道自己該擔負起怎樣的責任；或是到了八歲，因為已有區分自己真正性別的能力，就被認為已經成年。通過儀式能夠協調社會對於個人在各個發育階段的種種期望，這些期望有兩種形式：一種是時間類型（依年齡而定），另一種是功績類型（努力得到的），其中後者的定義較年齡來得寬鬆。年齡是指出一個人什麼年紀大致上能夠做到哪些事情的粗略指南；功績則是關於一個人有能力做到哪些事情的具體指南，以婚姻為例，就是指有能力簽署婚約。在「詭異」文化中，這些指標不是被丟棄就是已受到毀壞。時間儀式的執行鬆散且年齡不一致，功績儀式則通常會受到操弄。

那些真正有資格冠上「成年人」之名的人，能夠帶著質疑的眼光觀察自己，並時常捫心自問以下問題：我對自己的行為負起責任了嗎？我的思想封閉嗎？我的世界觀是否根深蒂固？如果是，為何如此？我是自己得出結論，還是接受了某種意識形態，讓那種意識形態為我思考？我會避開有價值但會帶來挑戰的合作嗎？我會在情緒（特別是強烈情緒）支配下做出決定嗎？我是否放棄了身為成年人的責任，而且放棄時還會為自己找藉口？

這些問題全都是以不同形式在問同一問題：我是否做了該做的事並且盡其所能去做了？答

案通常很容易在兩類通過禮儀之一中找到。年齡方面的儀式告訴你來自他人的期望，並允許社會在個人不適應時追究責任。這讓我們自問：我有做好我份內的工作嗎？因為其他人會如此期待我。

功績方面的儀式則讓我們為自己獨立思考，當我們有所成就時，就會把自己看成有知識、有技能的人，並把這點傳達給社會。這類儀式會提高社會期待的標準，並更新「做好自己份內工作」的含意。預期與責任的相互作用，自然會讓人更多自我檢視，以確保自己不會辜負他人期望。

我們確實已經遺忘成年人的特徵，也忘了在這個充滿過度新奇事物的世界（尤其是市場經濟所及之處）中，我們更難成為一個成年人。市場上充滿了高明的騙子，他們想讓你忘記成年人的責任。所謂成年人的責任，就是不會把錢花在每一個新玩意上面。依據延遲滿足心理進行的銷售策略，鮮少有成功案例，因此在市場上不易看到。相反地，垃圾商品隨處可見，像是垃圾食物、娛樂、性愛、新聞。市場集結起來販售幼稚的價值觀，這使得你成為一個理想的消費者，卻是一個貧窮的成年人。

在二十一世紀詭異社會過度新奇和不受約束的市場力量消失之處，童年是一個人從長輩那兒得到資訊，並且同時在身體上和認知上去發現你所在世界的時光。至於成年時期，則是你發揮自己所學技能，成為一個有用之人的時光。

廣告商的主要策略是製造人們不滿足心態，同時留下其他人都過得更好的印象。這裡有一個記錄得很詳細的例子：當電視傳入斐濟後，當地少女開始注意到透過電視傳來的與當地文化標準不同的西方審美標準。在距離斐濟海岸很遠的地方，社群媒體的演算法也長驅直入。廣告商之所以有辦法增強人們的不滿足感，得力於人類天生就著迷於敘事，而這個生產敘事的機制正瞄準我們的這種天性，創造出不受時間檢驗的故事。我們聽到的許多故事是為了銷售產品而設計的，其內容是廣告商和演算法希望我們相信的，而不是我們需要知道的。

現在，我們不再在社會層級上分享敘事。我們在採取和選擇敘事方面擁有巨大的選擇權，這代表我們和他人合作時，通常只是在使用同一種語言，而不是共享過去祖先時代人們所擁有的基本信念或價值觀。歷史上來看，彼此共享的敘事或至少彼此交叉傳播的敘事，都會讓敘事被操控的程度受到檢驗。然而，現在這些系統正在崩潰。過去創造故事（無論是宗教、神話、新聞還是留言）的人以及消費故事的人（其他人），都有著共同的命運，而且他們也知道這一點。但現在我們生活在一個嚴重斷裂的社會中，以致大多數人對於我們的共同命運無感——像是我們的生活全都仰賴同一個星球。雖然我們生活在似乎更多元的世界，像是不同宗教的人可以毫無仇恨地融合在一起，但是拜讓人們區隔到壁壘分明的演算法之「助」，現在的政治部落主義（political tribalism）已到了狂熱的巔峰。

兒童在一個設計來傷害他們的世界中長大。學校本應幫助年輕人學習如何成為一個成功的成年人，但學校教育充其量只像無頭蒼蠅亂飛，而且有很多時候對發展造成了傷害。針對兒童的產品和演算法會傷害兒童，兒童的動機結構受到了劫持，他們的同儕將他們引入歧途，他們無法免於傷害。這樣下去，要叫他們如何成為優秀的成年人？

自我的實驗室

「自我」本質上像是一樁軼事，是其中一個樣本。因此，「自我作為一間實驗室」這樣的概念，會讓訓練有素的科學家感到不安。對於想要釐清如何在這世上生活的我們來說，問題在於我們每個人都是獨特而複雜的系統。當然有些事情影響了全人類，對所有人來說都是有害的，例如毒素、廣告和久坐的生活型態，有些在本書中已有討論。不過請考慮一下，你的內在結構與另一個人的可能大相逕庭，以致在許多方面來說，對甲有效的建議，對乙來說可能沒用。

不妨借用托爾斯泰的名句：每個正常運作的肝臟（基本上）都是相似的，但每個現代人類的心智各以不同方式功能失調。你最好朋友的焦慮、睡眠障礙和完美主義，不論是從原因和呈現出來的狀態上來看，都與你的焦慮、睡眠障礙和完美主義不同。

現代性的難題讓這個問題複雜了千倍。我們有能力棲息在每一個人類曾探索過的生態區位，因為人類的可塑性非常高。然而，極大的可塑性加上過度喧囂的現代環境，又讓每個人面臨到的功能失調狀況各不相同，這代表所有人都必須找出對自己這個人有效的對應方法。其他人的建議在適用程度上會有很大的差異，即使這些建議對於提出建議的那人來說是有效的。因此，我們必須善用科學方法，測試哪些事情確實會為自己這個複雜系統帶來整體而言正面的影響。

建議無處不在，無數人宣稱找到了幫助我們成為最好自我的方法（從某種意義上來說，我們藉由本書宣稱做到了這點，對此事實我們並沒有視而不見）。大致上來說，那些自稱為自助大師的人可分為四類：騙子、自己都糊塗的人、觀念正確但適用性有限的人，最後是提出對人人有用意見的人。我們認為，也希望你現在已經認同這一點：許多演化的真相對於所有人都有益處。

我們很難很快就找出高明的騙子，但所有人都應學會識別的方法。第二類是自己都搞不清楚狀況的糊塗鬼。他們大肆宣揚「智慧」，只為了吸引人群和金錢，卻不瞭解那些「智慧」與真理或價值並無關係。騙子和糊塗鬼通常只在玩弄社交把戲，他們似乎全然放棄核心信念，只依照社會模式前進，完全不參考外界的現實。他們提出的想法並不是要與現實謀合，而是為了迎合受眾的想法。有時他們在呈現原始材料時會被看破手腳。一旦看透他們，就再也不要向這種人尋求建議了。

第三類人聲稱發現了對他們自己有用的事物，但可能沒意識到對他們有用的事物對你而言並沒有用；他們的智慧結晶所能適用的範圍有限。最後，第四類人則是那些提出普遍適用建議的極少數人。

所以，訣竅就在於知道如何

- 拋開騙子和糊塗鬼（前兩類）。
- 學習對第三類人的建議加以區分，瞭解哪些是對他們有用但對你而言並不適用的建議，以及哪些是你弄清楚該如何應用後，幾乎可以立即改善生活的建議。你可以透過科學的佛教（scientific Buddhism）來達成這個目的：消除噪音，注意潛在的微小模式，並測試自己心中的假設，看看哪些是有效的。

- 採納第四類人的好建議，這些人擁有人人都適用的建議。

多年前，當「詭異」世界陷入麩質（gluten）潮流時，看似出現了一股適用於一小群人的時尚趨勢。幾十年來布萊特一直苦於氣喘，每天都得使用類固醇吸入器和許多其他藥物，卻沒有任何好轉跡象。醫生除了建議他嘗試更多藥物，以及盡可能去除居家環境中的灰塵和貓毛之外，其實幫不上忙。布萊特在束手無策的狀況下，進行了無麩質飲食。他並不是減少麩質攝取量，而是完全戒除麩質。這樣過了很多年，他的呼吸系統問題不但解決了，甚至其他較輕微但依然令人惱火的小毛病也都消失了（雖然我們努力去除家裡灰塵，但沒有去除貓）。這是否代表在飲食中去除麩質也能讓你受益？也許是，也許不是，這取決於你特定的發育過程、免疫系統、飲食內容甚至遺傳體質。你可以透過自己的實驗來找出答案。麩質過敏既不是虛構也不是普遍的。

「自我」與其他所有事物一樣，都遵循相同的科學原理。當你嘗試研究這個領域的生物現象，就會發現它們也受到同樣科學原理的約束。複雜和雜訊是訊息的敵人，解決方式是在進行實驗時就盡可能地控制環境變量。一次只改變一個變數，徹底進行研究和解析（如果你欺騙自己，那就什麼都不會學到，還可能會被愚弄，認為自己已經掌握了資訊）。實驗要靠時間完成。

現實的類型

還記得卡通《樂一通》（*Looney Tunes*）中的威利狼（Wile E. Coyote）嗎？牠一輩子的工作就是瘋狂追逐嗶嗶鳥（Road Runner）。每次緊追不捨，牠總會發現自己衝出懸崖，但此時牠會停在半空中，直到往下看才掉下去；換句話說，當牠發現重力應該要發揮作用時，重力才發揮作用。這個橋段之所以有趣就在於荒唐。這種狀況荒唐至極，然而卻有許多現代人認為，只要能夠改變人們的意見或觀點，就能徹底改變現實。簡而言之，他們相信現實本身是由社會建構出來的。

之前提到，騙子和糊塗鬼通常通常進行的是社會層面的操控，而不是在分析層面與人討論。要如何避免成為根據社會反應而不是根據分析來評估世界的人，又要如何避免成為容易受到騙子和糊塗鬼愚弄的人？有兩個良好的策略——經常接觸現實世界，以及瞭解千鈞一髮的價值。

然而，可悲的事實是，今天你的「教育程度」越高，就越難做到這一點。我們當前的高教體系沉溺在一種懷疑我們感知物質世界能力的哲學中，這種哲學稱為後現代主義（postmodernism）。

後現代主義者一直處在倡導「現實是社會建構」觀點的前沿。後現代主義以及其意識形態的產物「後結構主義」（post- structuralism），過去一度只限制在學院的小角落。這種意識形態確實包含了一些真理，例如指出人類的感官會誤導我們，而大多數人並沒有意識到自己受到誤導。

它也揭露學校、工廠和監獄在利用權力控制人群方面的相似性（正如傅柯〔Michel Foucault〕用圓形監獄的比喻進行延伸分析的結果）。再者，批判性種族理論（Critical Race Theory）的基礎是建立在真實的觀察結果上，指出美國以往有種族歧視，當前的法律體系在擺脫這段歷史的過程中經歷了重重艱難，而且還沒有完全從歷史中恢復過來。這些是它們對這世界做出的真實而有價值的貢獻。然而，不可諱言的，絕大多數後現代主義者用於引證的實例都已過時。

有時候，當邊緣化的學術思想開始變得不受管束時，反而會持續更長的時間，但它們的影響往往僅限於少數大學科系。可是後現代主義及其後續的影響卻非如此。校園裡發生的事件絕不會只停留在校園中。後現代主義及其追隨者所滲透的系統，遠超出了高教領域，它們從科技產業到K-12教育體系再到媒體，正在造成極大的危害。

後現代主義者最令人震驚的結論是：所有現實都是社會建構的。他們甚至質疑牛頓和愛因斯坦的論點，因為這些科學家得到的榮耀，顯然是建立在他們發明的方程式上；而這些老白人（old white guy）具有的偏見，從本質上阻止了他們瞭解世界上任何真實的事物。這種具諷刺意味的生物決定論和退化的世界觀，認為那些具特定表現型的人不可能瞭解真理。

你怎麼可能被這些主張混淆，相信所有現實都是社會建構的？原因無他，就在於你缺乏在現實世界中活動的經驗。沒有哪個木匠或水電工會相信所有現實都是由社會建構的，也沒有任何一個堆高車駕駛或水手會這樣相信。我們不會這麼想，任何運動員也都不會，因為身體活動會對身體產生影響，在現實世界中工作過的人都知道這一點。

如果你沒投擲過或接過球，沒使用過手持工具，沒鋪過瓷磚，也沒開過手排車，簡而言之，如果你完全沒體驗過自己的行為對於現實世界的影響，沒機會觀察到現實世界的反應，那麼你就會更傾向於相信一個完全主觀的宇宙，在其中每一種觀點都同樣合理。

並不是每種觀點都同樣合理，有些事情並不會因為你希望它改變結果，它就有所改變。在你據理力爭或大發雷霆下，有些社會結果可能會改變，但是物理世界不會這樣。

每一個人不論再怎麼禁錮在自己的身體中，或是具有怎樣的缺陷和力量，都有機會在這個世界體驗到物理層面的作為和反應。並不是每個人都能在山林小徑中騎自行車，但是辦得到的人就會經歷到地面上隆起的樹根、丘陵，以及重力等客觀的實際物體。光憑著你這個身軀，要如何迫使自己的思想和身體與物理現實抗衡？

想想這個：我們的眼睛產生的並不是照片般不動的靜態影像。實際上，我們的眼睛是大腦用來瞭解世界的工具。我們有完整的身體，我們的身體對於感知這個世界而言是必要的，而非大腦構思出來的結果。眼睛位在頭顱中、頭顱在脖子上，脖子之下有軀幹和腳，腳會移動，這些都是知覺的一部分。知覺就是一種行動。

因此，無論你的特定限制是什麼，你移動得越多，你對世界的感知就整合得更好，也會更加完整和準確。

移動能夠增長智慧。接觸不同的觀點、經歷和地點也是如此。我們需要表達的自由和探索的自由，因為兩者都能體現結果不確定的環境之價值。大自然仍然為我們所用。讓我們花時間身處其中，以此產生力量，同時修正我們對於自身意義的理解。

人類演化出反脆弱的特性。接觸可控制的風險、拓展自己的極限、培養對偶然和未知事物的開放胸襟，能讓我們變得更強大。對於我們的骨骼和大腦來說，都是如此。在現實世界中做一些結果無法透過協商而改變的事情，像是溜滑板、種蔬菜、登山，可以讓人改正許多誤以為成熟老練的錯誤想法，包括所有現實都是由社會建構的、情緒痛苦等同於身體痛苦、生活完全安全，或是我們能夠打造完全安全的生活等。

我們研究生的導師艾斯塔布魯克（George Estabrook）是一位數學生態學家，他花了很多年的時間，與葡萄牙山區從事傳統農業的人一起工作和生活，他在一篇論文的引言中寫道：

> 值得注意的是，人類持續用經驗主義在自然中奮力求生，產生了具生態意義的實踐，儘管這些實踐可能化為儀式，或是以看似表面或不具生態意義的方式解釋。事實上，當地農耕者的理念也能提出有用的解釋，但是那些理念和學者提出的截然不同。

關於村民賴以生存的問題，如果我們非得在村民提出的「有用解釋」和一般學者提出的「有用解釋」之間做選擇，我們肯定會選擇村民的解釋。我們在引言中談及的那位哥斯大黎加村民，要我們遠離快速上漲的河流，因此救了我們的命。他比我們這些剛出道的學者，更瞭解我們所處的環境以及如何解釋種種跡象。

你可以欺騙他人，他人也可以欺騙你，但你無法欺騙一棵樹、一台牽引機、一條電路或一片衝浪板。因此你要尋求物理現實，而不只是社會經驗。在人類之外的浩瀚宇宙中尋求回饋。當回饋出現時，注意自己的反應。現實不會受到操弄或甜言蜜語的影響，你用越多的時間去理解現實，就越不可能將自己的錯誤歸咎於他人。

千鈞一髮的好處

「如果我成功了，這是因為我的辛勞和智慧；如果我失敗了，則是因為整個系統都在整我，是我的運氣不好。」這句話都已說得那麼明白，我們很容易就看出其論點的缺陷，但是今天絕大多數成年人在日常生活中，都受到這類話語的影響。我們傾向於相信厄運而不是好運，這使得我們更難從錯誤中吸取教訓。

當我們的兒子經歷挫敗，不論是摔破玻璃杯或是在樓梯上滑倒、摔斷手臂，我們都會問他們：「你學到了什麼？」在他們「幾乎」摔破玻璃杯，或是「差一點」要從樓梯上滑倒、摔斷骨頭時，我們也會問同樣的問題，這讓他們覺得很煩。不過，現在他們已會預期我們會問這樣的問題。但是一般來說，在出狀況後提出這樣的問題，無論是孩子還是成年人都會表示難以置信。提出這樣的問題，往往會被視為指責而非同情，特別是許多人認為在事故或受傷後人們需要的是同情。然而，儘管你很希望當前的惱怒被撫平，但如果能從剛剛發生的事件中得到教訓，從而減少再次發生的機會，難道不會讓你成為一個更有生產力和更能投入的人嗎？正如我們對孩子說的，這關乎於未來。想要合理化過去發生的事，而不是從中汲取教訓並繼續前進，是在浪費時間和智力資源。

千鈞一髮的經驗是成長必經的一部分。如果你的孩子過著全然安全、完全無風險的生活，那麼你的養育過程想必很糟糕。那孩子沒能從宇宙萬物中培養出舉一反三的能力。如果您作為成年人，過著完全安全的生活，那麼你可能無法完全發揮自己的潛力。

不過，「安全」的意義是什麼？當我們考慮安全時，很容易制定一個通用規則並牢牢遵守。但是遵守規則和所有事情一樣，都是依實際狀況而定。固定的規則容易記住，但用處不大。雲霄飛車危險嗎？比較一下在迪士尼樂園等歷史悠久的主題樂園中那些會讓腎上腺素飆升的驚險遊樂設施，以及在流動樂園中臨時搭建的雲霄飛車。主題樂園一直都在，其中的遊樂設施存在已久，因此幾乎可以肯定，主題樂園中的雲霄飛車，要比四處移動的流動樂園中不斷搭建和拆除的遊樂設施來得安全。

同樣地，想一下電動工具的風險。當然，所有由電力推動的刀刃都很危險，想要安全使用就需要專注和經過練習。但如果你認為「小心，這是電動工具！」這類標語的警告程度就已足夠，那麼你可能缺乏足夠知識來確保自己的安全。想想看帶鋸、圓鋸、檯鋸和懸臂鋸，這些電鋸的危險程度依序大幅增加。若你能夠瞭解使用不同工具時的不同風險，那麼更有可能經歷差點受傷的千鈞一髮狀況，而不是失去一根手指（或更多身體部位）。

最後，比較一下在美國郊區森林、在優勝美地國家公園裡的森林，以及在亞馬遜森林中散步的風險。這三個地區的環境風險都不同。舉例來說，在郊區公園，其他人帶來的威脅要比在優勝美地來得大；而在亞馬遜和優勝美地散步，會比在郊區公園散步更容易受傷。其中，對人類健康風險最大的差別，在於國家公園距離醫療機構有段距離，而亞馬遜距離醫療機構更遠。正如我們在海外計畫之前告訴學生的：「要勇敢，但也要意識到自己的能力有限，並對自己的風險負責。在遠離醫療的地方，要用不同的計算方式評估風險。律師沒去過我們將前往的地方，因此無法確保當地環境的安全——事實上，旅途中有很多樂趣也有很多危險。」

二〇一六年，我們在厄瓜多爾進行了為期十一週的海外教學旅行。在這段期間內，我們制定了一條基本而明確的規則：**沒有人是裝在棺材裡回家的**。在那次旅行期間和旅程結束後，我們共經歷了三次千鈞一髮事件，一次是前面看到的樹木倒塌事件。幾週後在加拉巴哥斯群島，一場重大船難幾乎奪去希瑟和船長的生命，而且很可能也奪去船上另外十二人的生命，其中包括八名學生在內。希瑟在這個事件中受到很大的傷害，幾乎喪失行動能力，但她沒有喪命。我們的學生奧黛特和瑞秋也經歷了這次船難：奧黛特受了傷，瑞秋則毫髮無傷。然而在半個月後，她們又一起經歷了最後一次的千鈞一髮事件。最後這個事件更戲劇化，值得從頭到尾詳細說明，這裡只陳述一個概要。

在這期間當中，我們的三十名學生分散到各個研究點，進行為期五週的獨立研究計畫。奧黛特和瑞秋在厄瓜多爾海岸的一個田野工作站工作，某天去到最近的城鎮，與我們進行每週必要的電子郵件聯繫並慶祝瑞秋生日。她們花了一大筆錢預訂皇家酒店二樓的房間。皇家酒店是個無鋼筋磚石結構的六層建築，也是佩德納萊斯（Pedernales）最高的建築。她們看完日落後入住才沒多久，房間就開始搖晃。她倆伸手抓住彼此，一起跪在兩張堅固的單人床之間，接著整棟酒店就倒塌了，包括她們所在房間的地面和天花板。她們和堆成好幾層樓高的磚塊一下子成了自由落體。。

地震發生在二〇一六年四月十六日，強度是芮氏地震規模七．八級。厄瓜多爾海岸的許多地區都受到波及，佩德納萊斯位在震央，整個市區大部分都毀壞了。

我們在地震發生後一小時內，得知地震的發生。我們立刻確認所有學生的位置，知道只有少數學生身處危險地區。我們很快清點到所有人，除了奧黛特和瑞秋之外。我們知道她們去了一個臨海城鎮度週末，我們相信就是佩德納萊斯。厄瓜多爾沿海地區傳出的報導令人沮喪。我們和奧黛特的母親交談了數次，試圖讓她放心，也與女孩所在的田野工作站負責人交談，我們確信負責的工作人員已採取行動，正在積極尋找她們；有些工作人員也失蹤了。布萊特開始計畫返回厄瓜多爾尋找她們，希瑟則因為在船難中受傷，依然無法動彈。我們還不清楚這個舉動是否正確，但那是唯一可能的行動，我們必須知道兩個女孩是否一切無恙。

隔天下午，在經歷了二十個小時的焦急等待後，我們欣喜地收到瑞秋發來的簡短電郵。雖然攜帶的東西幾乎一個不剩，但她們都還活著。

就我們所知，奧黛特和瑞秋是皇家酒店中唯二的生還者，她們倒在正確的位置：兩張床之間，而那兩張床非常結實，足以撐住上面數個樓層的重量，所以說她們運氣很好。之後她們靠著相當程度的智慧和冷靜，度過了宛如恐怖實境秀的二十四小時。

她們埋在水泥塊和塵土之下，只有奧黛特的平板還幽幽發著光。在地震後，那台平板居然沒有受損，並讓她們很快就被搜救隊找到。餘震接踵而至，她們頭頂上的水泥板稍微移動了一下。她們聽到外界的聲音，便大聲呼喊。有三位男性聽到她們的聲音，徒手合力搬開建築殘骸，把小小的縫隙擴大到足以讓兩位女孩出來。奧黛特受了傷，但都沒有危及性命。她是個芭蕾舞者，熟悉疼痛，但這次的疼痛截然不同，讓她無法走路。又一次，瑞秋依然毫髮無損。

她們需要前往基多，但這趟旅途並不簡單。她們得到許多人的幫助，也被許多連自己都無法照顧的人忽視和拒絕。佩德納萊斯全城陷入混亂。她們看到一位婦人手上抱著斷氣的孩子。她們聽到有人謠傳海嘯就要來了。在她們出城的多次嘗試中，有一次看來很有希望，但卻在司機得知家人不幸罹難後，終以失敗告終。另一次，她們坐上一輛多功能貨車的後車廂，一名臨時醫務人員幫忙清理並縫合奧黛特腳上的長裂傷，這種傷需要後續多次手術才能痊癒，但最後她們還是沒能出城。有一次出城的車半途沒油。另一次則是不得不在一座毀壞的橋前面掉頭。她們一次又一次回到佩德納萊斯，那裡到處都是扭曲的混凝土碎塊和哭泣的人們，所有事物之上都覆蓋著細小的白色灰塵，其中有部分來自倒塌的皇家酒店。最後，她們坐上前往基多的巴士，又遇上地震造成的大規模山體滑落，幾乎堵塞了道路。當她們乘坐的巴士慢慢沿著土石邊緣駛過，大塊土石消失在下面的裂縫中。

最後她們活著抵達基多。

在這趟旅途中，沒人裝在棺材裡回家。奧黛特遭受許多身體和心理創傷，但她後來告訴我們：「這趟旅程獨一無二、精彩震撼、非比尋常。就算我提早知道那些事會發生在我身上，我依然會去。這趟旅程對我而言十分重要。」

關於公平與心智理論

許多人在成年時，並沒有活出成年人應有的樣子。我們在常青州立學院任教期間，非常喜歡這座學院，但是當學院因為一系列策略性命名為「社會正義」的行動陷入混亂時，幾乎沒有成年人挺身而出。對於世界上關注這件事的大多數人來說，這似乎是一群烏合之眾頂著大學生之名，強行接管了一所學院，這確實是故事的情節之一。然而，更準確但依然不完整的描述，應該是在幕後有些惡霸教師灌輸給學生一些概念，並接管了學院的幾個重要部門。政府官員——當事情開始失控時，依然領薪水表現得像是成年人的那些人——顯然失職了。作為成年人，在某種程度上代表了不能放棄自己的責任，特別是當別人都指望你可以承擔起責任的時候。

作為成年人，還意味著要在許多層面上進行合作。我們可能會進行親緣選擇（優先幫助親人）、直接互惠（我幫助你蓋穀倉或搬進新公寓，你日後再幫我），以及間接互惠（我公開做了一件好事，提高了我的聲譽）。當然，我們在採取行動時，很少會意識到這些理論上的考量。我們的道德就是源自這些合作形式的流動性組合，並在這基礎上擴展而來。隨著時間推移，群體內部對群體中其他成員的承諾和對群體成功的承諾，可用群體穩定性來解釋。當你所屬的群體受到威脅時，成員會團結起來，群體內的連結也會增強。然而在順境中事情變得容易推動時，群體的穩定往往會遭到破壞，先是邊緣，最終是核心。再一次，經濟市場利用人類群體的這種傾向，從而破壞了我們的自我意識和社區意識，導致人們去他處尋找這些要素；而這些要素最終能帶給人類快樂、生產力和安全感。

人類特別善於瞭解，我們對世界的看法不會受到所有人的認同；這種認識到其他人對世界有不同的理解的能力就是心智理論，我們已多次提到了。

擁有心智理論的生物體具有區分主體和客體的能力。舉例來說，在波札那（Botswana）奧卡凡哥河三角洲（Okavango Delta）的狒狒知道「牠威脅我妹妹」和「我妹妹威脅牠」之間的區別。這些狒狒發出了心智理論的第一道曙光——不只能追蹤自己的現實模型，還能追蹤其他個體的現實模型，即使後者的模型與自己不同。我們還可以推斷，可能有心智理論的動物包括了狼、大象、烏鴉和鸚鵡，依據的是牠們是否具社會性、長壽、家庭中有多代成員，以及雙親提供細心的照顧。

心智理論也提供了關於公平概念的一個潛在視角。「公平」這概念並非起源自哲學家，也不是隨著城邦或農業興起而出現的。對於狩獵採集者或我們最早的兩足步行祖先來說，這也不是什麼新鮮事。猴子會記錄什麼是公平、什麼是不公平，而且牠們對社會領域的不公平行為有著明確的看法。

卷尾猴是生活在大型社會群體中的新世界猴子，牠們被圈養時會一整天和人進行以物易物，特別是牽涉到食物時。**我給你這塊石頭，你給我吃的**。如果你把兩隻猴子放在並排的籠中，給每隻猴子一片黃瓜，以此交換牠們手上的石頭，牠們會很高興地吃黃瓜。然而，如果你改給一隻猴子葡萄（葡萄通常比黃瓜受歡迎），那隻還是收到黃瓜的猴子就會把黃瓜扔到實驗者身上。儘管牠仍然獲得了相同的「報酬」，自己的情況並沒有改變，但與其他猴子相比，牠會認為自己受到不公平的待遇。除此之外，牠現在願意放棄所得（黃瓜本身）來向實驗者表達不滿。

就像這樣，市場利用我們的公平感，讓我們誤以為其他人都在吃葡萄，而我們只能吃到黃瓜。如果其他人擁有那些更好的事物，我們為何沒有呢？我們的公平感因此失衡，總是受到其他隱形消費者的威脅——他們擁有下一個好東西，因此日子應該過得比我們好。我們仍在努力趕上鄰居，但鄰居不再是我們的鄰居了，現在他們是全球菁英的一員，我們透過螢幕看到他們的照片，當然那些照片都經過修圖軟體處理過。

作為人類，我們會測試道德水溫，而評估群體情緒及其界限的一個方法就是幽默感。幽默有助於緩解公平問題。幽默是釐清能說與不能說之間灰色地帶的機制。一個缺乏幽默感的社會和社區，或是一群沒有幽默感的人，表面之下可能潛藏著巨大問題。除此之外，試圖以非生物的方式引發笑聲（例如罐頭笑聲），是市場再次侵入我們的一個企圖，企圖摧毀我們透過共享經驗和相互理解來建立彼此聯繫的傾向。罐頭笑聲最終會讓我們變得更缺乏幽默感，並且無法與真實的人類建立聯繫。

談上癮

很多事情都有一個病理版本。但病理學和「負面影響」不同，就好比衰老是早期適應特徵的負面影響，但不是一種病症。相反地，傲慢是一種病態的自信。

在英語詞彙中，用來形容正面的癡迷還不少，像是激情、專注、驅動力等等；至於負面的癡迷、病態的癡迷，主要呈現出來的形式則是成癮。

一個人癡迷於他所癡迷的事物，跟他是不是健康沒有必然關係。你可能沉迷於某個嗜好，那可能會成為你一生最鍾愛的事情。你可能對特定品種的芒果癡迷，這可能會讓你花上比起必要時間更多的時間來尋找這品種的芒果。你可以沉迷於把牆壁漆成什麼顏色、癡迷於安排文字段落的順序，或是癡迷於是否要告訴朋友她的丈夫是個笨手笨腳的傢伙。

不健康的癡迷結果便是成癮。

一個對成癮常見的誤解是，當你使用了一種成癮性物質，你就會上癮。想一下海洛因這個例子。的確，對我們的身體添加外源性類鴉片藥物時，會導致我們體內產生內源性（身體內部自己產生的）類鴉片分子的能力降低。因此當你沒錢了、藥頭遭到逮捕或是你進入了勒戒所，使得外源性分子不復存在時，你就會覺得痛苦，因為你的身體不再有能力自己產生內源性類類鴉片分子。人們可能會得出這樣的結論：每個使用海洛因和其他外源性類鴉片物質的人都很容易上癮。

然而我們知道，大多數嘗試吸毒的人並沒有上癮。

若給大鼠一個想要時按下就會提供安非他命的桿子，當然大鼠會按下桿子。如果牠們沒有其他事情可做，牠們就會上癮。不過如果給牠們一個豐富的環境，大鼠可以做很多其他有趣的事，牠們就不會上癮。牠們會做其他對自己有益的事，而不是對安非他命上癮。事實上，也許牠們可以更不受拘束地沉迷於對健康有益的東西。

當然，解釋什麼是「有益健康」，這件事也越來越有挑戰性，在我們每一個決策當中都可見到其身影的市場力量，對此絕對沒有幫助。正如本書試圖把人類理解成一種演化現象，假設所有人類的心智都在身居幕後，對於我們認為自己擁有的選擇，進行成本效益分析——從要如何走路、與誰成為配偶，到讀什麼書，都會以增進健康為目的進行成本效益分析。即使我們的意識中有其他優先事項，但是心智軟體的目的就在於盡可能地提高我們的適應力；只不過，這些軟體越來越難以區分訊號和噪音，因為我們祖先增強適應力的方案，沒讓我們為現代世界做好充分準備。

因此在現代環境中，我們的直覺在做出增強適應力行為的評估上往往錯誤。在工業革命之前、在過度新奇事物無處不在之前，直覺在大多時刻引導我們做出正確的選擇。許多人現在能夠壓動桿子，就像大鼠取得安非他命並獲得集中爆發的快感那樣，這個狀況不僅掩蓋了快感背後的風險，也讓人更難在之後對它轉身不理。這是傻瓜愚行的另一個實例：回報掩蓋了代價。

每種藥物，或是其他潛在的成癮對象，都會產生一定程度的報酬，報酬高低則會隨其他影響因素的變化而變化。「報酬」並非二元的，不是只有好或壞兩種。報酬的效用和大小某部分取決於其他的可能性，也就是機會成本。我應該追求那個人成為我的伴侶嗎？我該抽根菸嗎？我該一口氣追完網飛最新影集嗎？我該看社交媒體嗎？除非你知道為了和他在一起、抽大麻、看節目或上網，你得放棄哪些事物，否則這都不是完整的問題；也就是說，除非你可以把做這些事花的時間和做其他事加以比較，否則成本效益的分析並不完整。

透過給大鼠豐富環境的實驗，我們看到無聊是導致成癮的原因。或者更具體來說，是不知道機會成本或混淆了機會成本。無聊實際上是「機會成本趨近於零」的同義詞——如果你相信沒有什麼其他事情可以讓你花時間去充實自己，那麼對於是否使用某種特定物品或採取特定行動的計算，就會出現偏差，特別是這種物品或行為能帶來一種充實感，即便那個充實感是虛假的。

當然，說無聊就會導致上癮或許太簡化了。有很多因素在發揮作用，像是我們祖先的環境中物資有限，並不需要對大多數物品或行為做自我調節；創傷和心理障礙兩者都會擾亂決策過程；情緒會被成癮物質和行為所控制，形成錯誤的動機結構；以及，社會壓力往往促使我們的計算轉向消費。

所有這些都是成癮方程式的一部分。有趣而可能帶來啟發性的是，之前列出的所有因素確實都扭曲了成本效益分析，並混淆我們對於機會成本的理解。把無聊想成機會成本為零，似乎是成癮故事的一條主線。

我們利用自己的弱點創造出讓人成癮的系統。社交媒體就是一個很好的例子。從後見之明來看，我們不該對自己創造了一個甚至讓其創造者本身都上癮的系統感到驚訝。未來，我們在打開潘多拉盒子時應該更加小心。我們應該創造並鼓勵在更大的社會範圍內，打造出能帶來參與、創造、發現和活動的機會，以替代導致成癮的無聊。

改正方式：如何讓自己成長

- **設定成為成年人的明確目標。**要做到這點，就要經常捫心自問本章開頭提出的問題（我對自己的行為負起責任了嗎？我的思想封閉嗎？），並盡量減少經濟市場對自己日常生活的影響。
- **要對持續告訴你該想什麼、該如何感受以及該如何行動的資訊流有所覺察。**不要讓這些資訊進入心中，不要讓它們引導你。你的內在動機結構必須是獨立而不受操縱的。這種獨立性應反過來讓你與其他同樣獨立的人展開合作。注意那些或許很友善但被資訊俘虜的人。

- **永遠不要停止學習**。尋找合作者，對競爭保持放鬆心態，並準備好在事情成真時停止。任何創新處方若其基本原理尚未闡明，或是沒有經過深思熟慮的評估，就要抱持懷疑甚至質疑的態度。
- **恢復或創造生命中的通過禮儀**。不僅要慶祝時間的流逝（生日、假期），還要慶祝發展過程中的變化。紀念畢業和婚姻、出生和死亡，也紀念職涯和工作的變化和晉升、重要分析性或創造性任務的完成，以及時代的結束（前提是識別出結束的時間點）。
- **尋求物理的現實，而不只是社會經驗**。尋求來自物理宇宙的回饋，而不僅僅是來自主觀社會層面的回饋。讓身體動起來。透過模型系統來增加自己的經驗，以瞭解事物實際的運作方式。
- **克服自己的偏見**。變化是人類的力量。不僅只是性別、種族和性取向，還有階級、神經多樣性、人格特徵。所有這些都會增加我們在地球上所能取得的成就。
- **把平等放回其原本位置**。平等應該著重於平等地評估人與人之間的差異，而不是成為推動單調統一的恐嚇工具。
- **對人微笑**。對與你同住的人、櫃檯後面的人、街上的陌生人微笑。
- **心懷感激**。

- **每天與其他人一起歡笑。**
- **放下手機**。真的沒有那麼難，放下吧。
- **為了你所愛的人事物抗爭**，而不是針對自己討厭的人事物。如果暴民襲擊你認識的人或是你的朋友，請站起來說：「不，你們錯了。」當霸凌者來時，要表現得正直勇敢。說出你知道的事實，即使這會讓你成為社會邊緣人。
- **學習如何提出有用的批評而不把人逼入絕境**。對我們的孩子來說，當他們從獨輪車上摔下或是數學考試成績不佳時，我們會告訴他們：「這不是你最好的表現。」不要假裝每個行動都值得給星星；這表示我們知道他們可以做得更好，但這次沒那麼好。
- **少計算**（**生活中的事，如卡路里**、**步數**、**分鐘**），**多做事**。
- **發展千鈞一髮的理論**。當千鈞一髮的事件出現時，為自己制定一個能夠利用來更深入瞭解自己和世界的計畫。冷靜下來，提升自我。
- **學習及早跳躍到新的成長曲線上**。每個複雜現象都會出現報酬遞減（diminishing return），所以要及早考慮學習新事物，而不是成為完美主義者，並試圖在你已經非常擅長的事情上做得更好，我們將在最後一章詳細討論這一點。

第十二章

文化與意識

當祖先的智慧耗盡時，人類會去找出打開生路的新方式。確定祖先的智慧何時會在特定領域中耗盡並不容易，堅守傳統到底的人和想要打破傳統並嘗試新方法的人之間總是關係緊張。所有運作良好的系統都需要能夠接納兩者——同時倡導文化和意識、正統和異端、神聖和巫術。

這是在十月的一個清爽夜晚，天空清朗黑暗，滿天都是星星。我們在美國西北端奧爾克斯島（Orcas Island）的湖岸上架起了營火。班上許多人都圍坐在營火邊，幾個學生帶了吉他，其中一個吹起口琴，整夜我們都有音樂相伴。有時音樂是主軸，有時音樂與我們的談話交織在一起。我們的身體逐漸溫暖起來，並分享當天的想法和記憶。我們談到這座島上的生物多樣性是否會隨著海拔高度而變化，並提及不同團體提出的研究來回答這個問題。即使我們不是從狩獵採集者的角度關心這個問題，但是數千年來住在這島上的人肯定也很關心這個問題，因為狩獵採集者（無論是不是下意識地這麼做）必定會追蹤記錄最有可能發現到食物的地方。我們談到性和毒品。我們該如何看待沒有承諾的性？如果迷幻藥的使用是人類適應的結果，那麼每個人都該使用嗎？我們還談到了保暖。

許多年來，我們都這樣圍坐在許多營火旁。希望你也這樣。

資訊時代將集體營火（隱喻上的）的承諾帶給我們，那是一種去中心化的事物，讓現實生活中從未謀面的人，能因為其他心智的存在而感到溫暖，一起分享想法和進行反思。

然而，網路世界雖然讓人期待，卻沒有形成一個結構，讓網路上的討論像圍坐營火旁討論那般具有價值。古代的營火將每個人一生贏得的聲譽，置於最顯著的核心位置。在古代的營火周圍，每個人都會根據個人的優缺點，來提高或降低自己或他人主張和建議的分量，同時也會將過往討論的歷史考慮在內。相較之下，虛擬營火是每個人都可以自由加入的；我們並不真正瞭解彼此，我們展示出來的歷史往往具有誤導性，許多使用者是匿名的，並且還有些參與者隱藏著其他動機加入討論。除此之外，還有數不清的缺點。傳統營火正在逐漸減少，而虛擬營火只會帶來新的問題；有其他方法可以讓營火再次復興嗎？我們很需要；不論是在隱喻上還是實際上的，營火都是文化和意識的交匯點，人們真誠地聚在一起學習古老的智慧，並且加以挑戰。

讓我們從定義開始。這些不完全符合其他人的定義，但是為了闡明我們將要討論的內容，在這個主題上做出清楚的定義非常重要：

我們將文化定義為一個族群成員之間共享和傳承的信念和習俗。那些信念在**字面上是通常錯誤的，但在隱喻上卻是正確的**，這意味著信念就算本身不正確或是無法證偽的，只要有一個人表現得好像那些信念是真的，那麼該信念就會對提高適應力有幫助。文化是傳播的一種特殊模式，因為它能水平傳播，使得文化演化比遺傳演化更快、更靈活。在新思想熬過時間的考驗之前，文化在短時間內會變得吵雜。相較之下，文化的長期特徵構成了經過驗證的有效模式組合。文化可以水平傳播，但其重要部分最終仍要靠一代接一代地垂直傳遞。文化是傳統智慧，通常是祖先傳給你的，並且會持續傳遞下去。

正如在本書第一章中說明的，我們把意識定義為認知內容中被打包好以利於交換的部分，這代表所謂有意識的思想，是當有人問你在想什麼時，你可以說明給他聽的想法。它是突現的認知，創新和快速的精煉在其中發生。有意識的想法有可能永遠不會傳遞出去，但它們的確可以被傳遞，而且最重要的想法都傳遞出去了，因為意識根本上來說是一個集體過程，在這過程中匯集了許多個人的見解和技能，並發現我們過去不理解的東西。意識的產物若被證明為有用，最終就會被納入到（高度可傳播的）文化中。

我們在本書前面章節曾提到，人類的生態區位就是能夠利用各種不同的生態區位。更具體來說，我們認為人類的生態區位，就是在文化和意識這兩個成對而相反的模式之間移動。

舉例來說，讓我們想一下在太平洋西北部地區生活了數千年的納茲帕西人。自他們抵達當地後，就一直居住在富饒的土地上，如今他們擁有完善的文化規則來保障種族的安全和繁榮。他們的飲食長期以來一直包含球莖（植物儲存營養的器官）在內，不過想當然爾，植物不想被吃掉。在納茲帕西人居住的這片土地上生長著霞花（camas，其球莖很有營養）和死亡霞花（death camas，球莖則有毒）兩種植物。在沒開花時，這兩種球莖很難區分。納茲帕西人可能不是最早抵達這片土地的人，而是另有其人，可是第一批人顯然沒從這個名字明確標示出危險的植物身上得到好處。納茲帕西人大概是透過試誤學到了兩者的區別，那可能是個混亂悲慘的過程。但到了十九世紀，當西班牙人記錄他們在納茲帕西人當中的見聞時，區分營養霞花和有毒霞花的系統已幾近完美。這就是文化。

當人類利用已充分瞭解的機遇，就像十九世紀的納茲帕西人懂得分辨霞花和死亡霞花那樣，文化就成了王道。但是當新奇事物出現而祖先的智慧不足以應付時，就像更古老的納茲帕西人祖先剛抵達太平洋西北地區時那樣，就需要轉而運用意識。透過多個人類心智的平行處理，我們的意識變成了共同體，可以解決作為個體無法解決的問題，甚至能解決祖先無法想像的問題。

換一種方式說明，就是：

> 在穩定的時期，當傳承得來的智慧能讓個體繁榮並在相對同質的環境中散播時，**文化就會占據主導地位**。
>
> 但在拓展新領域的時代中，創新、詮釋和新思想的交流變得至關緊要時，**意識就會占主導地位**。

也就是說，我們今日所經歷的新奇程度是一種特殊的危險。這意味著，我們今天迫切需要意識的程度是前所未有的。

其他動物的意識

在其他動物中，當有社會性且具通才能力的物種分布的地理範圍廣泛時，個體往往會成為解決問題的專家，並與同種個體共享自己的見解。對人類來說如此，對所有其他常見的通才動物（狼和海豚，烏鴉和狒狒等）來說也是如此。我們可以說，這些動物具有某種形式的意識。

然而，我們會說樹蛙、章魚和鮭魚沒有意識。這三類動物在生活史和智力方面的差異很大——章魚的聰明是出了名的，非常擅長解決難題。樹蛙和鮭魚雖然也很迷人，但不具備章魚那樣的認知能力。所有這些動物的共同點都是不具社會性。

美國密西根州早春的夜晚，一座池塘上聚集了大批的三鋸擬蝗蛙（Pseudacris triseriata），雖然鳴叫聲很大，但牠們並非一個社會群體。蛙類聚在一起交配，一旦交配完成就會彼此分離，彼此再也不會互動。三鋸擬蝗蛙的父母甚至未曾見過自己的後代。同樣地，鮭魚會成群結隊地逆流而上，有很多時間靠近彼此，以爭奪最好的築巢地點。但是聚在一起，並不等同於社會性。

這是捷運車廂上的人（聚集在你周圍的人）和與你共用房子的人（在大多數情況下與你有社交互動的人）的不同之處。不過這個例子有點瑕疵，因為身為人類，我們確實會注意到並記住車廂中的某些人，特別是你每天都會見到的人，或是即使從未交談卻覺得很有趣的人。聚集只是空間上的接近。從功能上來看，捷運車廂是人類的聚集地，也帶給我們社會接觸的機會，部分原因在於我們總是在尋找社交機會。然而，無論通勤時間有多長，一列載滿樹蛙的車廂不會變成社交場所。

相較之下，奧卡凡哥河三角洲聚在一起的狒狒，就有能力持久地進行社交。牠們內部存在多種階級制度，因此可以預測誰能先吃東西，誰的子孫會繁盛。狒狒不僅認識個體，還認識個體之間的關係。牠們的文化正在演化，就跟我們一樣。

社會性牽涉到對於個人的識別、對於整個社會命運的追蹤，以及個體之間至少看起來能夠持續到未來的反覆互動。

在祖先智慧的邊界創新

在人類於新大陸散播的過程中，在哪些時候依靠意識會比依靠文化更有效率？文化的規則在什麼情況下更值得信賴？

當納茲帕西人或他們的祖先踏入生長著霞花和死亡霞花的那片土地時，他們在越來越陌生的環境中尋找食物。他們認識的主食是那些在他們文化中備受信賴的食物。隨著熟悉的食物越來越難取得，創新變得越發必要。他們已經達到祖先智慧的極限，眼前面臨一個難題，而解決這難題的最佳工具就是意識。

當人們在空間中移動時，由於祖先的智慧變得不再適用，就會更容易注意到這點。然而，長輩們可能並不承認他們的智慧已經過時（我們都會這樣），但年輕人注意到了。毫不意外地，在變革時代成長起來的人會突破界限，而且語言和規範會隨著每一代人的發展而改變。在歷史中，因為祖先智慧的有效期間，通常長到足以讓新的一代在時代中站穩腳步（就像我們現在的世界這樣），因此就更難知道該如何處理日益無關緊要的祖先智慧，以及該用什麼來取而代之。祖先智慧適用的邊界很少一成不變，無論那些邊界位在何處，都是該進行生態區位轉換的時候了。

考慮一下人類過往學習和進行創新時有三種情境。第一種是全新想法的湧現：想法往往不由自主地浮現在腦海中，不需任何解釋。最早的馬雅人、美索不達米亞人和中國人發明農業就是如此。同樣的狀況還有輪子、冶金、陶器的發明。在那些事物出現之前，沒有人知道它們會出現。

創新發生的第二種情況，是你知道某件事有可能，因為它已出現過，但你不知道該如何實現它；萊特兄弟看到其他生物會飛，並且相信機器可以實現這個目標就是一例。最後的第三種情況是，你可能得到了指引知道該朝什麼方向努力，並且有人或是有規則或指示告訴你該如何做。在學校教育和 YouTube 分享影片之間，我們常誤以為第三種情況是唯一的學習方式。第三種學習是最具有文化特性的；是對公認智慧的學習。相對地，在前兩種情況中，人類是最有意識的，因此也最有創意。

當現狀不再讓人滿足，我們就必須尋求創新而且超越以往的做法。現狀與我們獨特的見解之間本質上存在著張力。我們在晚上產生的想法通常是綜合性的，反映了將共同線索整合到不尋常含義的過程。

順從

一九五一年，社會心理學家艾許（Solomon Asch）問道：社會力量在多大程度上改變了人們的觀點？就像狒狒一樣，我們肯定知道其他人的想法，但知道別人的想法在多大程度上會改變我們的看法呢？

在現今公認為經典的從眾實驗（experiment on conformity）中，艾許向人們提出一個簡單而實際的問題：在他們看到的三條線中，哪一條與第四條線的長度相同？問題不難，答案也很明確。然而把一個不明真相的受試者關在一個裡面有幾個「暗樁」的房間中，當所有暗樁全都回答相同的錯誤答案時，只有四分之一的受試者挺得住社會壓力，回答出正確答案。絕大多數受試者則會屈服於社會壓力（不過有一小部分參與者每一次都會給出錯誤答案）。

與許多經典的心理學實驗不同，艾許的實驗通過了時間的考驗。這個實驗能在各種不同條件下重現結果。自艾許在二十世紀中葉首次展開研究以來，數十年間研究者有了更多發現。一些研究發現，女性的從眾程度高於男性（這與女性「隨和」的程度有關）。從眾與否也受時間和地點的影響，而且就像大多數的人性特徵一樣，不能簡單說從眾就一定比不從眾更糟或更好。

面對明顯的不一致，從眾與不從眾之間有著緊張關係。這種張力是人類隱藏的力量，是智慧和創新、文化和意識之間的拉扯造成的。

就物種層次來說，人類是通才，但在個體層面上來說卻是專家。在歷史中，人類的社會群體把各種力量結合在一起，在這樣的群體中，許多擁有各個不同技能的人創造了新興的整體，即使群體中所有成員都是專家，但群體卻顯現出通才的能力。不過，現在是該要創新的時候了，因為變革的腳步正在加快，現有的文化智慧並不足以應付。當個體本身變得更趨近於通才，例如學習不同跨領域的技能，而不是只深入鑽研特定領域，將有助於實現這個目標。

瞭解群體的想法很重要，但這並不等於相信或強化群體的想法。特別是在一個快速變化的時代，願意發出與眾不同的聲音很重要。要做一個永遠不會為了融入人群而遵守明顯錯誤言論的人，要做一個反艾許實驗的人。

字面上錯誤但隱喻上正確

文化信仰通常在字面上是錯誤的，但在隱喻上是正確的。

想想瓜地馬拉高原地區的農民，他們有一個悠久傳統是只在滿月時種植和收穫農作物。他們說這樣可以讓植物生長得更強壯，並且抵抗昆蟲的傷害。月相變化有保護農作物健康的能力嗎？大概沒有。但月相可以讓農民同步。滿月實際上是高掛天上的巨大時鐘，是該地區每個人都可以看到的計時器。如果該地區所有農民都相信滿月對自己的農作物有正面影響，他們可能會只在滿月時進行種植和收穫——事實上，這將讓所有人的農作物都受益，但並非出於農民相信的理由。人們相信月球的力量能夠直接影響農作物，但實際上是因為在短時間內集中收穫農作物，會讓掠食者無法吃掉每個農民種下的所有農作物。

我們很容易就駁斥古老的神話和信仰，只因為它們在文意上錯誤。確實，對於理智的人來說，駁斥古老的神話和信仰就像是做腦力運動一樣。以占星術為例，顯然我們無法想像所看到的恆星（其中許多在數千光年外）會對人類行為產生直接影響。同樣地，我們也沒理由相信憤怒的眾神是海嘯發生的原因，但在莫肯人當中，信仰那些神明的人比起不信的人，在海嘯發生時的生存率更高。相信滿月可以保護作物健康肯定沒道理，但在瓜地馬拉農民當中，正是這種信念提高了農業的產量。

在每種情況下，信念在字面上是錯誤的，但在隱喻上是正確的。

這意味著儘管虛假的故事並不真實，但當人們表現得像是真的一樣，這些故事就會繁榮昌盛。宗教和其他信仰就是靠這個道理傳播的。即使這些事在字面上不真，卻表現得好像對人們有利；有時甚至對信仰者生活的土地上的生物多樣性和永續性有利。

在現代，八卦報紙上刊登的占星學都只是胡說八道，但歷史上，占星術可能並非在任何地方都被這樣看待。如果，只是如果，你能控制人們的出生地，那麼他們在一年中出生的月份是否會影響他們日後的發展，從而影響他們的未來？占星術記號不正是古代一套記錄月份的方式嗎？如果以這種方式看待占星學，而不是將它視為讓一個人與自己出生背景和歷史脫鉤的現代自溺活動，那麼看起來是不是大有可為？美國明尼蘇達州冬季的新生兒，是否與該州夏季的新生兒接觸到相同的病原體和活動？當然不是。

的確已經有很多研究證實了這個想法。研究人員梳理紐約長老教會與哥倫比亞大學醫學中心的一百七十五萬多條紀錄，取得出生在一九〇〇年至二〇〇〇年間人們的數據，發現出生月份和超過五十五種影響壽命長短的病症之間有明顯關聯，受影響的系統從心血管系統到呼吸系統，再從神經系統到感覺系統。這類終身醫療風險的數量和嚴重程度會隨出生月份而變化，應該足以讓思慮周全的人重新考慮是否要完全駁斥審慎的占星學思維。

假如出生月份不同會讓疾病風險存在著明顯差異，那我們為何認為在性格上就沒有差異呢？順帶一提：這種取徑的占星學有個預測結果是，如果你同時考慮出生地和日期，那麼越接近赤道，占星學預測終生疾病風險的能力就越弱，因為溫帶季節變化的程度要超過赤道地區。另一個預測結果是，一個人小時候走動得越多，占星術對他們的預測能力就越弱（如果不包括出生地，占星術根本沒有預測能力）。

所有這些幫助你生存和發展的「認知扭曲」都是適應的結果。神話和禁忌對外人來說往往毫無意義，其中一些肯定會造成誤導，甚至對尊重它們的人造成反效果。但有些精確到令人驚訝的禁忌，可能是對真實事件的過度概括，例如在巴西亞馬遜地區的卡馬尤拉人（Camayura，常用的拼法是 Kamayura），禁止孕婦及其丈夫食用無鱗魚。很可能在很久以前，一名婦女和她未出世的孩子，或是她的整個家族，在吃一條無鱗魚後，可怕的命運降臨了；而魚是唯一有效的解釋。同樣地，在馬達加斯加高原的村落瑪哈欽翰（Mahatsinjo），也有禁止食用鵜鶘近親錘頭鸛（hamerkop）的禁忌。這個禁忌出自村民在一名男子死亡時看見一隻錘頭鸛飛過。在馬達加斯加的其他地方，年輕人在求愛之前吃羊肉是種禁忌，孕婦吃刺猬肉和走過南瓜田是禁忌，兒子把家建在父親房屋北邊或東邊是禁忌。對於我們西方社會的人來說，那些似乎完全是迷信。

在馬達加斯加語中，禁忌一詞稱為 fady，有著複雜的含義。在馬達加斯加東北地區人民的語言貝齊米薩拉卡語（Betsimisaraka）中，fady 同時包括「禁忌」和「神聖」的意義。fady 是由祖先規定的，包括你不能做和必須做這兩類事情。

儘管有前面的例子，但有許多信仰、神話和禁忌在字面上是錯誤的，但在隱喻上是正確的。馬達加斯加的 fady 披著諸神和祖先語言的外衣，但如果你簡單查看一下禁止的項目，很容易就會發現其中蘊含了許多智慧：不要在剛發生山崩的地方或是面對剛發生山崩的地方建造房屋。不要踩到死狗，因為你可能會患上恐水症（即狂犬病）。不要在妻子懷孕期間與她離婚。我們有理由預測，那些存在時間最長的禁忌，很可能在表象下隱藏著重要的文化真理。請當心 fady 中的卻斯特頓之欄：舊觀念可能隱藏著真理，而這些真理一旦被排除，就很難再次恢復。

喬瑟夫．坎伯（Joseph Campbell）指出：「神話是生物學的一種功能。」他是對的。作為一種演化而來的生物，你生來就是為了要成功，有時這需要給自己講個故事。如果你發現你的木筏即將被沖到危險高聳的瀑布頂部，你下秒鐘就要死了。此時若你相信不遠處就有岸邊而拼命划槳，就有可能活命。那些因勝算渺茫而洩氣的人，則會消失得無影無蹤。信仰可能攸關生死。

宗教與儀式

所有文化都有儀式。死亡儀式在每個文化中都存在，出生儀式亦然。有些儀式是慶祝人生不同階段，像是新生、成年、結婚的通過儀式。有些儀式或傳統會不斷重複，像是慶祝一年中第一次的播種、收穫，以及諸如冬夏至和春秋分之類的天文事件。隨著我們生活所在的群體越來越大，日常生活中越來越不認識其他成員，固定假期以及隨之而來的共同文化規範，有助於我們保持同步，表現得好像我們實際上屬於比自己更大的事物。儀式本身不具宗教性，但有很強的宗教傾向，通常包括食物、音樂和舞蹈。

進行儀式和宗教活動顯然代價高昂。大多數文化不僅花費大量資源和時間在建築與儀式上，只為了討好麻木不仁的宇宙，宗教還耗費大量社會資本告訴信徒哪些事情不可以做。如果說有什麼能讓進行宗教的費用相形見絀的，那就是宗教的機會成本。如果宗教的確是不良的適應結果，那麼其巨大代價將是養成信徒的脆弱性，而無神論者就應該會取代信徒成為歷史的常態。如果宗教信仰沒有適應性利益，那麼歷史上每個族群的偉大領袖都會說：「你們必須做的事是努力工作，別聽信他們的胡言亂語，他們的土地將會是你的。」但我們發現結果不是這樣，而是偉大的領袖會談論上帝和祂的怪癖、偏好以及對人類的計畫。這是為什麼？

宗教信仰是適應的結果，道德化的神雖然不是社會複雜性演化的先決條件，然而一旦被打造出來，似乎有助於多民族帝國的維持。作為現代人，我們常渴望擺脫過往的靈性和宗教束縛，但要小心卻斯特頓之神。宗教有效囊括了過去的智慧，將它包裹在直觀、具啟發性且難以逃脫的包裝中。

性、毒品、搖滾樂：神聖與巫術

文化與意識之間的緊張關係，就像神聖與巫術之間存在著緊張關係一樣。神聖之於文化，正如巫術之於意識。

神聖具現了公認的宗教智慧，是特定宗教傳統的必要條件，它通過了時間考驗，並且證明對祖先而言足夠有價值的事物，可以作為神聖之物一代代傳承下去。神聖的事物突變率較低，很少變化，而且對於變化具有很強的抵抗力；因為它本來就是為了永恆的世界而構建的。神聖的事物受到保護，免於腐敗（或者至少應該如此），並且通常隔絕於世俗權力、財富和生殖等事物的墮落影響之外。神聖的正統觀念與巫術的異端觀念，始終處於緊張狀態。

巫術是高風險、高創造力的，突變率很高，因此錯誤率也很高。巫術會探索大量的新思想，但其中大部分都很糟。巫術挑戰了正統觀念，即所謂的神聖觀念。事實上，巫術要求去探索和操弄文化規範，並以多種方式進行，例如藉由做夢、恍惚以及使用致幻劑來改變意識的狀態。

通過致幻劑來擴大意識是一種普遍現象。墨西哥中部惠喬爾族（Huichol）的祖先，至少在一萬五千年前就來到這片土地上。每年，都會有一小群人橫跨數百里的崎嶇道路進行朝聖之旅，尋找儀式時服用的仙人掌。每個惠喬爾人都希望一生中至少從事一次朝聖之旅。在墨西哥西北部的塔拉烏馬拉族（Tarahumara）中，巫師會服下幾種致幻劑，以此尋找帶來疾病的邪惡之物。塔拉烏馬拉族的長跑者也是如此，兩者都會利用藥物來驅逐邪惡，找尋力量。幾乎所有已知的文化都會使用某種東西（無論這東西是否為嚴格意義上的致幻劑），讓人脫離正常的日常體驗，並允許出現不同的觀點。這是意識的革命性文化。

當祖先的智慧耗盡時，人類會匯集不同的經驗和專業知識，去找出打開生路的新方式。確定祖先的智慧何時會在特定領域中耗盡並不容易，堅守傳統到底的人和想要打破傳統並嘗試新方法的人之間總是關係緊張。所有運作良好的系統都需要能夠接納兩者——同時倡導文化和意識、正統和異端、神聖和巫術。

改正方式

- **更常圍坐在營火旁。**
- **尊重或創造重複出現的儀式**，那些每年、每季、每週甚至每天重複出現的儀式。儀式可能源自祖先和宗教（例如紀念安息日或四旬齋，那是讓自己處於選擇性匱乏和社群中的時間），或者有天文學上的意義（例如知曉和慶祝冬夏至和春秋分），或者為你和你的親人創造一些全新的儀式。
- **做一個不從眾的人。**

- **教導孩子啟動自己的意識來完成計畫**。我們前面提到的文化與意識間的緊張關係，在孩子的發展過程中也有類似的狀況。一味地向孩子灌輸過往的文化規範，以此教導孩子如何成為成年人，是行不通的。在一個過度新奇的世界中，文化中的許多方面變得不再重要，意識是必然不可少的。
- **若你對迷幻藥有任何好奇，請小心使用**。迷幻藥如今在某些地方是合法的，但請把它們想成強大的認知工具來使用，而不是當成一種娛樂。不過，這並不意味著你不能享受其中的樂趣。

第十三章

第四疆界

以為成長就像是個東西，只要追逐就能抓到，是愚蠢的行為。期望能夠永久成長在許多方面來說，與追求永久的幸福很相似，都是通往龐大痛苦的道路。我們執著於成長及其創造出的經濟思維，催生了一個以生產率為基準的社會，人們認為消費越多越好。

人類能夠理解過去，並想像未來。在這方面，我們得益於大得出奇的額葉以及其他人的幫助。人類孩子的好奇心很強烈，他們從成年人、從彼此、從環境以及從經驗中學習。我們凝聚成一個大群體，幾代人共同工作和生活。我們使用語言、經歷更年期、哀悼死者，並舉辦儀式來紀念各種事件和季節。我們利用大地、海洋和天空的資源來實現自己的目的。我們馴化其他生物是為了取得食物和衣物、利用牠們的勞動力和運輸力，並得到牠們的保護和友誼。我們訴說故事，包括真正的事實和虛構的傳說。我們解開宇宙的許多祕密，把自己從創造人類的自然秩序中解放出來。

但人類的許多優點同時也是隱密的弱點。人類大尺寸的腦部很容易出現混亂和錯誤的連接。人類的孩子剛生下時無法自力更生，依賴父母的時間長到非比尋常。人類語言複雜的多樣性嚴重限制了可交談的對象。即使我們雙足的步行方式對於我們在地面上移動和搬運東西非常重要，但在分娩時卻為母親和嬰兒帶來風險，並且確實導致了背痛。我們蜚短流長、多愁善感而且迷信。我們為虛構的神明建造奢華的紀念碑。我們傲慢而困惑，經常把不可能發生的事情誤以為一定會發生，卻又低估了巨大而明顯的危險。在每件事情上，我們都會權衡得失。

生物總是在尋找新的機會並加以利用。成功運用新機會，能夠暫時提高在某個棲地生存的個體數量，從而打造出資源相對充裕的時期，使得出生人數超過死亡人數，而提升了族群人口的乘載量。「豐年」就是經濟成長。當出生人數和死亡人數再次相同、秩序再次恢復時，就達到了平衡狀態，此時生活再一次變得艱難。成長的感覺很好，所以我們對於成長如此執著也就不足為奇了。沉迷於成長是適應的結果，或者至少到現在為止都是如此。

我們對成長的執著造成了兩個問題。首先，我們已說服自己，成長是常態，並且合理地期望成長一直持續下去。這個想法顯然很荒謬——就像尋找永動機一樣，儘管充滿了希望卻也充滿欺騙，導致我們停止尋找其他可能性。雖然這種期望大幅降低了我們錯失成長機會的可能性，卻也阻止我們認識和追求更永續的其他選擇。其次，由於我們認為成長是正常而非異常，便有可能做出造成破壞的行為，以滿足我們對於成長的耽溺。

有時候我們會編造藉口，從那些沒辦法保護自己資源的族群那邊掠奪資源，這種做法違反了我們既定的價值觀。其他時候我們讓世界變得越來越糟，並且為了實現當前的擴張，而把衰退（成長的反面）加諸在後代身上。前一種情況造成歷史上許多最嚴重的暴行，後者則讓身於現代的我們目睹地球上的美好事物在我們眼前消失。「成長重於一切」（Growth uber alles）的信條帶來了災難。

人類繁衍於地球上幾乎每一個陸上棲地。我們是個通才的物種，同時擁有許多高度專業化的個體。我們已經改變並適應了地球上幾乎所有環境，而這代表一次次地與疆界互動。在此，我們會描述過三種歷史疆界：地理疆界、技術疆界和資源轉移疆界；接著就會提出第四種疆界。

提到疆界，我們往往會想到地理疆界：廣闊的、未遭破壞的風景，豐富又數不清的資源。整個新世界（北美洲、南美洲、加勒比海和海岸附近的島嶼）對白令亞陸人來說，都是廣闊的地理疆界。新世界的疆界是破碎的，因此第一批美洲人的後代發現了更多疆界：對於阿瓦尼奇印第安人（Ahwahneechee Indian）來說，優勝美地山谷是地理疆界。對泰諾人（Taino）來說，加勒比海是地理疆界。對於智利南部的瑟爾科南人（Selk'nam）來說，火地島是地理疆界。

技術疆界指的是藉由創新，人類比起創新發生之前製作更多、做得更多或成長更多的時刻。從位於安地斯山脈的印加人，到馬達加斯加高原的上的馬拉加西人（Malagasy），每個擁有梯田的文化在當時都突破了技術疆界，透過梯田減少逕流並增加農作物的產量。中國、美索不達米亞和中美洲的第一批農民也是如此，第一批陶藝家（挖黏土，把黏土塑造成有用的形狀，然後用煤炭燒製），也是如此。

最後，還有資源轉移疆界。與地理和技術疆界不同，資源轉移疆界本質上是一種盜竊形式。來自舊大陸的人跨越大西洋、登上新大陸，一開始可能以為自己偶然發現了廣闊的地理疆界，但事實上並非如此。一四九一年，新世界的土地上估計有五千萬到一億人，文化多源、語言多樣。有些人住在城邦，生活在天文學家、工匠和文書人員之中；其他人則是狩獵採集者。對皮薩羅（Francisco Pizarro）來說，印加帝國是資源轉移疆界。對於十九世紀末推動亞馬遜流域西部橡膠繁榮的人來說，扎帕羅人（Zaparo）的領土是資源轉移的前沿地帶。一旦扎帕羅人衰弱了，他們一直以來的競爭對手瓦奧拉尼人（Huaorani）便趁隙而入。在現代，資源轉移疆界無所不在：在祖傳的土地上鑽探石油、液壓油頁岩、砍伐森林；掠奪性貸款（例如次級信貸和大量學生債務）；納粹大屠殺。資源疆界轉移的其中一種特徵就是暴政。

地理疆界代表發現到人類迄今為止未知的資源。地理疆界本質上是零和遊戲，因為我們這個星球的空間是有限的，而終將被全部發現。技術疆界是透過人類的聰明才智來創造資源；技術疆界是暫時是非零和的，具體來說是正和的（positive-sum），而且似乎是一種永久狀態。但是，技術疆界有其物理限制：例如單一電子是電晶體從一種狀態翻轉成另一種狀態的理論最小值。資源轉移疆界是從其他族群竊取資源。與所有疆界一樣，資源轉移疆界最終也是零和的。盜竊也有其限度；即使是小偷，也必須遵守物理定律。

那麼，除了繼續尋求新疆界和持續成長之外，我們還有其他選擇嗎？如果我們的這種耽溺，只是一種所有物種的共有特徵在人類身上出現的特定模式，我們難道就注定沿著這條破壞性的道路走到盡頭嗎？

我們寫這本書的一個原因，就在於相信這問題的答案是否定的。

人類耽溺於成長，因為這樣人口才能不斷增長。不出意外的話，人口在滅絕之前還會維持很長一段時間。但若人口成長所依賴的資源是有限或脆弱的，人口眾多就可能造成危害。在這種情況下，適度是關鍵。但只有當人類的成長欲望（個人對成長的看法）持續獲得滿足時，我們才會考慮適度。

我們已幾乎不再有地理疆界了。技術疆界則時而令人目眩神迷，時而令人失望，同時伴隨著風險（留意卻斯特頓之欄），而且最終會受限於可用資源。資源轉移疆界違反道德且破壞穩定。那麼，我們該怎麼辦？到哪兒去尋找救贖？簡單來說，答案就是意識。意識可指明通往第四疆域的道路。

再說一次：人類的生態區位，就在於我們可以轉換生態區位，而意識就是通往新奇的答案。在事事有限的星球上永續生活十分艱難，但我們可以而且必須找到存續的方法。我們別無選擇。這些新奇問題需要人類的迫切關注，但那並不是憑著個人的善意或努力就能解決。

我們現代人已對我們自身的存續造成威脅。人類生來就知道如何在不同的存在模式之間轉換。現在是時候提高集體意識並設計一種擺脫困境的原型了。

我們正面臨一些重大的阻礙。與其他生物一樣，人類耽溺於成長，而且在追求成長的過程中有可能把自己推向滅絕的深淵。儘管我們必須接受平衡在邏輯上顯而易見，但我們並不是生來就滿足於平衡，因為在過去數十億年中，不滿足一直是個很好的策略。

個人在性格方面的某個特徵，對於找到第四疆界而言十分重要；換句話說，這種特徵的適應性山麓也許會帶我們找到整個社會的解決方案，那就是「工藝的自豪感」。一位對自己作品的品質和耐用性感到自豪的工匠，展現出某部分的第四疆界心態；在這種心理狀態中，產品的使用年限和功能一樣重要。地方工匠製作的桌子或櫥櫃之所以受人喜愛，不僅因為它們比從宜家家居購買的組合家具更漂亮，還因為人們可以將這樣一件受到喜愛且實用的物件傳承給自己的孩子、親戚或朋友。同樣地，我們也希望傳承給下一代的，是一個可愛且實用的世界。

第四疆界是一個框架，我們可藉由演化工具箱來理解。這不只是一項政策建議，透過第四疆界我們可以設計一個無限期的穩定狀態，讓人們覺得自己活在一個永久增長的時期，但這狀態遵守支配我們宇宙的物理定律和賽局理論。你可以把它想像成空調系統，當戶外世界在令人不適的極端冷熱間來回變化時，室溫依然可以保持在宜人的春天狀態。為人類設計一個無限期的平衡並不容易，但勢在必行。

文明的衰老

我們正走向崩潰，而我們的文明變得越來越混亂。在生物體中，我們知道是拮抗基因多效性（antagonistic pleiotropy）導致了老化（隨年齡增長變得虛弱的趨勢）——亦即天擇有個傾向，會挑選出為個體早年生活帶來好處但卻以晚年健康為代價的遺傳特徵。這種願意在晚年接受傷害的狀況之所以出現，是因為天擇清楚看到哪些特徵會為生命早期帶來好處，因為個體通常會在相關危害完全顯現之前繁殖和死亡。

對於文明的老化，我們也有類似的論點。我們的經濟和政治制度，加上當下對於成長的渴望，讓我們實施的政策和行為乍看之下並不瘋狂，一點也不，但事實往往證明不僅對人類和整個星球不利，而且當我們意識到自己的所作所為時，情況往往已無法挽回。我們正生活在傻瓜愚行的不幸現實中。再次強調，專注於短期利益的趨勢，不僅掩蓋了風險和長期代價，而且即使在淨利益是負的情況下，也能會讓人們接受。

當方正的木材開始生產時，看起來確實像是天大的好消息。誰能料到生活在一個滿是木工製品的世界真的改變了我們的視覺？第一次有人把分餾油放入引擎並讓引擎運轉時，若你說這樣做不應該，其他人可能覺得你很瘋了。即使是看似純粹的物品，通常也存在風險：能在不打擾他人的情況下聽音樂，是項重大突破；然而正如我們現在所知，使用耳機（更糟的是使用耳塞耳機）聽音樂，音量很容易大到損害聽力。我們「想要」而且市場也樂於給予我們的，是短期的滿足感，卻很少考慮到長期來說什麼對我們最好。不受監管的市場往往體現了自然主義的謬誤——誤以為自然「是什麼」就「應該是什麼」。當這種不受監管的市場主導我們的選擇時，我們就會直接陷入自然主義的謬誤——僅僅因為你可以，並不代表你就應該這樣做。

不受監管的市場所帶來的問題，還因為人類已完全適應彼此操控而變得更複雜。這種適應已進入普遍匿名的過度新奇領域。從歷史上看，生活在彼此相互依存的小群體中，操控他人的行為會受到控制；在過往，人類共享的命運讓我們保持一致的規則；欺騙與你命運密切相關的人通常是個糟糕的主意。而現在，這樣做的人很快就會獲得名聲。如今我們不再生活在彼此相互依存的小型社群，我們最依賴的關鍵系統有許多是全球性的，參與者幾乎都是匿名的。由於這種匿名性以及共同命運感的喪失，惡意的市場力量很大程度上就是這種操縱的表現。

面對這些對人類不利的狀況，我們該如何前進呢？正如我們所知，文明會走向衰老，因為那些讓人類成功的文明最終會毀滅人類。簡單來說，答案就是有意識地建立抵抗老化的系統。這樣做當然很複雜，但有一些想法能夠幫助我們開始。

建立抗衰老系統的關鍵是：

- **不過分強調單一價值**。從數學上來看，如果試圖最佳化任何單一價值，無論是多高尚的價值觀，例如自由或正義、減少無家可歸者，還是改善教育機會等，都有可能讓其他價值崩潰。當正義最大化時，人們就會挨餓。儘管每個人都挨餓看似公平，但這樣做得不償失。
- **為系統建立一個原型**。之後繼續建構更多原型。不要認為一開始就能知道系統最後會是什麼樣子。
- **認識到第四疆界本質上是種穩定的狀態，並且狀態的特徵是由我們來定義**。我們應該努力創建這樣一個系統：
  - 讓人獲得解放（亦即讓人們自由去做有價值、有趣又超棒的事），
  - 具有反脆弱性，
  - 能夠抗拒占有欲，以及
  - 無法演變成背離核心價值的東西。用演化的術語來說，我們需要的是一個在演化上穩定的策略，一種競爭對手無法入侵的策略。

馬雅人

從很多方面來說，我們現在面臨的問題，人類過往也曾遭遇過。人類歷史上的每一種文化都涉及合作和競爭，而我們的所行所為既讓身為人類的我們感到自豪，也讓我們羞愧。光榮的壯舉和可怕的惡行都十分普遍。

回顧歷史，我們有責任認識到這個事實，也認識到我們祖先獲取的事物（合法的，以及更多是非法的），為我們提供了不是我們自己掙來的優勢。然而，我們不該屈從於這些歷史。

歐洲人確實以殘酷卑鄙的方式從美洲原住民手中竊取了土地。因此，被征服的美洲原住民在新大陸上有著戰爭和征服的歷史，而他們彼此之間也會互相奪取土地。當然，這一切都不是新鮮事：幾千年前，當他們穿越白令陸橋時，就把這些東西帶到新大陸。

我們要小心，不要將任何人或時代浪漫化。相反地，讓我們從整體上來理解人性，並努力為每個人提供平等的機會。

在本書中，我們分享了一個演化工具組，用它來理解人類的狀況，而不是為人類的現況辯護。忽視我們的本性——從某種意義上說是野蠻的猿類——對我們沒有好處；誤以為殘忍的猿類是我們唯一的本性，對我們也沒有好處；因為我們同時也是心地慷慨、願意合作並且充滿愛的人。我們帶著演化的包袱以及智力上的混亂來到二十一世紀。為了減少混亂，讓我們好好瞭解這些包袱，並提高朝著人類最大繁榮前進的可能性。

為了幫助實現這一目標，讓我們想一下馬雅人。

馬雅人在中美洲繁榮了二千五百年，熬過了乾旱、敵人以及其他令人厭惡的極端情況。在現今古老的馬雅城邦遺址中——不只包括蒂卡爾，還包括艾克巴蘭姆（Ek' Balam）、查丘班（Chacchoben）以及其他地點——石頭金字塔和寺廟依然聳立於樹頂上方。森林的地面上，古建築與古建築之間以小徑連接，刺鼠、蜥蜴以及偶爾出現的豹貓（ocelot）也到處出沒。更堅固的道路、石頭路（sacbe）連結著城邦。早在羅馬帝國存在之前，大多數馬雅城邦就已經擁有相當規模的政治、經濟和文化力量。馬雅人和羅馬人完全不知道彼此的存在，在第一個千禧年初期，兩者同時處於鼎盛時期；但到了第二個千禧年初期，兩者都已明顯衰落。

早在歐洲啟蒙運動之前，馬雅人就有了自己的啟蒙運動。我們永遠不知道其範圍有多廣，因為他們的書籍絕大多數都被歐洲人給摧毀了。

馬雅文明在猶加敦半島廣泛傳播，向南延伸到現代的貝里吉和瓜地馬拉，幾乎快深入到宏都拉斯。二千五百年來，馬雅人在這些土地區上占據主導地位，但那並非一種大一統狀態。馬雅人的成就隨時間和空間的推移多次經歷興衰。許多城邦崩潰，乾旱導致肥沃土地遭到遺棄，雖然某些地區重新有馬雅人居住，但很多地方永遠廢棄了。

馬雅人是密集農耕者，雖然在貧瘠的熱帶土壤上耕種，但憑藉著成功的土地管理，他們在相當長的時間內成功保持土壤的肥沃。為了利用廣泛存在該地區無所不在的丘陵斜坡，他們至少發展出六種梯田系統。他們也修建水庫等複雜系統儲水，以應付每年的旱季，以及較難預測、更長的乾旱期。然而在他們砍伐森林的區域，土地普遍退化，土壤品質下降，這也是事實。

在西班牙人前往美洲時，馬雅人已處於衰落時期。他們的歷史悠久，到底是什麼原因導致他們的崩潰，目前尚有爭議。雖然馬雅文化大部分都消失了，但是馬雅人依然存在。他們不是脆弱的民族或文化，而是強健悠久的民族，他們所用的一個時間單位充分說明了這點。baktun 是馬雅人使用的時間單位，相當於十四萬四千天，幾乎等同於四百年。作為一個民族，馬雅人存在的時間非常長，並習慣於以長時間尺度思考問題，所以會用 baktun 來記錄時間。

馬雅的悠久歷史為我們指出，有意識且具方向性的啟發是可能存在的。在這種啟發中，人類掌握了自己的演化狀態。我們現代人也像馬雅人一樣，需要尋找到方法來平息長期以來困擾所有族群的繁榮—蕭條起伏週期。我們可以假設，馬雅人是透過建立起一種機制來達到這目的的。該機制並沒有將多出來的資源轉換為更多的人口或短暫的事物；相反地，他們把資源投注在大型公共工程上，這些公共工程包括我們今日看到的寺廟和金字塔遺跡。馬雅人像洋蔥生長般地進行工程，豐收時就建造更多層。我們可以假設在豐年時，多餘的食物輕易就轉化為更多的人口而讓人口增加，以致當荒年來臨時，飢餓和衝突在所難免。馬雅人把多餘的食物變成了金字塔或是更大的金字塔，也創造了壯麗的公共空間供所有人享用。當豐年不可避免地轉成荒年時，由於寺廟不需要任何營養，人們便能忍耐度過荒年。

西方文明占主導地位的時間幾乎和馬雅人一樣長。當馬雅開始衰落後，來自大洋彼岸的不友善敵人加速他們文化的瓦解。我們的文化也正在瓦解中，我們需要一個新的穩定狀態，一個演化的穩定策略。我們需要找到第四疆界。

抵達第四疆界的障礙

許多勢力都成為第四疆界的障礙。即使我們承認權衡的存在，權衡也依然存在。對成長的耽溺阻礙了看起來或聽起來不像成長的進步。而調節管制也很難被正確地實施。這些障礙都是可以克服的，但是阻礙確實很大。在接下來的三節中我們將依序討論。

社會的權衡

就像沒有一種鳥能夠同時飛得最快、動作又最敏捷一般，沒有任何一個社會能夠同時最自由又最公正。自由與正義總是存在著彼此權衡的關係。我們不該試圖將這兩者的任一個推到極端。

當然，有許多社會的自由度和公正度都低於應有的水準。在大多數情況下，我們尚未達到可能的極限（經濟學家稱之為有效邊界〔efficient frontier〕），因此仍有可能持續朝著更自由、更正義的方向邁進，直到達到極限為止。不過，正視自由和正義不可能同時最大化的事實，對於進行對話來說至關重要。想像一個完全自由和公義的世界，就是在想像一個烏托邦，是一種靜態的完美，一個取消權衡的世界。烏托邦是不可能的，持續幻想烏托邦的存在非常危險。

在民主國家內，劃分民眾政治傾向的一種方式（並非唯一的方式）是自由派和保守派，左派與右派。然而，自由派和保守派都有明顯的盲點、特定的誤解方式，或是輕易就忘記權衡之道。儘管我們是用美國人的專用術語在寫作，但類似的觀察舉世皆然。

為了讓我們有效地討論人類的未來，各種政治派別的人都應該要對報酬遞減效應、意外的後果、負外部成本（negative externality），以及資源有限的事實有所瞭解。自由主義者（我們傾向的政治立場）特別容易低估**報酬遞減效應和意外後果**，保守派則容易低估**負外部成本和資源有限**。

根據**報酬遞減**這條經濟定律，增加輸入某個變量，其他保持不變時，實際上產量的增加會逐漸停止。每個複雜的適應系統都會出現報酬遞減的情況；理解這一點可讓我們制定靈活、持續演化的策略，而非繁瑣靜態的策略。烏托邦式的願景或是尋求最大化任何單一價值的願景，都會受困於報酬遞減。當我們持續追求一個靜態目標——那需要越來越多的投資才能實現，但收益卻會越來越少——便嚴重限制了其他可能實現的目標，此時若不跳到下一個報酬遞減曲線，機會成本就會非常驚人。

意外的後果是卻斯特頓之欄的某種變體：擾亂你不完全瞭解的古老系統，可能會產生你無法預見的問題。自由主義者很容易就制定出各種法規，擾亂了正常運作的系統。例如，將教育經費

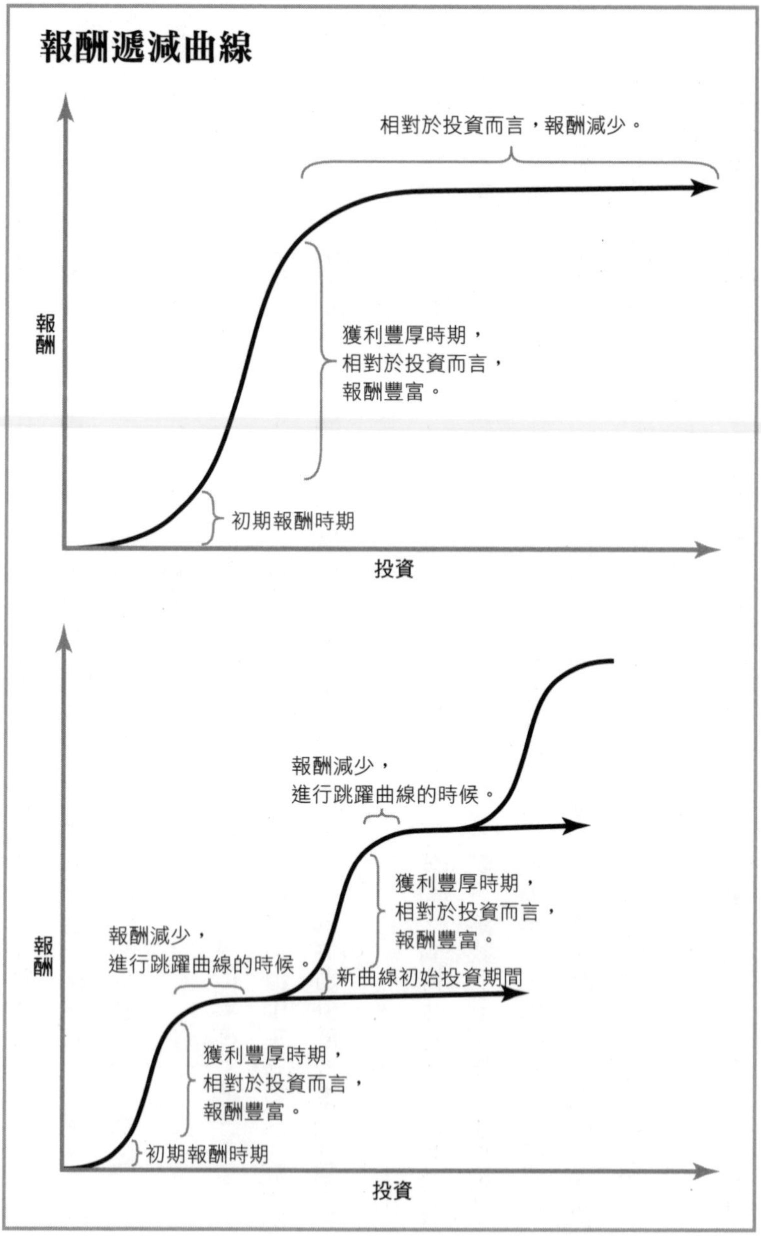
報酬遞減曲線
相對於投資而言，報酬減少。
報酬
獲利豐厚時期，
相對於投資而言，
報酬豐富。
初期報酬時期
投資
報酬減少，
進行跳躍曲線的時候。
獲利豐厚時期，
相對於投資而言，
報酬豐富。
報酬
報酬減少，
進行跳躍曲線的時候。
新曲線初始投資期間
獲利豐厚時期，
相對於投資而言，
報酬豐富。
初期報酬時期
投資

和考試成績掛鉤，就可能產生意想不到的後果，也就是分數較低的學校因為分到的經費減少，進一步讓學生的分數降得更低，如此出現一種惡性的回饋循環。也就是說，保守派傾向放鬆監管以促進新產品的創造，擾亂了原本運作良好的系統。例如，放鬆廢棄物管制以降低營運成本，所造成的汙染實際上是將廢棄物管理成本轉嫁由外界承擔；而汙染，也破壞了人類自古以來就依賴的無數自然系統的穩定性，導致有毒而無法食用的魚貝類、不適合魚類生存的河流環境，以及導致氣喘和發育遲緩的空氣品質地出現。簡而言之，自由主義的解決方案和保守主義者對市場創新願景，正是意外後果背後的根本原因。

當產生決策或產品的個人不必承擔決定的全部成本時，就會出現**負外部成本**。以馬達加斯加極北偏遠地區美麗的自然保護區安卡拉納（Ankarana）為例，那裡有一座有一億五千萬年歷史的石灰岩高原，其鋒利的山脊頂部在一些地方塌陷，形成一個有地下河流穿過的地下洞穴網絡。這些洞穴可以通往完全孤立的森林區域，那裡是狐猴和守宮的棲息地。該處的景觀和生物群不同於地球上其他地方，對於安卡拉納及其居民來說，不幸的是那裡也有大量的藍寶石礦藏。當我們在一九九〇年代初期造訪當地時，人們正在開採藍寶石，用於製作珠寶和工業用磨砂，因此對環境造成了明顯傷害。無論被開採出來的藍寶石最終流向何處，可以肯定的是，因寶石受益的人當中，很少有人知道開採藍寶石造成了什麼傷害。這是一種負外部成本，它之所以可以擴散是因為錢是替代物，使得某個事物創造的**傷害**與其**價值**分離。安卡拉納的例子很容易理解，但負外部成本無所不在。從燃燒煤炭獲取能源，空汙由所有人承擔卻只有少數人獲利，到深夜大聲播放音樂，你的鄰居卻得承擔被干擾的惱怒。負外部成本在我們的世界中隨處可見。

資源的有限性應該是顯而易見的。雖然有些資源實際上是無限的（其中最重要的是氧氣和陽光），但地球上絕大多數的資源是有限的，從橡膠、木材到石油，從銅、鋰到藍寶石，全都是有限的。

西方民主政治中的政黨運作形式，讓人覺得人類永遠無法在一套共同價值觀下結盟，但瞭解到我們其實有很多共同點，才是實現集體意識的唯一途徑。我們只有一顆行星，卻表現得好像自己所生活的世界是個擁有無限財富的聚寶盆。傻瓜的愚行讓人受到蒙蔽。尋求成長是人類的天性，但我們的落後於時代的文化，卻帶我們走向一個我們不再生活於其中的世界。雖然歐米伽原則顯示我們的文化不是任意形成的，卻不能保證我們的文化在過度新奇方面符合要求。成功應對新奇性，這是要由意識發揮作用的領域。

對成長的執著

美國夢是虛構的，但不完全是虛構的，它雖然具有第四疆界的元素，卻也建立在無限增長的烏托邦幻想之上。我們現在面臨的文化大戰，是雖然有些人明白我們不可能持續地無限增長，但其他人卻是豐饒主義論者（cornucopian）。

所有演化生物都需要感受到成長。從演化的角度來看，成長的感覺就是勝利。我們每個人，以及地球現存的每個譜系，都經歷了高低起伏的增長週期，填補了生態區位，接著又陷入資源耗盡的狀態，也就是從非零和世界轉變為零和世界。不論資源是否豐饒到足以讓人類繁茂，只要達不到那個極限，都會讓人感覺很糟。

以為成長就像是個東西，只要追逐就能抓到，是愚蠢的行為。有時候機會存在，有時候不存在。期望能夠永久成長在許多方面來說，與追求永久的幸福很相似，都是通往龐大痛苦的道路。

我們執著於成長及其創造出的經濟思維，催生了一個以生產率為基準的社會。在這個社會中，文明的健康狀況是依據商品和服務的產出量來評估，人們認為消費越多越好。這個框架深深紮根於我們心中，以致直到人們深入思考其含義之前，它看似是合乎邏輯的。

想像一下，現在推出一種新型冰箱，這種冰箱的使用壽命比其他型號要長得多，但成本相似，性能也相當。在一個健康的社會中，大多數公民都會認為這是個好事，可以減少浪費和汙染，也能節約能源和材料，並可能限制因重度依賴外國供應商而導致策略上的脆弱性。但這種耐用的冰箱會對國民生產毛額帶來負面影響，說明了一個問題。現在想像一下，我們在所有消費性商品的耐用程度上都取得了類似的進展。由於商品更換率降低，我們將面臨大規模的經濟收縮，導致工作機會流失，收入減少，稅收也隨之下降。簡單來說，這破壞了社會整個系統的運作能力。

任何會阻撓需求的好事，都會引發類似的荒謬現象。如果人們投入更多時間和精力在情人身上，而不是在色情商品上，結果會更好嗎？如果人們對自己擁有的東西更滿意並且不容易受到推銷手法的影響，結果會更好嗎？如果人們更容易飽足而不暴飲暴食，結果會更好嗎？如果人們將更多時間投注在創作藝術、音樂和見解上，並減少花在覬覦、購買和炫耀流行商品上，結果會更好嗎？當然會更好，這些全都能讓我們的生活品質大幅提升。但我們耽溺於成長的經濟心態卻會得出完全相反的結果。我們這個注重生產率的社會，倚靠的是不安全感、暴飲暴食和有計畫的報廢。這就是我們維持經濟成長的方式。

因此，我們對成長的耽溺好壞參半。它讓我們走到這一步，同時以巨大的痛苦和悲慘作為代價。然而地球上有超過七十億人口，消費無法持續成為人類衡量福祉的標準。如果人類要存續下去，永續發展必須取代成長，作為我們成功的指標。

二〇一九年夏天，我們在加州北部的三一阿爾卑斯山健行時，注意到幾乎沒看到任何動物。在三小時的徒步旅行中，我們只看到幾隻鳥。車子在夏季公路奔馳，擋風玻璃上不再沾滿昆蟲的屍體；路殺動物事件越來越少了。二〇二〇年初，我們在亞蘇尼國家公園（Yasuní）進行野外考察，那裡的昆蟲沒有以前多，鳥類也變少了。這座國家公園位於亞馬遜西部，為厄瓜多爾諸國家公園之冠，被認為是地球上生物多樣性最豐富的地方。我們懷疑鳥類和昆蟲的死亡，罪魁禍首是亞馬遜河上游（或更遠的地方）普遍使用的殺蟲劑——當殺蟲劑噴霧落入水中，從安地斯山脈流向下游，就會讓昆蟲消失。一旦昆蟲消失，食蟲鳥類、蝙蝠和蜥蜴也會跟著消失；接著，狐鼬、小耳犬（short-eared dog）和美洲豹也會消失。瑞秋・卡森（Rachel Carson）是對的，但北半球溫帶的寂靜春天，已抵達了熱帶地區，這預示著更大的危險即將到來。

有些人在看到這樣的分析結果後，說：「問題確實存在，不過人們總是在預測世界末日，但這些預測從來沒有準確過。」這並非正確的思考方式。

「世界末日」並不代表地球毀滅，相反地，而是「我們的世界」的毀滅，也就是人類持續生存到未來的能力喪失。若這樣思考問題，一些預測世界末日的人肯定是正確的，畢竟許多人正面臨到生存的威脅，而其中許多人並沒有起身應對挑戰。因此我們相信，對生存威脅的敏感是一種存在已久的適應特徵。目前人口數量的規模、人與人之間相互聯繫的程度，以及人類現在擁有的技術，都對人類這物種構成了威脅；而這種威脅與祖先族群面臨的威脅十分類似。問題是舊的，影響規模卻前所未見。

關於管制

好的法律和規章很難設計。簡單而一成不變的法律要不打從一開始就是錯誤的，就是適用的時期很短。只要系統可以升級，就算適用期短暫也無不可。正如傑弗遜（Thomas Jefferson）所說的，即使是民主國家也需要有一定規律的叛亂發生；如果一個制度老是一成不變，它就會是可操弄的，也會真的受到操弄。

隨著時間的推移而持續演進的系統，通常複雜而運作良好，因此我們在修正它們時，應該採用預防性原則（precautionary principle）——因為不知道某個器官有什麼用途就加以切除，是不智之舉。人們很容易嘲笑那些提議切除健康大腸的醫生，但我們現在又犯下哪些類似的錯誤呢？有鑑於這時代的過度新奇性，如果認為我們現在沒做一些將來會被認為可笑甚至瘋狂的事，那就太傲慢了。

社會沉溺於短期安全，因為短期危害很容易發現，相較之下也容易控管。長期危害則不同，不但更難發現，也更難證明有害。看螢幕的時間或學校中的考試、阿斯巴甜或新類尼古丁殺蟲劑（neonicotinoid insecticide），對我們的長期影響是什麼？我們不知道。由於沒有人願意生活在每項創新都要耗費幾十年通過安全測試，才能進入市場的世界，因此我們變得魯莽，愚蠢地假定長期危害不存在，直到它們變得無法忽視才感到震驚，發現我們之前對於安全的期望是錯的。

管制在許多圈子裡的名聲並不好。的確，管制的效果通常不好，一旦做得好，它所解決的問題卻又往往讓人感覺微不足道或根本看不到，因此許多人將管制視為不必要的障礙，沒意識到管制帶來的好處。一個好的管制計畫是有效且靈巧的，而且幾乎是避危險於無形。管制雖然在本質上會造成限制，但最終效果應該是解放，允許人們獲得創新的好處，而無須擔心隱藏的後果。

良好的管制措施是所有功能複雜系統的關鍵要素。舉例來說，我們的身體在許多方面都受到嚴格管控。以體溫為例，為了讓體溫保持在最佳狀態範圍內，我們的體內有無數系統持續進行產生熱量和散失熱量間的平衡，讓血液流進流出四肢和微血管網。如果沒有良好的調節，我們就無法維持穩定的體溫。但這些過程是如此有效率，以致我們幾乎察覺不到，因此我們可以自由地在清涼河水裡游泳，或是在陽光下踢足球，而不用考慮體溫過低或是中暑風險。

沒有任何人造系統像人體一樣，擁有如此優雅巧妙的管制措施，但人造系統確實也有管制良好的例子。商業航空旅行也許是最安全的旅行方式，其安全來自在各個方面都受到良好的管制，並會對實際發生的罕見事故進行全面調查。人們可能會抱怨航空法規的成本過高且效率低下，但這些反對意見必須配合情境來理解：這些規則讓世界上有相當多的人，能在二十四小時內抵達地球上幾乎任何地點，而且全都比開車前往機場要安全得多。與航空旅行創造的自由相比，進行管制的成本並不高，這是每個工業化流程都該致力實現的目標。

超出個人掌控範圍的大型系統需要受到管制。如果沒有大規模管制，就無法解決核能安全、石油開採，或是棲地喪失的問題。

升級

我們要盡可能讓更多人參與這場討論，讓他們成長為成年人，並拋棄原有的烏托邦主義。我們需要人們接受這樣的觀念：某些價值觀必須廣被人們接受和追求，並承認我們能夠藉由事先精確描述某個未來而達到那個未來。我們對理想且合理的世界該具備的特徵需達成一致，才能達成目標。接下來必須製作原型、評估結果，然後再次製作原型。我們必須找到山麓，並從那裡找到路。我們得穿越迷霧，但不會有藍圖。我們必須現在就開始。我們不能等到危險明顯到所有人都同意有危險時才開始，因為那就為時已晚了。

我們正處於永續發展危機的陣痛中。這件事或那件事都可能讓我們出局，可能是氣候變化、卡林頓事件（Carrington Event，一八五九年發生的太陽風暴事件）、財富不平等引發的核武戰爭、難民危機，或是革命的爆發；這只是幾個非常真實的可能事件而已。我們正奔向毀滅。因此我們必須全神貫注、著手開始解決危機。我們必須尋找下一個疆界——也就是超越我們視野所及之處的事件視界（event horizon）；我們到了那裡便無法回頭，但是穿過它可能會找到救贖之道。

白令亞陸人並不知道新世界的存在，但是他們無法停留在舊世界。他們朝東進入未知的領域，進入一片由岩石和冰塊、波濤洶湧的海洋和危險地形組成、令人生畏的景觀……最終，他們進入兩片廣闊又富饒的大陸。

玻里尼西亞人離開祖先家園，穿越遼闊海洋，許多人肯定在途中死去，但有些人發現了夏威夷並在當地定居下來。還有一些人不是朝東穿過太平洋，而是朝西橫越印度洋，發現了馬達加斯加並在那裡住了下來。

自我們成為人類以來，就一直在發現新世界，但我們現在不再有新的地理疆界。因此，現在我們必須再次發現一個全新的世界，讓自己獲得新生。我們必須尋找比現在所在之處有更高山峰的山麓。我們必須超越最好的自己，並在過程中救贖自己。

改正方式

- **學會打破並調整自己的心理架構，以獲得更好的生活。**盡可能讓市場機制遠離你的動機結構，別讓別人的營利動機決定你的目標或行為。
- **讓商業活動遠離兒童，時間越長越好。**成長過程中過度重視交易的孩子，會成為重度消費者。與重視創造、發現、治療、生產、體驗和交流的人相比，消費者的觀察力、冥想能力和深思的程度都比較低。
- **需要冷靜下來，提升自己的層次。**比起依賴指標，要更依靠經驗、假設，並從第一原則推導出真理和意義。減少對固定規則的依賴，並要瞭解這些規則適用的脈絡。
- **摒棄任何可能專注於單一價值的烏托邦世界。**
  - ◆ 一旦有人試圖將單一價值（例如自由或正義）最大化，你就知道他們還不是成年人。
  - ◆ 自由並非單一的價值，而是解決其他問題（例如正義、安全、創新、穩定、社群／同志）後自然浮現的結果。

就整個社會而言，我們應該：

- 像馬雅人一樣，將盈餘投資於公共工程，這會讓我們具有反脆弱性。
- 原型，原型，原型。

- 採取預防性思維，這樣才能學會有效地管制工業，並最大幅度地減少工業造成的負外部成本。
- 考慮卻斯特頓之欄的所有形式，從醫療保健到美食，從娛樂到宗教。

從我們的祖先取得生態主導地位的那一刻起，族群之間的競爭就一直是篩選人類的主要力量。數百萬年的演化過程，讓人類用於這種競爭的神經迴路發展得更完善，這種神經迴路也成為人類軟體的預設設定。然而到了現在，人口的規模、使用工具帶來前所未有的力量，以及人類系統的相互依存關係（全球經濟、生態和技術範圍），這三件事情加總起來，讓我們本身成為人類存續到未來的威脅。

理解人類軟體的重要性刻不容緩。我們面臨的問題是演化動力學的產物。所有可行的解決方案都涉及對這些動態的認識。

問題會演化，解決方案也該如此。

尾聲

傳統，以及如何改變傳統

在我們家，每年都匯進行慶祝光明節（Hanukkah）的固定儀式，這個猶太節慶在北半球會在靠近冬至或冬至時舉辦。我們會依照傳統點燃九根蠟燭的燭台，並於每晚回顧一項新增的原則——這則不屬於傳統。

我們家的光明節新規矩：

- 第一天：所有人類企業都應該是永續且可恢復的。
- 第二天：最重要的規則：己所不欲，勿施於人。
- 第三天：只支持能讓對世界有貢獻的人變得富有的系統。
- 第四天：不要操弄透過信譽來維持的系統。

- 第五天：人們應對古老智慧抱持健康懷疑，並且有意識地、明確地，並以牢靠的理性思維來解決新奇問題。
- 第六天：不讓機會集中在血統中。
- 第七天：預防原則：當採取一項行動的代價未知時，在做出改變之前必須謹慎。
- 第八天：社會有權向所有人索取東西，但本身也有義務要有所回報。

後記

二〇二〇年一月，我們前往位於厄瓜多亞馬遜地區的提普帝尼生物多樣性工作站（Tiputini Biodiversity Station），在那裡完成本書初稿。當我們兩週後離開與世隔絕的狀態，手機首次開機，一大堆新聞瞬間湧入。大部分新聞都微不足道，我們很幸運不用知道它們。但在大批湧來的新聞中有個不祥的報告：厄瓜多出現了一例「新型冠狀病毒」。這種病原體原本寄生在蹄鼻蝠（horseshoe bat）身上，在跳到人類身上後迅速傳播開來，首先是在中國武漢，後來快速蔓延到其他地方。

當我們兩人努力理解大流行的最初跡象時，很快就發現這個故事底下還有很多情節。我們很快就瞭解到，中國武漢有一座BSL-4等級的實驗室，事實上那是全世界兩個研究蝙蝠傳播冠狀病毒的重鎮之一。當時科學家擔心蝙蝠身上的這種病毒，會在沒有太多演化的變化下跳到人類身上而引發大流行，因此在武漢和美國北卡羅來納州的實驗室中，科學家集中針對那些病毒進行研究。若沒有意外，大流行始於對這些病毒進行深入研究的兩個城市之一，似乎是個驚人的巧合。

截至二〇二一年五月下旬撰寫本書中的注釋時，科學界（包括國家和國際監管機構）以及追隨科學界的主流媒體終於達成共識，勉強接受這個顯而易見的事實：SARS-CoV-2 極可能是從武漢病毒研究所洩漏出來的，因此新冠肺炎大流行對人類來說完全是自作孽。自二〇二〇年四月以來，我們一直在我們的網路廣播 DarkHorse 討論這項假設的可信度。那些討論引來許多針對我們的嘲笑和恥辱，而看到世界突然轉向這個雖不幸但有充分證據支持的合理可能時，竟讓我們有種詭異的放鬆感。

但無論人類對這場大流行的起源得出什麼結論，在我們的集體意識之外還有一個更深層的事實，也就是新冠肺炎無論透過什麼途徑傳播給人類，都是人類技術的產物。

考慮以下事實：從大流行開始，新冠病毒對外的傳播能力基本上是零。換句話說，新冠肺炎是一種屬於建築物、汽車、船隻、火車和飛機等室內封閉空間的疾病，而地表上有九九％以上的地方是新冠病毒的安全區。在你家的後院，病毒很難傳染給誰。在公園、陽台、海灘等地方，至少目前我們可以不受感染。

病毒對封閉空間的依賴，也代表如果人類同意在幾週內避開這些傳染環境，大流行可能很快就會停止。但這種我們釋放自己、把危險環境封鎖起來的劇情，只是一個無聊的思想實驗。儘管從演化的角度來看，這些危險的環境對人類來說是全新的，但人類待在那些環境之外即使只有幾週也覺得無法想像。

許多人可以做到這一點，但大多數人完全不知所措，即使人類是在戶外演化出來的，而且事實上我們大多數祖先都在今日稱為「戶外」的地方度過生命中的每個時光，我們卻已忘記過去那些我們十分熟悉的技能。我們對自然環境的瞭解和自在感，已被一套不同的技能所取代，那套技能旨在追求價值，並讓我們在我們設計出來的人工環境中避免受到傷害。我們的認知軟體遭到修改，我們忘了太多而無法成為原來的自己。結果，我們注定要在人類和病原體生長都需要的人造環境中與病毒搏鬥。

這是地面人的觀點，但從三萬英尺的高空上來看，這場流行病對人類的影響就更加清晰了。或者更準確地說，是在三萬英尺的高度。正是人類旅行的方式讓我們陷入了傳染病的災難。新冠肺炎病毒在幾小時內就跨越海洋，但它其實並沒有開創出什麼巧妙的新傳播模式。以往流行病可能會因為限制人類旅行而受到抑制，但現在人類把傳染病從其起源地傳播到全球的每個角落。

就像在微生物病原學說出現之前，人們很少想到要洗手一樣，我們也從未想過某個人把一種新型的無名感冒病毒，傳播到從未有過這種病毒的大陸帶來的痛苦有多大。「新型冠狀病毒」在還沒有得到正式的命名之前，就利用了我們這種冷漠的態度。

新冠肺炎流行本身就是另一種疾病的症狀。在本書中，我們稱這種疾病為「過度新奇」，起自科技改變的速度之快速，以至於環境的改變超出了我們的適應能力。

你不會在這裡找到關於新冠肺炎流行的專門剖析，卻從頭到尾都探索了這種讓我們容易受到這類病毒感染的過度新奇危機。這種病毒非常弱，弱到只要適當來點新鮮空氣就能讓人治癒。

致謝

我們站在巨人的肩膀上。在我們所認識和學習的人中，Richard Alexander、Arnold Kluge、Gerry Smith、Barbara Smuts 和 Bob Trivers 尤為突出。我們比較不瞭解 Bill Hamilton 和 George Williams，但他們對我們有著深遠的影響，一如許多同時代的人，包括 Debbie Ciszek 和 David Lahti。在布萊特與 Jordan Hall 及 Jim Rutt 的早期對話中，他們設想了一種替代我們當前破碎典範的方案，稱為 Game-B，第四疆界是其中的一個變體。後來與 Mike Brown 在雙島（Double Island）的「科學營」（Science Camp）中，我們繼續進行了這些對話。

我們還要感謝常青州立學院的學生，我們向他們傳達了本書中的一些想法，特別是研讀適應、動物行為、動物行為與動物學、發育與演化、跨緯度演化與生態學、演化與人類狀況、演化生態學、日常體驗中的非凡科學、駭客人性，以及脊椎動物演化等專業的學生，在我們進一步探索與發展概念和連結時，他們提供了智慧、質疑和見解。

在眾多優秀學生中有一位是施奈德勒，他是這本書的研究助理，也是我們的老友。我們第一次認識施奈德勒是在二〇〇七年，後來他和希瑟一起參加了她在常青州立學院策劃的第一次海外研讀計畫。他在各個領域的才華幫助塑造了這本書，他是我們真正的合作者，一次又一次俐落地解決了看似難纏的問題。

我們也要感謝我們的早期讀者，他們慷慨地付出了時間、精力和技巧：Zowie Aleshire、Holly M. 和 Steven Wojcikiewicz。

二〇一七年，當我們在常青州立學院的學術生活變得支離破碎時，幸運地擁有從始終支持的家人。還有無數的人出現並幫助我們，沒有他們，本書不可能以現在的形式問世。在學院內，這些人包括但不限於 Benjamin Boyce、Stacey Brown、Odette Finn、Andrea Gullickson、Kirstin Humason、Donald Morisato、Diane Nelsen、Mike Paros、Peter Robinson、Andrea Seabert 和 Michael Zimmerman。在長青州立學院之外，還有 Nicholas Christakis、Jerry Coyne、Jonathan Haidt、Sam Harris、Glenn Loury、Michael Moynihan、Pamela Paresky、Joe Rogan、Dave Rubin、Robert Sapolsky、Christina Hoff Sommers、Bari Weiss 和 Bob Woodson。我們也要感謝 Jordan Peterson，他為我們開闢了道路，幫助我們在常青州立學院度過最黑暗的時期，並在砲火中樹立了知識分子誠信的榜樣。

長期以來，在眾多知識分子和具有政治影響力及盟友中最堅定、最無所畏懼的是布萊特的兄弟艾利克．韋恩斯坦（Eric Weinstein）。

我們也要特別感謝 Robby George 和普林斯頓大學的詹姆斯．麥迪遜理想與制度研究所（James Madison Program in American Ideals and Institutions），他們暫時使我們擺脫了學術放逐生活，並在我們撰寫本書時歡迎我們擔任訪問學者。

我們的經紀人 Yoon Ross 經紀公司的 Howard Yoon，是另一個當時向我們伸出援手的人。令我們鬆了一口氣的是，他對「常青書」不感興趣。我們討論了幾個項目，然後集體意識到「一切都以演化論為框架來提到每件事」的概念是正確的，而且事實上，我們多年來一直在討論要寫作這個主題。我們剛完成提案時，現任 Portfolio/Penguin 的編輯 Helen Healey 首次與我們聯繫。他倆在整個過程中都是堅定的支持者和重要的參謀。

當我們完成本書初稿時，厄瓜多亞馬遜的提普帝尼生物多樣性工作站，為我們提供了短暫的休息和洞察機會。Kelly Swing 既是該站的創始人也是我們的朋友，他和優秀的員工一起，正致力於保護世界上最偏遠的前哨基地的野生自然。他們認為成功勢在必行。

最後，我們感謝我們的孩子札卡里和托比，本書出版時他們分別是十七歲和十五歲。他們從小就和我們一起探索從太平洋西北地區到亞馬遜地區的風景，他們首先瞭解並參與了許多對話，這些對話最終成為了本書的內容。我們從不希望他們暴露在「常青事件」向我們揭示的現代人性虧損和現實中，但他們表現得非常亮眼。我們很幸運，生活中有如此出色的年輕人。

重要詞彙

本書有些詞彙的定義取自於林肯（Lincoln, R. J.）、巴克夏（Boxshall, G.）和克拉克（Clark, P.）於一九九八年出版的《生態學、演化學與系統分類學辭典》第二版。

適應（adaptation）：篩選作用於（廣義上的）可遺傳特徵而使得利用機會的能力增加。

適應性景觀（adaptive landscape）：這是一種比喻的架構，用來說明演化與適應運作的概念，是由賽沃爾・萊特（Sewall Wright）在一九三二年首次提出。

異親撫育（alloparent）：提供類似雙親照顧的成年個體，所照顧的個體不是自己的直系後代。

拮抗基因多效性（antagonistic pleiotropy）：基因多效性（一個基因對數個性狀產生影響）的一種類型，其中某個基因對適應力的影響會拮抗另一個影響。從老化角度來看，基因的某個效應在年輕時會帶來好處，但是在年老時卻是有害的。

反脆弱（antifragile）：能增加面對壓力或傷害能力的狀態，由納西姆・塔雷伯（Nassim Taleb）發明。

白令亞陸（Beringia）：冰河時期海平面下降時在白令海峽浮現的陸塊，可能是新世界在北極圈以南所有原住民祖先的棲地。

乘載量（carrying capacity）：在某個時空的機會下，能穩定維持平衡態的最多個體數量（如一九九〇年的美國黃石公園）。

卻斯特頓之欄（Chesterton's fence）：直到系統目前呈現狀態背後的原因清楚之後，才該考慮改造的構想。最初由卻斯特頓在一九二九年提出。

分支（clade）：一個古老的物種及其所有的後代，是單系群（monophyletic group）的同義詞，在觀念上等同於分類群（taxon），如鳥類、哺乳動物、脊椎動物、靈長類動物和鯨豚類。

同種的（conspecific）：屬於同種類的個體。

意識（應用在本書的模型中相對於文化）：個體間打包來用於交換的認知（像是能溝通的念頭）。

文化（應用在本書的模型中是與意識相對的）：一組適應性的信仰和行為模式，傳遞時無涉於基因組。絕大多數的文化是上下代之間的傳遞。文化與基因不同，也有可能水平傳遞。

達爾文式（Darwinian）：針對遺傳性狀的不同進行適應的傾向。最早確定天擇與性擇的是達爾文，因此得名。

演化適應環境（Environment of Evolutionary Adaptedness）：有利於某個特定適應特徵演化出的環境。

表觀遺傳（epigenetics）：

• 狹義的：沒有編碼在DNA序列中的基因調節者，如DNA甲基化（DNA methylation）

- 廣義的：任何沒有因直接改變ＤＮＡ序列而產生的可傳特徵，包括了狹義的表觀遺傳現象以及文化。

真社會性（eusociality）：在真社會系統中，某些個體放棄了生殖，以幫助其他個體生殖。真社會性族群運作起來像是一個超級生物體，有著共同的利益與命運。

演化穩定策略（Evolutionarily Stable Strategy）：這種策略一旦由族群中的大多數成員所採用，就不會被競爭策略的取代。

第一原則（first principles）：某個領域中最基本、最重要的假設（類似數學中的公設）。

疆界（用於本書中模型的意義）：對一個族群而言非零和的機會，目前有三種疆界：地理疆界、科技疆界、族群轉移疆界。

配子（gamete）：成熟的生殖細胞，能和另一個配子融合成為合子（zygote）。

賽局理論（game theory）：針對兩個或更多個個體間的策略性互動的研究和模擬。當最佳策略取決於其他個體採取的行動時，這個理論特別重要。

通才者（generalist）：具有能夠忍受或適應很多種生態區位的物種或個體。請參見「專才者」。

基因型（genotype）：個體的基因組成。請參見「表現型」（phenotype）。

可遺傳的（廣義的定義，如同早期生物學家和本書所使用的定義）：訊息傳給個人或後代之間的能力。（「可遺傳的」嚴格的定義：遺傳訊息傳遞給後代）

雌雄同體（hermaphroditism）：同一個體擁有雄性和雌性生殖器官的狀態。同時性雌雄同體是指同時為雄性和雌性；順序性雌雄同體則先為一種性別，之後成為另一種性別。

假設：對觀察到的模式的可證偽（falsifiable）解釋。檢驗假設會產生數據，以確定假設的預測是否有證據支持。正當的科學是由假設推動的，而不是由數據推動的。

直覺（intuition）：可以傳遞到有意識心智的無意識結論。

交配系統：一個族群中個體間的交配模式，特別是包括各性別成員同時交配的配偶典型數量。

一夫一妻制（monogamy）：一種交配系統，其中一個雄性與一個雌性交配，會繁殖季節如此，或是維持終生。請參見一夫多妻制（polygyny）。

最近共同祖先（most recent common ancestor，MRCA）：兩個分支之間親緣關係最密切的祖先生物。

自然主義的謬誤（naturalistic fallacy）：一種說法，其內容是如果某件事物是自然的，那就應該是對的，可以實際的應用於道德判斷或是從自然中推斷出來。「實然到應然謬誤」（is-ought fallacy）和自然主義的謬誤密切相關。對於絕大部分的非哲學家來說，兩者可以互換。

生態區位：某個生物體適應的環境。

非零和（non-zero-sum）：對一個個體有利的機會但是不一定會以犧牲同種個體為代價。參照「零和」。

歐米伽原則（如本書所說明的）：

- （廣義的）表觀遺傳現象在演化上壓過遺傳現象，因為表觀遺傳現象適應得更快。

- （廣義的）表觀遺傳現象位於遺傳的下游，因此到頭來是由遺傳控制。

悖論（paradox）：無法協調兩個觀察結果。在宇宙中，所有事實都必須以某種方式共存，因此悖論的出現表明了錯誤的假設或其他理解上的錯誤。所有的真實都必須調和（reconcile）。

表現型（phenotype）：個體中可觀察到的結構與功能特性。請參見「基因型」。

可塑性（plasticity）：生物體因環境變化或起伏而在形態、生理或行為上產生改變的能力。

一夫多妻制（polygyny）：一種交配系統，其中一個雄性與多個雌性交配。通常俗稱為多配偶制（polygamy），但實際上多配偶制可以指任一方性伴侶數量的不對稱，因此包括了一夫多妻制（在脊椎動物中常見）和一妻多夫制（非常罕見）。請參見「一夫一妻制」（monogamy）

直接因（proximate）：機制層面的解釋，說明某個結構或過程如何發揮作用。

選擇：導致一種模式比另一種模式更常見的過程。並非一定為生物性的。

廣義（sensu lato）：和「狹義」（sensu stricto）一樣來自於拉丁文，原來用於區別成員資格上存在分歧的分類學群體名稱。在本書中用來表示術語更廣泛、更具包容性的含義。

狹義（sensu stricto）：請參見「廣義」。

專才者（specialist）：忍耐範圍比較窄或適應非常狹窄生態區位的物種或個體。請參見「通才者」。

傻瓜的愚行（Sucker's Folly）：專注短期利益的趨勢不僅會掩蓋風險和長期成本，而且即使在淨分析結果是負的情況下也會接受的傾向。

心智理論（theory of mind）：推論其他個體精神狀態（如信仰、情感或知識）的能力，特別是當他們與自己不同時。

權衡之道（trade-off）：兩個理想特徵之間必然會有的負面關係。有三種類型：分配、設計條件約束和統計。

終極因（ultimate）：演化層面的解釋，說明為什麼某個結構或過程會是這樣的。

詭異（WEIRD）：西方教育工業富裕與民主國家（Western Educated Industrialized Rich and Democratic countries）

零和（zero-sum）：對一個個體有利的機會一定會讓同種個體付出相應的代價。參照「非零和」。

Sapolsky, R. M., 2017. *Behave: The Biology of Humans at Our Best and Worst.* New York: Penguin Press.

更多好書

Jablonka, E., and Lamb, M. J., 2014. *Evolution in Four Dimensions: Genetic, Epigenetic, Behavioral, and Symbolic Variation in the History of Life*. Revised edition. Cambridge, MA: MIT Press.

West-Eberhard, M. J., 2003. *Developmental Plasticity and Evolution.* New York: Oxford University Press.

第十章　學校

Crawford, M. B., 2009. *Shop Class as Soulcraft: An Inquiry into the Value of Work.* New York: Penguin Press.

Gatto, J. T., 2010. *Weapons of Mass Instruction: A Schoolteacher's Journey through the Dark World of Compulsory Schooling.* Gabriola Island: New Society Publishers.

Jensen, D., 2005. *Walking on Water: Reading, Writing, and Revolution.* White River Junction, VT: Chelsea Green Publishing.

第十一章　長大成人

de Waal, F., 2019. *Mama's Last Hug: Animal Emotions and What They Tell Us about Ourselves.* New York: W. W. Norton.

Kotler, S., and Wheal, J., 2017. *Stealing Fire: How Silicon Valley, the Navy SEALs, and Maverick Scientists Are Revolutionizing the Way We Live and Work.* New York: HarperCollins.

Lukianoff, G., and Haidt, J., 2019. *The Coddling of the American Mind: How Good Intentions and Bad Ideas Are Setting Up a Generation for Failure.* New York: Penguin Books.

第十二章　文化與意識

Cheney, D. L., and Seyfarth, R. M., 2008. *Baboon Metaphysics: The Evolution of a Social Mind.* Chicago: University of Chicago Press.

Ehrenreich, B., 2007. *Dancing in the Streets: A History of Collective Joy.* New York: Metropolitan Books.

第十三章　第四疆界

Alexander, R. D., 1990. *How Did Humans Evolve? Reflections on the Uniquely Unique Species.* Ann Arbor, MI: Museum of Zoology, University of Michigan, Special Publication No. 1.

Diamond, J. M., 1998. *Guns, Germs and Steel: A Short History of Everybody for the Last 13,000 Years.* New York: Random House.

D.C.: Island Press.

Pollan, M., 2006. *The Omnivore's Dilemma: A Natural History of Four Meals*. New York: Penguin Press.

Wrangham, R., 2009. *Catching Fire: How Cooking Made Us Human*. New York: Basic Books.

第六章 睡眠

Walker, M., 2017. *Why We Sleep: Unlocking the Power of Sleep and Dreams*. New York: Scribner.

第七章 性與性別

Buss, D. M., 2016. *The Evolution of Desire: Strategies of Human Mating*. New York: Basic Books.

Low, B. S., 2015. *Why Sex Matters: A Darwinian Look at Human Behavior*. Princeton, NJ: Princeton University Press.

第八章 親職與伴侶關係

Hrdy, S. B., 1999. *Mother Nature: A History of Mothers, Infants, and Natural Selection*. New York: Pantheon.

Junger, S., 2016. *Tribe: On Homecoming and Belonging*. New York: Twelve.

Shenk, J. W., 2014. *Powers of Two: How Relationships Drive Creativity*. New York: Houghton Mifflin Harcourt.

第九章 童年

Gray, P., 2013. *Free to Learn: Why Unleashing the Instinct to Play Will Make Our Children Happier, More Self- Reliant, and Better Students for Life*. New York: Basic Books.

Lancy, D. F., 2014. *The Anthropology of Childhood: Cherubs, Chattel, Changelings*. Cambridge: Cambridge University Press.

參考書目

第一章　人類的生態區位

Dawkins, R., 1976. *The Selfish Gene*. New York: Oxford University Press.

Mann, C. C., 2005. *1491: New Revelations of the Americas before Columbus.* New York: Alfred A. Knopf.

Meltzer, D. J., 2009. *First Peoples in a New World: Colonizing Ice Age America.* Berkeley: University of California Press.

第二章　人類譜系簡史

Dawkins, R., and Wong, Y., 2004. *The Ancestor's Tale: A Pilgrimage to the Dawn of Evolution.* New York: Houghton Mifflin.

Shostak, M., 2009. *Nisa: The Life and Words of a !Kung Woman.* Cambridge, MA: Harvard University Press.

Shubin, N., 2008. *Your Inner Fish: A Journey into the 3.5-Billion-Year History of the Human Body*. New York: Vintage.

第三章、第四章 古代的身體 現代的世界／醫學

Burr, C., 2004. *The Emperor of Scent: A True Story of Perfume and Obsession.* New York: Random House.

Lieberman, D., 2014. *The Story of the Human Body: Evolution, Health, and Disease.* New York: Vintage.

Muller, J. Z., 2018. *The Tyranny of Metrics. Princeton,* NJ: Princeton University Press.

Nesse, R. M., and Williams, G. C., 1996. *Why We Get Sick: The New Science of Darwinian Medicine.* New York: Vintage.

第五章　食物

Nabhan, G. P., 2013. *Food, Genes, and Culture: Eating Right for Your Origins.* Washington,

Sciences, 109(10): 3652–3657.

5. Beach, T., et al., 2006. Impacts of the ancient Maya on soils and soil erosion in the central Maya Lowlands. *Catena*, 65(2): 166–178.
6. Wright, R., 2001. Nonzero: The Logic of Human Destiny. New York: Vintage.
7. Blake, J. G., and Loiselle, B. A., 2016. Long- term changes in composition of bird communities at an "undisturbed" site in eastern Ecuador. *Wilson Journal of Ornithology*, 128(2): 255–267.
8. Boyd, J. P., et al., 1950. *The Papers of Thomas Jefferson,* 33 vols. Princeton, NJ: Princeton University Press.
9. Alexander, R. D., 1990. How Did Humans Evolve? Reflections on the Uniquely Unique Species. Ann Arbor, MI: Museum of Zoology, University of Michigan. *Special Publicatio*n No. 1.

重要詞彙

1. Wright, S. 1932. The roles of mutation, inbreeding, crossbreeding and selection in evolution. *Proceedings of the Sixth International Congress of Genetics,* 1: 356–366.
2. Taleb, N. N., 2012. *Antifragile: How to Live in a World We Don't Understand* (vol. 3). London: Allen Lane.
3. Chesterton, G. K., 1929. "The Drift from Domesticity." In *The Thing*. Aeterna Press.

12. As cited in a roundabout way in Ruud, *Taboo*, 1.
13. Ruud, *Taboo.* Landslide, 115; rabies, 87; divorce, 246.
14. Campbell, J. *The Hero's Journey: Joseph Campbell on His Life and Work. Novato,* CA: New World Library, 90.
15. Ehrenreich, B., 2007. *Dancing in the Streets: A History of Collective Joy.* New York: Metropolitan Books.
16. Chen, Y., and VanderWeele, T. J., 2018. Associations of religious upbringing with subsequent health and well- being from adolescence to young adulthood: An outcomewide analysis. *American Journal of Epidemiology,* 187(11): 2355–2364.
17. Whitehouse, H., et al., 2019. Complex societies precede moralizing gods throughout world history. *Nature,* 568(7751): 226–299.
18. Hammerschlag, C. A., 2009. The Huichol offering: A shamanic healing journey. *Journal of Religion and Health*, 48(2): 246–258.
19. Bye, R. A., Jr., 1979. Hallucinogenic plants of the Tarahumara. *Journal of Ethnopharmacology*, 1(1979): 23–48.

第十三章　第四疆界

1. Mann, C. C., 2005. *1491: New Revelations of the Americas before Columbus.* New York: Alfred A. Knopf.
2. Cabodevilla, M. Á., 1994. Los Huaorani en la historia de los pueblos del Oriente. Cicame; as cited by Finer, M., et al., 2009. Ecuador's Yasuní Biosphere Reserve: A brief modern history and conservation challenges. *Environmental Research Letters,* 4(2009): 1–15.
3. Williams, G. C., 1957. Pleiotropy, natural selection, and the evolution of senescence. Evolution, 11(4): 398–411; Weinstein, B. S., and Ciszek, D., 2002. The reserve-capacity hypothesis: Evolutionary origins and modern implications of the trade off between tumor- suppression and tissue-repair. *Experimental Gerontology*, 37(5): 615–627.
4. Dunning, N. P., Beach, T. P., and Luzzadder-Beach, S., 2012. Kax and kol: Collapse and resilience in lowland Maya civilization. *Proceedings of the National Academy of*

特徵之一是能夠意識到自我，並能夠和與自己同種的個體溝通這個想法。

2. Cheney, D. L., and Seyfarth, R. M., 2007. *Baboon Metaphysics: The Evolution of a Social Mind.* Chicago: University of Chicago Press.
3. 事實上有證據指出光是在中國就至少有兩個（可能更多）農耕的起源地，一是在潮濕的南方種植稻米，另一個是在較寒冷乾燥的北方種植小米（millet）。 See Barton, L., et al., 2009. Agricultural origins and the isotopic identity of domestication in northern China. *Proceedings of the National Academy of Sciences*, 106(14): 5523–5528.
4. This is an accessible overview of Asch's original conformity experiments, and related work: Asch, S. E., 1955. Opinions and social pressure. *Scientific American,* 193(5): 31–35.
5. Mori, K., and Arai, M., 2010. No need to fake it: Reproduction of the Asch experiment without confederates. *International Journal of Psychology,* 45(5): 390–397.
6. Morales, H., and Perfecto, I., 2000. Traditional knowledge and pest management in the Guatemalan highlands. *Agriculture and Human Values*, 17(1): 49–63.
7. Estabrook, G. F., 1994. Choice of fuel for bagaco stills helps maintain biological diversity in a traditional Portuguese agricultural system. *Journal of Ethnobiology*,14(1): 43–57.
8. Boland, M. R., et al., 2015. Birth month affects lifetime disease risk: A phenomewide method. *Journal of the American Medical Informatics Association,* 22(5): 1042–1053. There is also abundant other research looking at birth month effects on health and physiology, including one finding a clear link between birth month and myopia: Mandel, Y., et al., 2008. Season of birth, natural light, and myopia. *Ophthalmology,* 115(4): 686–692.
9. Smith, N. J. H., 1981. *Man, Fishes, and the Amazon.* New York: Columbia University Press, 87.
10. Ruud, J., 1960. *Taboo: A Study of Malagasy Customs and Beliefs.* Oslo: Oslo University Press, 109. Ruud calls it a "tufted umbrette," but this species is more usually referred to as a hamerkop.
11. Ruud, Taboo. Mutton, 85; hedgehogs, 239; pumpkin, 242; house construction, 120.

Mike Nayna's three- part documentary and Benjamin Boyce's exhaustive multipart series on the breakdown at Evergreen.

14. As first described by Richard D. Alexander in his book The Biology of Moral Systems. Hawthorne, NY: Aldine de Gruyter, 1987.
15. Lahti, D. C., and Weinstein, B. S., 2005. The better angels of our nature: Group stability and the evolution of moral tension. *Evolution and Human Behavior,* 26(1): 47–63.
16. Cheney, D. L., and Seyfarth, R. M., 2007. *Baboon Metaphysics: The Evolution of a Social Mind.* Chicago: University of Chicago Press.
17. Brosnan, S. F., and de Waal, F. B., 2003. Monkeys reject unequal pay. *Nature,* 425(6955): 297–299.
18. Adams, J., et al., 1999. National household survey on drug abuse data collection. Final report, as cited in Green, T., Gehrke, B., and Bardo, M., 2002. Environmental enrichment decreases intravenous amphetamine self-administration in rats: Doseresponse functions for fixed-and progressive- ratio schedules. *Psychopharmacology*, 162(4): 373–378.
19. Bardo, M., et al., 2001. Environmental enrichment decreases intravenous selfadministration of amphetamine in female and male rats. *Psychopharmacology*, 155(3): 278–284.
20. Tristan Harris has been sounding this alarm for years. Here is an account from 2016: Bosker, B., 2016. The binge breaker: Tristan Harris believes Silicon Valley is addicting us to our phones: He's determined to make it stop. Atlantic, November 2016. https://www.theatlantic.com/magazine/archive/2016/11/the-binge-breaker/501122. Also listen to Tristan's conversation with Bret on *DarkHorse* podcast, aired February 25, 2021.

第十二章　文化與意識

1. In his 1974 article, What is it like to be a bat? *Philosophical Review,* 83(4): 435–450, 內格爾（Thomas Nagel）認為，具意識心智的特徵之一是能夠意識到自我。我們的想法從這個定義擴充而沒有與之矛盾。我們補充的是：具意識心智的

5. There are many accounts of how postmodern- inspired activism has torn asunder good systems. Here are just a few: Murray, D., 2019. The Madness of Crowds: Gender, Race and Identity. London: Bloomsbury Publishing; Daum, M., 2019. *The Problem with Everything: My Journey through the New Culture Wars.* New York: Gallery Books; Asher, L., 2018. How Ed schools became a menace. *The Chronicle of Higher Education*, April 2018.
6. Dawkins, R., 1998. Postmodernism disrobed. *Nature*, 394(6689): 141–143.
7. Inroads are being made into sport, however, via bullying and expectations of social conformity, in the form of Trans Rights Activists (not to be confused with actual trans people), who have effected changes in several sports to allow natal men to compete in women's sport, which is patently unfair and unsportsmanlike. See Hilton, E. N., and Lundberg, T. R., 2021. Transgender women in the female category of sport: Perspectives on testosterone suppression and performance advantage. *Sports Medicine*, 51(2021): 199–214.
8. Crawford, M. B., 2015. *The World Beyond Your Head: On Becoming an Individual in an Age of Distraction.* New York: Farrar, Straus and Giroux, 48–49.
9. Heying, H., 2018. "Nature Is Risky. That's Why Students Need It." *New York Times*, April 30, 2018. https://www.nytimes.com/2018/04/30/opinion/nature-students-risk.html.
10. Lukianoff, G., and Haidt, J., 2019. *The Coddling of the American Mind: How Good Intentions and Bad Ideas Are Setting Up a Generation for Failure.* New York: Penguin Books.
11. Estabrook, G. F., 1994. Choice of fuel for bagaco stills helps maintain biological diversity in a traditional Portuguese agricultural system. *Journal of Ethnobiology*, 14(1): 43–57.
12. Again: Heying, H., 2019. "The Boat Accident." Self- published on Medium. https://medium.com/@heyingh.
13. For a somewhat more complete take on this, we recommend our December 12, 2017, article in the *Washington Examiner* ("Bonfire of the Academies: Two Professors on How Leftist Intolerance Is Killing Higher Education"); and on YouTube, both

magic. *Atlantic,* January 21, 2016. https://www.theatlantic.com/education/archive/2016/01/what-classrooms-can-learn-from-magic/425100.

22. 適應性地景也可以比喻學習過程：一但在解析空間或是社會空間上處於某個適應性山峰，就幾乎不可能從山峰上下來（也就是處於適應性較低的狀態），就算是你能看到附近較高的山峰，也還是辦不到。重新進入地景的人，會爬上附近的某些山峰中，不會像是已在某些山峰的人那樣受到限制。那些已在地圖上的人已處於穩定狀態。
23. Heying, H., 2019. On college presidents. *Academic Questions*, 32(1): 19–28.
24. Haidt, J. "How two incompatible sacred values are driving conflict and confusion in American universities." *Lecture*, Duke University, Durham, NC, October 6, 2016.
25. Heying, H. "Orthodoxy and heterodoxy: A conflict at the core of education." Invited talk, Academic Freedom Under Threat: What's to Be Done?, Pembroke College, Oxford University, May 9–10, 2019.

第十一章　長大成人

1. As recounted in McWhorter, L. V., 2008. *Yellow Wolf, His Own Story*. Caldwell, ID: Caxton Press, 297–300. Originally published in 1940.
2. Markstrom, C. A., and Iborra, A., 2003. Adolescent identity formation and rites of passage: The Navajo Kinaalda ceremony for girls. *Journal of Research on Adolescence*, 13(4): 399–425.
3. Becker, A. E., 2004. Television, disordered eating, and young women in Fiji: Negotiating body image and identity during rapid social change. *Culture, Medicine and Psychiatry,* 28(4): 533–559.
4. For two excellent descriptions of how post- modernism, and its intellectual descendants such as post-structuralism and Critical Race Theory, have invaded the academy, see Pluckrose, H., Lindsay, J. and Boghossian, P., 2018. Academic grievance studies and the corruption of scholarship. Areo, February 10, 2018; and Pluckrose, H., and Lindsay, J., 2020. *Cynical Theories: How Activist Scholarship Made Everything about Race, Gender, and Identity—and Why This Harms Everybody.* Durham, NC: Pitchstone Publishing.

in Atlantic spotted dolphins (Stenella frontalis) by mother dolphins foraging in the presence of their calves. *Animal Cognition*, 12(1): 43–53.

10. Many of these examples (e.g., from cats and primates) are reviewed in Hoppitt, W. J., et al., 2008. Lessons from animal teaching. *Trends in Ecology & Evolution*, 23(9): 486–493.
11. Hill, J. F., and Plath, D. W., 1998. "Moneyed Knowledge: How Women Become Commercial Shellfish Divers." In *Learning in Likely Places: Varieties of Apprenticeship in Japan*, Singleton, J., ed. Cambridge: Cambridge University Press, 211–225.
12. Lancy, *Anthropology of Childhood*, 209–212.
13. See, for instance, Lake, E., 2014. Beyond true and false: Buddhist philosophy is full of contradictions. Now modern logic is learning why that might be a good thing. Aeon, May 5, 2014. https://aeon.co/essays/the-logic-of-buddhist-philosophy-goes-beyond-simple-truth.
14. Borges, J. L., 1944. *Funes the Memorious. Reprinted in several collections,* including Borges, J. L., 1964. *Labyrinths: Selected Stories and Other Writings.* New York: New Directions.
15. Gatto, J. T., 2010. *Weapons of Mass Instruction: A Schoolteacher's Journey through the Dark World of Compulsory Schooling.* Gabriola Island: New Society Publishers.
16. As posed by Derrick Jensen in his 2004 book *Walking on Water: Reading, Writing, and Revolution.* White River Junction, VT: Chelsea Green Publishing, 41.
17. 適應性地景這個比喻的簡單介紹，請參見第三章的注釋 19。
18. For the classic analysis of paradigm shifts, see Kuhn, T. S., 1962. *The Structure of Scientific Revolutions.* Chicago: University of Chicago Press.
19. Müller, J. Z., 2018. *The Tyranny of Metrics.* Princeton, NJ: Princeton University Press. See especially chapter 7, "Colleges and Universities," 67–88, and chapter 8, "School," 89–102.
20. See our co-written essay: Heying, H. E., and Weinstein, B., 2015. "Don't Look It Up," Proceedings of the 2015 Symposium on Field Studies at Colorado College, 47–49. https:// www.academia.edu/35652813/Dont_Look_It_Up.
21. Quotation from profile of Teller in Lahey, J., 2016. Teaching: Just like performing

and Gilman, T., 2019. Left- handedness is associated with greater fighting success in humans. *Scientific Reports,* 9(1): 1–6.

41. Developmental psychologist Jean Piaget was the first to demonstrate that children grasp rules better when playing on their own than when actively directed by adults. Piaget, J., 1932. *The Moral Judgment of the Child.* Reprint ed. 2013. Abingdon-onThames, UK: Routledge.
42. Frank, M. G., Issa, N. P., and Stryker, M. P., 2001. *Sleep enhances plasticity in the developing visual cortex.* Neuron, 30(1): 275–287.

第十章　學校

1. Lancy, D. F., 2015. *The Anthropology of Childhood: Cherubs, Chattel, Changelings,* 2nd ed. Cambridge: Cambridge University Press, 327–328.
2. Gatto, J. T., 2001. *A Different Kind of Teacher: Solving the Crisis of American Schooling.* Berkeley: Berkeley Hills Books.
3. From map on page 4 of Finer, M., et al., 2009. Ecuador's Yasuni Biosphere Reserve: A brief modern history and conservation challenges. *Environmental Research Letters,* 4(3): 034005.
4. Heying, H., 2019. "The Boat Accident." Self-published on Medium. https://medium.com/@heyingh.
5. 教學的定義：個體 A 只會在無知的個體 B 出現時改變行為，而這樣改變行為並不會馬上讓 A 付出代價或是得到好處。而這樣，B 會比不這樣時更早或是更快得到知識。From Caro, T. M., and Hauser, M. D., 1992. Is there teaching in nonhuman animals? *Quarterly Review of Biology,* 67(2): 151–174.
6. Leadbeater, E., and Chittka, L., 2007. Social learning in insects—from miniature brains to consensus building. *Current Biology,* 17(16): R703–R713.
7. Franks, N. R., and Richardson, T., 2006. Teaching in tandem-running ants. *Nature,* 439(7073): 153.
8. Thornton, A., and McAuliffe, K., 2006. Teaching in wild meerkats. *Science,* 313(5784): 227–229.
9. Bender, C. E., Herzing, D. L., and Bjorklund, D. F., 2009. Evidence of teaching

28. Taleb, N. N., 2012. *Antifragile: How to Live in a World We Don't Understand*, vol. 3. London: Allen Lane.
29. Wilcox, A. J., et al., 1988. *Incidence of early loss of pregnancy.* New England Journal of Medicine, 319(4): 189–194; Rice, W. R., 2018. The high abortion cost of human reproduction. bioRxiv (preprint). https://doi.org/10.1101/372193.
30. This is a fascinating account of the history of attachment theory: Bretherton, I., 1992. The origins of attachment theory: John Bowlby and Mary Ainsworth. *Developmental Psychology*, 28(5): 759–775.
31. As mentioned in the previous chapter, with regard to genomic imprinting. See Haig, D., 1993. Genetic conflicts in human pregnancy, *Quarterly Review of Biology*, 68(4): 495–532.
32. Trivers, R. L., 1974. Parent-offspring conflict. *Integrative and Comparative Biology*, 14(1): 249–64.
33. Spinka, M., Newberry, R. C., and Bekoff, M., 2001. Mammalian play: Training for the unexpected. *Quarterly Review of Biology*, 76(2): 141–168.
34. De Oliveira, C. R., et al., 2003. Play behavior in juvenile golden lion tamarins (Callitrichidae: Primates): Organization in relation to costs. *Ethology*, 109(7): 593–612.
35. Gray, P., 2011. The special value of children's age- mixed play. *American Journal of Play*, 3(4): 500–522.
36. See the CDC's Autism and Developmental Disabilities Monitoring (ADDM) Network site: https://www.cdc.gov/ncbddd/autism/addm.html.
37. Cheney, D. L., and Seyfarth, R. M., 2007. *Baboon Metaphysics: The Evolution of a Social Mind.* Chicago: University of Chicago Press, 155, 176–177, 197.
38. Whitaker, R., 2015. *Anatomy of an Epidemic: Magic Bullets, Psychiatric Drugs, and the Astonishing Rise of Mental Illness in America.* 2nd ed. New York: Broadway Books. See, in particular, chapter 11: "The Epidemic Spreads to Children."
39. See, for instance, this fantastic analysis: Sommers, C. H., 2001. *The War against Boys: How Misguided Feminism Is Harming Our Young Men.* New York: Simon & Schuster.
40. For example, left- handers win more fights than do right- handers: Richardson, T.,

and indeed everything out of the Pfennig lab: https://www.davidpfenniglab.com/spadefoots.

21. Mariette, M. M., and Buchanan, K. L., 2016. Prenatal acoustic communication programs offspring for high posthatching temperatures in a songbird. *Science,* 353(6301): 812–814.
22. West-Eberhard, *Developmental Plasticity and Evolution* 50–55.
23. 可塑性有多種形式，其中之一是讓形態發育和生殖發育脫鉤。如果生態狀況比較適合居住在水中而非陸地上，許多蠑螈在已能繁殖的成體中依然留有幼態的特徵，像是保留了鰓和腳趾間有蹼。改變依時間安排的事情也是一種可塑性。有些熱帶樹蛙的卵如果收到其他一起出生的卵被蛇吃掉的訊息，就會提早孵化成蝌蚪。卵中的鱷魚胚胎若處在較高或是較低的溫度中，就會成為雌性，而在中間溫度時孵化出來的會是雄性。許多珊瑚礁魚類屬於順序性雌雄同體（sequential hermaphroditism）：許多個體在死亡之前是成年雄性與雌性，這也是另一種形式的可塑性（譯注：這裡對於 sequential hermaphroditism 的說明和譯者瞭解的不同，或是過度簡化以至於意義不明，請參考維基百科對於「順序性雌雄同體」的解釋）。植物有「向性」（tropism），例如朝著陽光、背著重力方向生長，或是對觸摸有反應。同時會因為日照長度、氣溫和雨量的影響而開花。植物組織往往比動物組織具有更高的可塑性，葉片朝一道透光的缺口生長，或是根朝著一片鋁延伸。受限制的狀況會迫使機會創造出來。
24. Karasik, L. B., et al., 2018. The ties that bind: Cradling in Tajikistan. *PloS One,* 13(10): e0204428.
25. WHO Multicentre Growth Reference Study Group and de Onis, M., 2006. WHO Motor Development Study: Windows of achievement for six gross motor development milestones. *Acta paediatrica,* 95, supplement 450: 86–95.
26. For an excellent popular account, see Gupta, S., September 14, 2019. Culture helps shape when babies learn to walk. *Science News*, 196(5).
27. Kenyan mothers actively teach their babies to sit, and then to walk: Super, C. M., 1976. Environmental effects on motor development: The case of "African infant precocity." *Developmental Medicine & Child Neurology,* 18(5): 561–567.

9. Goldenberg, S. Z., and Wittemyer, G., 2020. Elephant behavior toward the dead: A review and insights from field observations. *Primates,* 61(1): 119–128.
10. Sutherland, W. J., 1998. Evidence for flexibility and constraint in migration systems. *Journal of Avian Biology,* 29(4): 441–446.
11. 從這方面來看，童年和有性生殖很相似，都是為了對這個變動世界產生的適應性反應。
12. Lancy, D. F., 2014. *The Anthropology of Childhood: Cherubs, Chattel, Changelings.* Cambridge: Cambridge University Press, 209–212.
13. Gray, P., and Feldman, J., 2004. Playing in the zone of proximal development: Qualities of self-directed age mixing between adolescents and young children at a democratic school. *American Journal of Education,* 110(2): 108–146. Also Peter Gray, personal communication, September 2020.
14. See for instance the account of young children in the South Pacific by researcher Mary Martini, as recounted in Gray, P., 2013. *Free to Learn: Why Unleashing the Instinct to Play Will Make Our Children Happier,* More Self-reliant, and Better Students for Life. New York: Basic Books, 208–209.
15. 這篇稿件是在因新冠肺炎流行而封城一年多後才發表的，也就是說在很長的一段時間中，許多兒童並沒有去學校，也就沒有所謂的放假。相較之下，兒童間進行的遊戲可能有所改良。
16. In contrast to most authoritative parenting books, this one is excellent: Skenazy, L., 2009. *Free-Range Kids: How to Raise Safe, Self- Reliant Children* (Without Going Nuts with Worry). New York: John Wiley & Sons.
17. 單一個基因型所產生的各種可能表現型，稱之為「反應規範」（reaction norm）。
18. West- Eberhard, M. J., 2003. *Developmental Plasticity and Evolution.* New York: Oxford University Press, 41.
19. Lieberman, D., 2014. *The Story of the Human Body: Evolution, Health, and Disease.* New York: Vintage, 163.
20. See, for example, Pfennig, D. W., 1992. Polyphenism in spadefoot toad tadpoles as a locally adjusted Evolutionarily Stable Strategy. *Evolution,* 46(5): 1408–1420,

www.maiani.eu/video/moken/moken.asp?lingua=en.

18. Some of the growing evidence of early domestication of dogs is in these two papers: Freedman, A. H., et al., 2014. Genome sequencing highlights the dynamic early history of dogs. *PLoS Genetics,* 10(1): e1004016; Bergström, A., et al., 2020. Origins and genetic legacy of prehistoric dogs. *Science,* 370(6516): 557–564.
19. de Waal, F., 2019. *Mama's Last Hug: Animal Emotions and What They Tell Us about Ourselves*. New York: W. W. Norton.
20. Palmer, B., 1998. The influence of breastfeeding on the development of the oral cavity: A commentary. *Journal of Human Lactation*, 14(2): 93–98.
21. 在發展這個理論時，要算上我們的學生賈維斯（Josie Jarvis）的功勞。

第九章　童年

1. de Waal, F., 2019. *Mama's Last Hug: Animal Emotions and What They Tell Us about Ourselves*. New York: W. W. Norton, 97.
2. Fraser, O. N., and Bugnyar, T., 2011. Ravens reconcile after aggressive conflicts with valuable partners. *PLoS One*, 6(3): e18118.
3. Kawai, M., 1965. Newly-acquired pre-cultural behavior of the natural troop of Japanese monkeys on Koshima Islet. *Primates*, 6(1): 1–30.
4. 「空白最多的白板」這詞，最早是布萊特上課時有一個學生提出來的。
5. 亞洲象和非洲象首度繁殖的年齡與人類相近，但是獨立的年齡（某種程度上來說是童年的結束）分別是五歲和八歲，沒有其他動物（包括猿類、海豚和鸚鵡）與之相近。
6. 現在很流行讓孩子去學數種語言，但我們應該要問這得付出什麼代價。會數種語言在社會上的確有好處，但是強迫大腦部維持更多語言能力以及產生相應的複雜性，可能要付出某種代價。
7. Benoit-Bird, K. J., and Au, W. W., 2009. Cooperative prey herding by the pelagic dolphin, Stenella longirostris. *Journal of the Acoustical Society of America,* 125(1): 125–137.
8. Rutz, C., et al., 2012. Automated mapping of social networks in wild birds. *Current Biology*, 22(17): R669–R671.

5. Larsen, C. S., 2003. Equality for the sexes in human evolution? Early hominid sexual dimorphism and implications for mating systems and social behavior. *Proceedings of the National Academy of Sciences,* 100(16): 9103–9104.
6. Schillaci, M. A., 2006. Sexual selection and the evolution of brain size in primates. *PLoS One*, 1(1): e62.
7. von Bayern, A. M., et al., 2007. The role of food-and object- sharing in the development of social bonds in juvenile jackdaws (Corvus monedula). *Behaviour,* 144(6): 711–733.
8. Holmes, R. T., 1973. Social behaviour of breeding western sandpipers *Calidris mauri.* Ibis, 115(1): 107–123.
9. Rogers, W., 1988. Parental investment and division of labor in the Midas cichlid (Cichlasoma citrinellum). *Ethology,* 79(2): 126–142.
10. Eisenberg, J. F., and Redford, K. H., 1989. Mammals of the Neotropics, Volume 2: *The Southern Cone: Chile, Argentina, Uruguay, Paraguay*. Chicago: University of Chicago Press.
11. Haig, D., 1993. Genetic conflicts in human pregnancy. *Quarterly Review of Biology,* 68(4): 495–532.
12. Emlen and Oring, Ecology, sexual selection, and the evolution of mating systems.
13. Tertilt, M., 2005. Polygyny, fertility, and savings. *Journal of Political Economy,* 113(6): 1341–1371.
14. Insel, T. R., et al., 1998. "Oxytocin, Vasopressin, and the Neuroendocrine Basis of Pair Bond Formation." In *Vasopressin and Oxytocin*, Zingg, H. H., et al., eds. New York: Plenum Press, 215–224.
15. Ricklefs, R. E., and Finch, C. E., 1995. *Aging: A Natural History*. New York: Scientific American Library.
16. Personal communication from George Estabrook, 1997. Also see his paper: Estabrook, G. F., 1998. Maintenance of fertility of shale soils in a traditional agricultural system in central interior Portugal. *Journal of Ethnobiology*, 18(1): 15–33.
17. Maiani, G. *Tsunami: Interview with a Moken of Andaman Sea.* January 2006. http://

degree of Doctor of Philosophy, Department of Psychology, University of Manitoba.

47. Three articles that connect the rise of porn with sexual violence against women in otherwise consensual interactions include Julian, K., 2018. The sex recession. Atlantic, December 2018. https://www.theatlantic.com/magazine/archive/2018/12/the-sex-recession/573949; Bonnar, M. "I thought he was going to tear chunks out of my skin." BBC News, March 23, 2020. https://www.bbc.com/news/uk-scotland-51967295; Harte, A. "A man tried to choke me during sex without warning." *BBC News*, November 28, 2019. https://www.bbc.com/news/uk-50546184.
48. There are many texts to support this claim. Two are: Littman, L., 2018. Rapid- onset gender dysphoria in adolescents and young adults: A study of parental reports. PloS One, 13(8): e0202330; Shrier, A., 2020. *Irreversible Damage: The Transgender Craze Seducing our Daughters*. Washington, D.C.: Regnery Publishing.
49. See, for example, Hayes, T. B., et al., 2002. Hermaphroditic, demasculinized frogs after exposure to the herbicide atrazine at low ecologically relevant doses. *Proceedings of the National Academy of Sciences*, 99(8): 5476–5480; Reeder, A. L., et al., 1998. Forms and prevalence of intersexuality and effects of environmental contaminants on sexuality in cricket frogs (Acris crepitans). *Environmental Health Perspectives*, 106(5): 261–266.

第八章　親職與伴侶關係

1. 「早熟」（precociality）指的是剛孵出或是出生的幼體就能夠自己獨立生活，在語意上很接近我們對於「過早成熟」孩子的概念，但是並不相同。
2. Cornwallis, C. K., et al., 2010. Promiscuity and the evolutionary transition to complex societies. *Nature*, 466(7309): 969–972.
3. For the classic paper on how the distribution of resources in space and time affects mating systems, see Emlen, S. T., and Oring, L. W., 1977. Ecology, sexual selection, and the evolution of mating systems. *Science*, 197(4300): 215–223.
4. Madge, S., and Burn, H. 1988. *Waterfowl: An Identification Guide to the Ducks, Geese, and Swans of the World.* Boston: Houghton Mifflin.

e39904.

35. Deary, I. J., et al., 2003. Population sex differences in IQ at age 11: The Scottish mental survey 1932. *Intelligence*, 31: 533–542.
36. Herrera, A. Y., Wang, J., and Mather, M., 2019. The gist and details of sex differences in cognition and the brain: How parallels in sex differences across domains are shaped by the locus coeruleus and catecholamine systems. *Progress in Neurobiology*, 176: 120–133.
37. Connellan, J., et al., 2000. Sex differences in human neonatal social perception. *Infant Behavior and Development*, 23(1): 113–118.
38. Lancy, D. F., 2014. *The Anthropology of Childhood: Cherubs, Chattel, Changelings.* Cambridge: Cambridge University Press, 258–259.
39. Murdock, G. P., and Provost, C., 1973. Factors in the division of labor by sex: A cross- cultural analysis. *Ethnology*, 12(2): 203–225.
40. Kantner, J., et al., 2019. Reconstructing sexual divisions of labor from fingerprints on Ancestral Puebloan pottery. *Proceedings of the National Academy of Sciences*, 116(25): 12220–12225.
41. Buss, D. M., 1989. Sex differences in human mate preferences: Evolutionary hypotheses tested in 37 cultures. *Behavioral and Brain Sciences*, 12(1): 1–14.
42. Schneider, D. M., and Gough, K., eds., 1961. *Matrilineal Kinship.* Oakland: University of California Press. In particular: Gough, K., "Nayar: Central Kerala," 298–384; Schneider, D. M., "Introduction: The Distinctive Features of Matrilineal Descent Groups," 1–29.
43. See, for example, Trivers, R., 1972. "Parental Investment and Sexual Selection." In *Sexual Selection and the Descent of Man*, Campbell, B., ed. New York: Aldine DeGruyter, 136–179.
44. Buss, D. M., Sex differences in human mate preferences.
45. Buss, D. M., et al., 1992. Sex differences in jealousy: Evolution, physiology, and psychology. *Psychological Science*, 3(4): 251–256.
46. Brickman, J. R., 1978. "Erotica: Sex Differences in Stimulus Preferences and Fantasy Content." A dissertation submitted in partial fulfillment of the requirements for the

1021-1022.

22. 喬氏絲隆頭魚是夏威夷的原生珊瑚礁魚類，而不是某些讀者所想像或希望的那種來自《魔戒》中土世界中穿著長袍能噴火的雙足動物，真可惜。

23. Sullivan, B. K., et al., 1996. Natural hermaphroditic toad (Bufo microscaphus × Bufo woodhousii). *Copeia*, 1996(2): 470–472.

24. Grafe, T. U., and Linsenmair, K. E., 1989. Protogynous sex change in the reed frog Hyperolius viridiflavus. *Copeia*, 1989(4): 1024–1029.

25. Endler, J. A., Endler, L. C., and Doerr, N. R., 2010. Great bowerbirds create theaters with forced perspective when seen by their audience. *Current Biology,* 20(18): 1679–1684.

26. Alexander, R. D., and Borgia, G., 1979. "On the Origin and Basis of the Male-Female Phenomenon." In *Sexual Selection and Reproductive Competition in Insects,* Blum, M. S., and Blum, N. A., eds. New York: Academic Press. 417–440.

27. Jenni, D. A., and Betts, B. J., 1978. Sex differences in nest construction, incubation, and parental behaviour in the polyandrous American jacana (Jacana spinosa). *Animal Behaviour,* 1978(26): 207–218.

28. Claus, R., Hoppen, H. O., and Karg, H., 1981. The secret of truffles: A steroidal pheromone? *Experientia*, 37(11): 1178–1179.

29. Low, B. S., 1979. "Sexual Selection and Human Ornamentation." In *Evolutionary Biology and Human Social Behavior*, Chagnon, N., and Irons, W., eds. Belmont, CA: Duxbury Press, 462–487.

30. Lancaster, J. B., and Lancaster, C. S., 1983. "Parental investment: The hominid adaptation." In *How Humans Adapt: A Biocultural Odyssey,* Ortner, D. J., ed. Washington, D.C.: Smithsonian Institution Press, 33–56.

31. See, for example, Buikstra, J. E., Konigsberg, L. W., and Bullington, J., 1986. Fertility and the development of agriculture in the prehistoric Midwest. *American Antiquity*, 51(3): 528–546.

32. Su, Rounds, and Armstrong, Men and things.

33. Su, Rounds, and Armstrong, Men and things.

34. Reilly, D., 2012. Gender, culture, and sex- typed cognitive abilities. *PloS One*, 7(7):

11. Lynch, W. J., Roth, M. E., and Carroll, M. E., 2002. Biological basis of sex differences in drug abuse: Preclinical and clinical studies. *Psychopharmacology,* 164(2): 121–137.
12. Szewczyk- Krolikowski, K., et al., 2014. The influence of age and gender on motor and non- motor features of early Parkinson's disease: Initial findings from the Oxford Parkinson Disease Center (OPDC) discovery cohort. *Parkinsonism & Related Disorders,* 20(1): 99–105.
13. See, for example: Allen, J. S., et al., 2003. Sexual dimorphism and asymmetries in the gray–white composition of the human cerebrum. Neuroimage, 18(4): 880–894; Ingalhalikar, M., et al., 2014. Sex differences in the structural connectome of the human brain. *Proceedings of the National Academy of Sciences,* 111(2): 823–828.
14. Kaiser, T., 2019. Nature and evoked culture: Sex differences in personality are uniquely correlated with ecological stress. *Personality and Individual Differences,* 148: 67–72.
15. Chapman, B. P., et al., 2007. Gender differences in Five Factor Model personality traits in an elderly cohort. *Personality and Individual Differences,* 43(6): 1594–1603.
16. Arnett, A. B., et al., 2015. Sex differences in ADHD symptom severity. *Journal of Child Psychology and Psychiatry,* 56(6): 632–639.
17. See, for example, Altemus, M., Sarvaiya, N., and Epperson, C. N., 2014. Sex differences in anxiety and depression clinical perspectives. Frontiers in Neuroendocrinology, 35(3): 320– 330; McLean, C. P., et al., 2011. Gender differences in anxiety disorders: Prevalence, course of illness, comorbidity and burden of illness. *Journal of Psychiatric Research,* 45(8): 1027–1035.
18. Su, R., Rounds, J., and Armstrong, P. I., 2009. Men and things, women and people: A meta-analysis of sex differences in interests. *Psychological Bulletin,* 135(6): 859–884.
19. Brown, D., 1991. *Human Universals.* New York: McGraw Hill, 133.
20. Reviewed in Neaves, W. B., and Baumann, P., 2011. Unisexual reproduction among vertebrates. *Trends in Genetics,* 27(3): 81–88.
21. Watts, P. C., et al., 2006. Parthenogenesis in Komodo dragons. Nature, 444(7122):

specialty-2019.

2. Bureau of Labor Statistics, US Department of Labor. Labor Force Statistics from the Current Population Survey. 18. Employed persons by detailed industry, sex, race, and Hispanic or Latino ethnicity. Accessed October 2020, https://www.bls.gov/cps/cpsaat18.htm.
3. Bureau of Labor Statistics. Labor Force Statistics.
4. Eme, L., et al., 2014. On the age of eukaryotes: Evaluating evidence from fossils and molecular clocks. *Cold Spring Harbor Perspectives in Biology*, 6(8): a016139.
5. 當然這種說法過度簡化。行無性生殖的生物實際上當然可以在非穩定的環境中活得很好。它們藉由突變和較高的繁殖速度來應對隨機變化。有性生殖的生物則透過把通過考驗的基因重新組合，以保持和環境相當的適應變化速率。突變依然是創新的（終極）來源，但突變的代價會分散到整個族群中，好的突變會到處散布，而不限於單一譜系中。這都是為了維持與環境變化相對的適應改變速率：如果生物體構造簡單，那麼複製和突變就會有用。如果生物體的構造複雜，那麼行有性生殖會比較好。兩者都達到同樣一個目的，也就是產生足夠的變化以應對環境的歷史穩定程度。
6. Notable exceptions are the monotremes, the ~ five species at the base of the mammalian tree that include echidnas and the duck- billed platypus, which have nine or ten sex chromosomes (!). See, for example, Zhou, Y., et al., 2021. Platypus and echidna genomes reveal mammalian biology and evolution. *Nature,* 2021: 1–7.
7. Birds also have GSD (genetic sex determination), but their system evolved independently and is reversed from the mammalian paradigm: males are ZZ (homogametic), females are ZW (heterogametic).
8. As reviewed in Arnold, A. P., 2017. "Sex Differences in the Age of Genetics." In *Hormones, Brain and Behavior*, 3rd ed., Pfaff, D. W., and Joels, M., eds. Cambridge, UK: Academic Press, 33–48.
9. Ferretti, M. T., et al., 2018. Sex differences in Alzheimer disease—the gateway to precision medicine. *Nature Reviews Neurology,* 14: 457–469.
10. Vetvik, K. G., and MacGregor, E. A., 2017. Sex differences in the epidemiology, clinical features, and pathophysiology of migraine. *Lancet Neurology,* 16(1): 76–87.

Academy of Sciences, 116(24): 12019–12024.

9. See, for example, Stevens, R. G., et al., 2013. Adverse health effects of nighttime lighting: Comments on American Medical Association policy statement. *American Journal of Preventive Medicine*, 45(3): 343–346.
10. Hsiao, H. S., 1973. Flight paths of night-flying moths to light. *Journal of Insect Physiology*, 19(10): 1971–1976.
11. Le Tallec, T., Perret, M., and Théry, M., 2013. Light pollution modifies the expression of daily rhythms and behavior patterns in a nocturnal primate. *PloS One*, 8(11): e79250.
12. Gaston, K. J., et al., 2013. The ecological impacts of nighttime light pollution: A mechanistic appraisal. *Biological Reviews*, 88(4): 912– 927.
13. Navara, K. J., and Nelson, R. J., 2007. The dark side of light at night: Physiological, epidemiological, and ecological consequences. *Journal of Pineal Research*, 43(3): 215–224.
14. Olini, N., Kurth, S., and Huber, R., 2013. The effects of caffeine on sleep and maturational markers in the rat. *PloS One*, 8(9): e72539.
15. See this remarkable overview of what was already known in 1975 about the limitations of artificial light in keeping people healthy: Wurtman, R. J., 1975. The effects of light on the human body. *Scientific American*, 233(1): 68–79.
16. Park, Y. M. M., et al., 2019. Association of exposure to artificial light at night while sleeping with risk of obesity in women. *JAMA Internal Medicine*, 179(8): 1061–1071.
17. Kernbach, M. E., et al., 2018. Dim light at night: Physiological effects and ecological consequences for infectious disease. *Integrative and Comparative Biology*, 58(5): 995–1007.

第七章　性與性別

1. Association of American Medical Colleges, 2019. *2019 Physician Specialty Data Report: Active Physicians by Sex and Specialty*. Washington, D.C.: AAMC. https://www.aamc.org/data-reports/workforce/interactive-data/active-physicians-sex-and-

York: Penguin Press.

31. 一如麥可・波倫（Michael Pollan）在《雜食者的兩難》中所寫的，如果是祖母認不得的食物，那就不是食物。對於懷孕婦女而言，並不只是吃真實的食物那麼簡單，因為健康成年人能吃的真實食物中或許有病原體，胎兒可能會受到感染。因此懷孕期間並不適合吃山羊起司、綿羊起司，或是其他黴菌熟成起司或生起司。撒拉米香腸和大部分的冷肉也都不行吃。
32. Collection of wild honey is a highly male-gendered activity across cultures, as reported in Murdock, G. P., and Provost, C., 1973. Factors in the division of labor by sex: A cross-cultural analysis. *Ethnology*, 12(2): 203–225, as well as in Marlowe et al., Honey, Hadza, hunter-gatherers.

第六章 睡眠

1. Walker, M., 2017. Why We Sleep: Unlocking the Power of Sleep and Dreams. New York: Scribner, 56–57.
2. 潮汐鎖定行星（tidally locked planet）的一側永遠面對恆星，永遠是白天，而背對恆星的那一面永遠是黑夜，這樣的星球不太可能有生命出現。兩個半球之間差異如此極端，使得受到潮汐力鎖定的行星不可能屬於適居地區。
3. Walker, Why We Sleep, 46–49. Different researchers categorize sleep differently. In his book, Walker uses "REM" and "NREM" (non- REM), but also clarifies that NREM's four stages are further divided: NREM stages 3 and 4 are "slow- wave sleep"; NREM stages 1 and 2 are shallow and light in comparison.
4. Shein-Idelson, M., et al., 2016. Slow waves, sharp waves, ripples, and REM in sleeping dragons. *Science*, 352(6285): 590–595.
5. Martin- Ordas, G., and Call, J., 2011. Memory processing in great apes: The effect of time and sleep. *Biology Letters*, 7(6): 829–832.
6. Walker, *Why We Sleep*, 133.
7. Wright, G. A., et al., 2013. Caffeine in floral nectar enhances a pollinator's memory of reward. *Science,* 339(6124): 1202–1204.
8. Phillips, A. J. K., et al., 2019. High sensitivity and interindividual variability in the response of the human circadian system to evening light. *Proceedings of the National*

成粉，沖洗後煮來吃。有兩位歐洲人省略了沖洗和烹煮的過程，結果身體變得衰弱，最後死亡。他們的一位夥伴依照延德魯萬達族的話去做並且吃下，在十週後獲救時身體狀況良好。(as told in Wrangham, Catching Fire, 35).

17. Wrangham, *Catching Fire*, 138–142.
18. Tylor, *Researches into the Early History of Mankind*, 233.
19. Tylor, *Researches into the Early History of Mankind*, 263.
20. 對於演化，用這種簡略的表達方式（「種子不想被吃」），可能會讓有些人覺得奇怪，好像是我們覺得種子具有意識或是意志。當然不是這個意思，同樣的內容如果用比較冗長的寫法會是這樣子：「植物製造出來種子並不是為了讓種子被吃掉。」
21. Toniello, G., et al., 2019. 11,500 y of human–clam relationships provide long-term context for intertidal management in the Salish Sea, British Columbia. *Proceedings of the National Academy of Sciences*, 116(44): 22106–22114.
22. Bellwood, *First Farmers*.
23. Arranz-Otaegui, A., et al., 2018. Archaeobotanical evidence reveals the origins of bread 14,400 years ago in northeastern Jordan. *Proceedings of the National Academy of Sciences*, 115(31): 7295–7930.
24. Brown, D., 1991. Human Universals. New York: McGraw Hill.
25. Wu, X., et al., 2012. Early pottery at 20,000 years ago in Xianrendong Cave, China. *Science* 336(6089): 1696–1700.
26. Braun, D. R., et al., 2010. Early hominin diet included diverse terrestrial and aquatic animals 1.95 Ma in East Turkana, Kenya. *Proceedings of the National Academy of Sciences*, 107(22): 10002–10007.
27. Archer, W., et al., 2014. Early Pleistocene aquatic resource use in the Turkana Basin. *Journal of Human Evolution,* 77(2014): 74–87.
28. Marean, C. W., et al., 2007. Early human use of marine resources and pigment in South Africa during the Middle Pleistocene. *Nature*, 449(7164): 905–908.
29. Koops, K., et al., 2019. Crab- fishing by chimpanzees in the Nimba Mountains, Guinea. *Journal of Human Evolution*, 133: 230–241.
30. Pollan, M., 2006. *The Omnivore's Dilemma: A Natural History of Four Meals*. New

4. Field, H., 1932. Ancient wheat and barley from Kish, *Mesopotamia. American Anthropologist*, 34(2): 303–309.
5. Kaniewski, D., et al., 2012. Primary domestication and early uses of the emblematic olive tree: Palaeobotanical, historical and molecular evidence from the Middle East. *Biological Reviews*, 87(4): 885–899.
6. Bellwood, P. S., 2005. *First Farmers: The Origins of Agricultural Societies.* Oxford: Blackwell Publishing, 97.
7. Struhsaker, T. T., and Hunkeler, P., 1971. Evidence of tool- using by chimpanzees in the Ivory Coast. *Folia Primatologica,* 15(3–4): 212–219.
8. Goodall, J., 1964. Tool- using and aimed throwing in a community of free-living chimpanzees. *Nature*, 201(4926): 1264–1266.
9. Marlowe, F. W., et al., 2014. Honey, Hadza, hunter- gatherers, and human evolution. *Journal of Human Evolution*, 71: 119–128.
10. Harmand, S., et al., 2015. 3.3-million-year-old stone tools from Lomekwi 3, west Turkana, Kenya. *Nature*, 521(7552): 310–326.
11. De Heinzelin, J., et al., 1999. Environment and behavior of 2.5-million-year-old Bouri hominids. *Science*, 284(5414): 625–629.
12. Bellomo, R. V., 1994. Methods of determining early hominid behavioral activities associated with the controlled use of fire at FxJj 20 Main, Koobi Fora, Kenya. Journal of Human Evolution, 27(1–3): 173–195. Also see Wrangham, R. W., et al., 1999. The raw and the stolen: Cooking and the ecology of human origins. *Current Anthropology*, 40(5): 567–594.
13. Tylor, E. B., 1870. *Researches into the Early History of Mankind and the Development of Civilization*. London: John Murray, 231–239.
14. Darwin, C., 1871. *The Descent of Man, and Selection in Relation to Sex.* London: Murray, 415.
15. Wrangham, *Catching Fire.*
16. 1860 年在澳洲，來自歐洲的探險家陷入了飢餓狀態，他們向當地的延德魯萬達族（Yandruwandha）原住民求助。原住民告訴探險家，當地有大量的蕨類植物「那朵」（nardoo，Marsilea drummondii）。本地人會把那朵的根部磨

10, 2019, https://www.outsideonline.com/2380751/sunscreen-sun-exposure-skin-cancer-science.

16. Lindqvist, P. G., et al., 2016. Avoidance of sun exposure as a risk factor for major causes of death: A competing risk analysis of the melanoma in southern Sweden cohort. *Journal of Internal Medicine,* 280(4): 375–387.
17. Marchant, J., 2018. When antibiotics turn toxic. *Nature,* 555(7697): 431–433.
18. Mayr, E., 1961. Cause and effect in biology. Science, 134(3489): 1501–1506.
19. Dobzhansky, D., 1973. Nothing in Biology Makes Sense except in the Light of Evolution. *The American Biology Teacher*, 35(3): 125– 29.
20. 為了回應這個造成混淆的政治說詞，我們在 2020 年 3 月下旬開始直播，頭兩個月主要討論新冠肺炎疫情。在布萊特的播客「黑馬」（DarkHorse）由我們共同主持的單元中，每週會介紹關於疫情和其他當代議題的演化思維。
21. Among many other reasons, evidence is growing that exercise mitigates some mood disorders. See, for example, Choi, K. W., et al., 2020. Physical activity offsets genetic risk for incident depression assessed via electronic health records in a biobank cohort study. *Depression and Anxiety,* 37(2): 106–114.
22. Holowka, N. B., et al., 2019. Foot callus thickness does not trade off protection for tactile sensitivity during walking. *Nature,* 571(7764): 261–264.
23. Jacka, F. N., et al., 2017. A randomised controlled trial of dietary improvement for adults with major depression (the ("SMILES" trial). BMC Medicine, 15(1): 23.
24. Lieberman, D., 2014. *The Story of the Human Body: Evolution, Health, and Disease.* New York: Vintage.

第五章　食物

1. Wrangham, R., 2009. *Catching Fire: How Cooking Made Us Human.* New York: Basic Books, 80.
2. Craig, W. J., 2009. Health effects of vegan diets. *American Journal of Clinical Nutrition*, 89(5): 1627S–1633S.
3. Wadley, L., et al., 2020. Cooked starchy rhizomes in Africa 170 thousand years ago. *Science*, 367(6473): 87–91.

study of society. Part I. Economica, 9(35): 267– 291. See also Hayek, F. A., 1945. The use of knowledge in society. *The American Economic Review*, 35(4): 519– 530.

5. Aviv, R., 2019. *Bitter pill.* New Yorker, April 8, 2019. https://www.newyorker.com/magazine/2019/04/08/the-challenge-of-going-off-psychiatric-drugs.
6. See, for example, Choi, K. W., et al., 2020. Physical activity offsets genetic risk for incident depression assessed via electronic health records in a biobank cohort study. *Depression and Anxiety,* 37(2): 106–114.
7. Tomasi, D., Gates, S., and Reyns, E., 2019. Positive patient response to a structured exercise program delivered in inpatient psychiatry. *Global Advances in Health and Medicine*, 8: 1–10.
8. Gritters, J., "Is CBG the new CBD?," *Elemental, on Medium.* July 8, 2019. https://elemental.medium.com/is-cbg-the-new-cbd-6de59e568008.
9. Mann, C., 2020. Is there still a good case for water fluoridation?, *Atlantic*, April 2020. https://www.theatlantic.com/magazine/archive/2020/04/why-fluoride-water/606784.
10. Choi, A. L., et al., 2015. Association of lifetime exposure to fluoride and cognitive functions in Chinese children: A pilot study. *Neurotoxicology and Teratology*, 47: 96–101.
11. Malin, A. J., et al., 2018. Fluoride exposure and thyroid function among adults living in Canada: Effect modification by iodine status. *Environment International,* 121: 667–674.
12. Damkaer, D. M., and Dey, D. B., 1989. Evidence for fluoride effects on salmon passage at John Day Dam, Columbia River, 1982–1986. *North American Journal of Fisheries Management,* 9(2): 154–162.
13. Abdelli, L. S., Samsam, A., and Naser, S. A., 2019. Propionic acid induces gliosis and neuro-inflammation through modulation of PTEN/AKT pathway in autism spectrum disorder. *Scientific Reports,* 9(1): 1–12.
14. Autier, P., et al., 2014. Vitamin D status and ill health: A systematic review. *Lancet Diabetes & Endocrinology*, 2(1): 76–89.
15. Jacobsen, R., 2019. Is sunscreen the new margarine? *Outside Magazine,* January

Trade-offs: Emergent Constraints and Their Adaptive Consequences." A dissertation submitted in partial fulfillment of the requirements for the degree of Doctor of Philosophy (Biology), University of Michigan.

21. Here we are referring to fishy fish (e.g., salmon, angelfish, gobies) to distinguish them from all fish, a clade to which we belong. See chapter 2, and also Weinstein, B., On being a fish. *Inference: International Review of Science*, 2(3): September 2016.
22. Schrank, A. J., Webb, P. W., and Mayberry, S., 1999. How do body and paired-fin positions affect the ability of three teleost fishes to maneuver around bends? *Canadian Journal of Zoology*, 77(2): 203–210.
23. The point being that even two qualities that do not appear to be connected are in trade-off relationship with each other. See Weinstein, "Evolutionary Trade-offs."24. A term coined here: Dawkins, R., 1982. *The Extended Phenotype.* Oxford: Oxford University Press.
25. 另一種光合作用是 C4 光合作用。CAM 光合作用中光反應和暗反應在不同時間中作用，C4 光合作用中光反應和暗反應在不同的地點作用，兩者都是對於炎熱乾燥環境的適應，在代謝上比 C3 光合作用更浪費能量。
26. 這是許多年前我們的教授艾斯塔布魯克（George Estabrook）告訴布萊特的。
27. For a fantastic scientific story, see Burr, C., 2004. *The Emperor of Scent: A True Story of Perfume and Obsession.* New York: Random House.
28. Feinstein, J. S., et al., 2013. Fear and panic in humans with bilateral amygdala damage. *Nature Neuroscience,* 16(3): 270–272.

第四章　醫學

1. For a relatively early take, which has become a classic, see Nesse, R., and Williams, G., 1996. *Why We Get Sick: The New Science of Darwinian Medicine.* New York: Vintage.
2. Tenger-Trolander, A., et al., 2019. Contemporary loss of migration in monarch butterflies. *Proceedings of the National Academy of Sciences*, 116(29): 14671–14676.
3. Britt, A., et al., 2002. Diet and feeding behaviour of *Indri indri* in a low-altitude rain forest. *Folia Primatologica*, 73(5): 225–239.
4. The first of Hayek's essays on the topic is: Hayek, F. V., 1942. Scientism and the

International, 24(3): 251–255.

17. Rook, G. A., 2009. Review series on helminths, immune modulation and the hygiene hypothesis: The broader implications of the hygiene hypothesis. *Immunology,* 126(1): 3–11.

18. Chesterton, G. K., 1929. "The Drift from Domesticity." In *The Thing*. Aeterna Press.

19. 適應性地景（adaptive landscape）這個比喻方式通常描述成為有山峰和谷地的區域，但如果要更容易瞭解其中的意義，可以想像在池塘上方有透明的冰層，水中往上浮的氣泡會被困在冰層下方，因為重力的關係，氣泡會往最高點去。那些山峰代表生態系中的機會，氣泡代表了生物，生物會以演化適應的方式，演化到能利用那些機會，重力代表了讓生物改良而符合生態區位的篩選力量。山峰越大，代表生態機會越大。比較厚的冰層像是「谷地」，是阻礙氣泡在山峰間移動的障礙。這個比喻能夠適當說明演化動態的概念，因為這個動態過程基本上違背直覺。舉例來說，如果有一個小氣泡現在在比較低的山峰，而旁邊有一個比較高的山峰代表了更好的機會，你會認為天擇作用會把小氣泡從較低的山峰移到較高的山峰，但這種預期是錯誤的。天擇不會為了讓生物先往下走而把生物變得更不好，正如同重力不會為了讓氣泡移動到更高的位置而先讓氣泡往下沉。氣泡要往下，必須要有其他力量介入，例如有人在冰層上方跳動。除此之外，一個氣泡從低山峰移至高山峰的可能性，並非取決於兩個山峰之間的高度差異，這也與你預想的不同，而真正有關聯的是分隔兩座山峰之間的谷地有多深。谷地越深，要發現機會時的障礙就越大。這個比喻首次由萊特（Wright, S）在 1932 年發表，論文題目為〈演化中突變、內交、雜交和篩選的功用〉，*Proceedings of the Sixth International Congress of Genetics*, 1: 356–366.

20. 有第三種權衡之道，稱為「統計交換」（statistical trade- off），不過實際上這並不是真的交換，而是一種觀察結果：具有數個不尋常特徵的個體，會比只有一個不尋常特徵的個體罕見。想要找一隻灰狗？沒問題。想要找一隻大狗？當然可以。想要找一隻大灰狗？這就比找一隻灰狗或是一隻大狗要難上許多。適應地景這個比喻加以擴充，也可以用來說明權衡之道，我們可以把地景再想像成其中充滿了找尋機會的個體，這樣就能在實際上與比喻上解釋形式的多樣性以及對新空間的探索，請見：Weinstein, B. S., 2009. "Evolutionary

diversity. *Evolution and Human Behavior,* 41(2020): 330–340.

4. Holden, C., and Mace, R., 1997. Phylogenetic analysis of the evolution of lactose digestion in adults. *Human Biology,* 81(5/ 6): 597–620.
5. Flatz, G., 1987. "Genetics of Lactose Digestion in Humans." In *Advances in Human Genetics.* Boston: Springer, 1– 77.
6. Segall, Campbell, and Herskovits, *Influence of Culture,* 32.
7. Owen, N., Bauman, A., and Brown, W., 2009. Too much sitting: A novel and important predictor of chronic disease risk? *British Journal of Sports Medicine,* 43(2): 81–83.
8. Metchnikoff, E., 1903. The Nature of Man, as cited in Keith, A., 1912. The functional nature of the caecum and appendix. *British Medical Journa*l, 2: 1599–1602.
9. 凱西（Keith）：盲腸功能的本質。
10. 對於北極熊來說，白色毛髮具有優點，這是毛髮中沒有了色素所達成的。在裸鼴鼠中，沒有毛髮也能帶來優勢，例如可抵禦寄生蟲，或只因可以省下長毛所需資源，因為牠們生活在能夠隔絕溫度的地底下。
11. Berry, R. J. A., 1900. The true caecal apex, or the vermiform appendix: Its minute and comparative anatomy. *Journal of Anatomy and Physiology,* 35(Part 1): 83–105.
12. Laurin, M., Everett, M. L., and Parker, W., 2011. The cecal appendix: One more immune component with a function disturbed by post-industrial culture. Anatomical Record: Advances in *Integrative Anatomy and Evolutionary Biology,* 294(4): 567–579.
13. Bollinger, R. R., et al., 2007. Biofilms in the large bowel suggest an apparent function of the human vermiform appendix. *Journal of Theoretical Biology,* 249(4): 826–31.
14. Boschi-Pinto, C., Velebit, L., and Shibuya, K., 2008. Estimating child mortality due to diarrhoea in developing countries. *Bulletin of the World Health Organization,* 86: 710–717.
15. Laurin, Everett, and Parker, The cecal appendix, 569._
16. Bickler, S. W., and DeMaio, A., 2008. Western diseases: Current concepts and implications for pediatric surgery research and practice. *Pediatric Surgery*

25. See, for example, Provine, R. R., 2017. Laughter as an approach to vocal evolution: The bipedal theory. *Psychonomic Bulletin & Review,* 24(1): 238–244.
26. Alexander, R. D., 1990. *How Did Humans Evolve? Reflections on the Uniquely Unique Species.* Ann Arbor, MI: Museum of Zoology, University of Michigan. Special Publication No. 1.
27. See, for example, Conard, N. J., 2005. "An Overview of the Patterns of Behavioural Change in Africa and Eurasia during the Middle and Late Pleistocene." In *From Tools to Symbols: From Early Hominids to Modern Human*s, d'Errico, F., Backwell, L., and Malauzat, B., eds. New York: NYU Press, 294–332.
28. Aubert, M., et al., 2014. Pleistocene cave art from Sulawesi, Indonesia. *Nature,* 514 (7521): 223.
29. Hoffmann, D. L., et al., 2018. U- Th dating of carbonate crusts reveals Neandertal origin of Iberian cave art. *Science,* 359(6378): 912–915.
30. Lynch, T. F., 1989. Chobshi cave in retrospect. *Andean Past,* 2(1): 4.
31. Stephens, L., et al., 2019. Archaeological assessment reveals Earth's early transformation through land use. *Science*, 365(6456): 897–902.
32. Using birth and death records of people famous enough during their lifetimes to have their births and deaths recorded, scientists recently mapped cultural centers since the time of the Roman Empire. Schich, M., et al., 2014. A network framework of cultural history. *Science*, 345(6196): 558–562.

第三章　古代的身體 現代的世界

1. Segall, M., Campbell, D., and Herskovits, M. J., 1966. *The Influence of Culture on Visual Perception.* New York: Bobbs- Merrill.
2. Hubel, D. H., and Wiesel, T. N., 1964. Effects of monocular deprivation in kittens. *Naunyn-Schmiedebergs Archiv for Experimentelle Pathologie und Pharmakologie*,248: 492–497.
3. See, for instance, Henrich, J., Heine, S. J., and Norenzayan, A., 2010. The weirdest people in the world? Behavioral and Brain Sciences, 33(2– 3): 61– 83; Gurven, M. D., and Lieberman, D. E., 2020. WEIRD bodies: Mismatch, medicine and missing

13. 特徵（character）是系統分類學的術語，這個領域研究的是生物之間親緣關係的歷史。在一般的說法中，特色（characteristic）這個詞意思相當接近，但只是詞意相近，並不完全相同。
14. Known as Carrier's constraint.
15. 早期哺乳類動物的適應特徵包括了具有四個隔室心臟（血液循環）、橫膈膜（呼吸）、平行前後方向的邁步方式（移動）、結構獨特的內耳（聽覺），最後這點與下顎的一塊骨頭有關：這塊骨頭，再加上顳顬孔，能讓下顎肌附著以產生更強的咬合力。此外，還有腎臟中具備了亨耳氏套（loop of Henle）以精煉排出的含氮廢物。
16. Renne, P. R., et al., 2015. State shift in Deccan volcanism at the Cretaceous-Paleogene boundary, possibly induced by impact. *Science*, 350(6256): 76–78.
17. For example, Silcox, M. T., and López-Torres, S., 2017. Major questions in the study of primate origins. *Annual Review of Earth and Planetary Sciences,* 45: 113–137.
18. 布萊特無法非常確認這個說法。
19. See, for example, Steiper, M. E., and Young, N. M., 2006. Primate molecular divergence dates. Molecular Phylogenetics and Evolution, 41(2): 384–394; Stevens, N. J., et al., 2013. Palaeontological evidence for an Oligocene divergence between Old World monkeys and apes. *Nature*, 497(7451): 611.
20. See, for example, Wilkinson, R. D., et al., 2010. Dating primate divergences through an integrated analysis of palaeontological and molecular data. *Systematic Biology*, 60(1): 16–31.
21. Hobbes, T., 1651. *Leviathan.* Chapter XIII: "Of the Natural Condition of Mankind as Concerning Their Felicity and Misery."
22. Niemitz, C., 2010. The evolution of the upright posture and gait— a review and a new synthesis. *Naturwissenschaften*, 97(3): 241–263.
23. Preuschoft, H., 2004. Mechanisms for the acquisition of habitual bipedality: Are there biomechanical reasons for the acquisition of upright bipedal posture? *Journal of Anatomy,* 204(5): 363–384.
24. Hewes, G. W., 1961. Food transport and the origin of hominid bipedalism. *American Anthropologist,* 63(4): 687–710.

3. The Paleognaths (literally: "old jaws") include most of the flightless clades of birds, but molecular evidence suggests that there were several evolutions of flightlessness, not that they all evolved from a flightless ancestor. Mitchell, K. J., et al., 2014. Ancient DNA reveals elephant birds and kiwi are sister taxa and clarifies ratite bird evolution. *Science*, 344(6186): 898– 900.
4. Espinasa, L., Rivas- Manzano, P., and Pérez, H. E., 2001. A new blind cave fish population of genus Astyanax: Geography, morphology and behavior. *Environmental Biology of Fishes*, 62(1– 3): 339– 344.
5. Welch, D. B. M., and Meselson, M., 2000. Evidence for the evolution of bdelloid rotifers without sexual reproduction or genetic exchange. *Science*, 288(5469): 1211–1215.
6. Gladyshev, E., and Meselson, M., 2008. Extreme resistance of bdelloid rotifers to ionizing radiation. *Proceedings of the National Academy of Sciences*, 105(13): 5139–5144.
7. 事實上，人類所屬的譜系進行有性生殖的時間可能還要早得多，許多人推算是在十億年前到二十億年前。說五億年是保守估計，相當等於脊椎動物最早演化出來的時間。
8. Dunn, C. W., et al., 2014. Animal phylogeny and its evolutionary implications. *Annual Review of Ecology, Evolution, and Systematics*, 45: 371–395.
9. Dunn et al., 2014.
10. Zhu, M., et al., 2013. A Silurian placoderm with osteichthyan- like marginal jaw bones. *Nature*, 502(7470): 188– 193.
11. For more on this kind of thinking, see Weinstein, B., 2016. On being a fish. Inference: *International Review of Science*, 2(3): September 2016. https:// inference-review.com/article/on-being-a-fish.
12. Springer, M. S., et al., 2003. Placental mammal diversification and the Cretaceous–Tertiary boundary. *Proceedings of the National Academy of Sciences*, 100(3): 1056–1061; Foley, N. M., Springer, M. S., and Teeling, E. C., 2016. Mammal madness: Is the mammal tree of life not yet resolved? Philosophical Transactions of the Royal Society B: *Biological Sciences*, 371(1699): 1056–1061.

14. 當演化理論涉及解釋行為和文化時之所以會遭受到反對，原因之一在於演化理論出現後馬上就遭到濫用，並用來打造「社會達爾文主義」這種偽科學的保護傘，以辯護倒退的社會理論和政策。同樣地，譜系（lineage）這詞也遭到了誤用。舉例來說，這種思想上的錯誤衍伸出「鍍金時代」（Gilded Age）富裕美國人的信念，他們認為自己的富裕代表在演化上更為優越，還有整個美國推行了超過百年的絕育政策和納粹主義。這些錯誤代表自然主義謬誤（naturalistic fallacy）的後果：那些當下掌握權力的人在瞭解到人類是演化的產物後，很容易就認為他們手上的權力，是自己優越之處的證明（這是第一個錯誤），並認為這份權力不只自己現在擁有，而且永遠擁有（這是第二個錯誤）。更多的討論請見：N. K. Nittle, 2021。在讓有色人種女性絕育中政府扮演的角色：ThoughtCo. https://www .thoughtco.com/u-s-governments-role-sterilizing-women-of-color-2834600; Radiolab—"G: Unfit" podcast episode, first aired July 17, 2019, download and transcript available at https://www.wnycstudios.org/podcasts/ radiolab/articles/g-unfit.
15. 個人與族群之間的區別至關重要。不論是女性、歐洲人還是慣用右手者，身為某個族群的成員，關於個人的真實顯著狀況很少會被提及，反而讓群體成員多少冠上其他許多特徵。
16. Dawkins, R. 1976. *The Selfish Gene* (30th anniversary ed. [2006]). New York: Oxford University Press, 192.
17. 2014 年 7 月在美國舊金山的鮑曼基金會（Baumann Foundation）活動中，我們受到鮑曼（Peter Baumann）的邀請，首次在課堂之外的地方介紹歐米伽原理。我們的演講長達九小時，分兩天完成，其中包括許多本書中提到的概念。2015 年 4 月在李基基金會（The Leakey Foundation）也進行了類似的演講。我們很感謝這兩個機構提供這個機會。

第二章　人類譜系簡史

1. (Nearly) all of these examples are from Brown, D., 1991. "The Universal People." In *Human Universals*. New York: McGraw Hill.
2. Brunet, T., and King, N., 2017. The origin of animal multicellularity and cell differentiation. *Developmental Cell*, 43(2): 124– 140.

抵達北美洲的時間以及所帶來的影響：*Nature*, 584(7819): 93–97.

6. 這些早期美洲原住民從白令亞陸沿著海岸線南下時，無疑會在寒冷的海水中捕魚，但現在許多人在陸地上生活，發展了新的技能與技術。在還沒有找到永久定居點之前，他們可能到處移動，散播到海岸，然後分散到陸地上。他們可能會停在某個地方好些時間，在容易走動時才出發，這時可能食物比較多了，或是氣候沒那麼危險了。和所有的生物一樣，他們能夠得到的淡水有限，因此他們可能聚集在湖邊。

   他們可能偶遇每年有許多鮭魚洄游的河流。白令亞陸人還在白令亞陸那片平坦的北方土地居住時，可能就會捕捉鮭魚並發展出相關技術，讓他們沿著北美洲海岸南下時能夠一直捉魚。也許鮭魚返回了冰層薄處下流入海的河流，就是那些鮭魚讓白令亞陸人南下，致使他們的旅途不是靠著信仰前進，而是追隨著鮭魚，因為只要有鮭魚的地方就能活下去。或者在他們南下的過程中，技術需要跟著改變，因為地貌和河流狀況會隨緯度而改變，有些族群暫時忘了捕捉鮭魚的方式。因此關於鮭魚的文化記憶休眠了，沒有浮現出來。
7. At least not on Earth.
8. In *Greenes, Groats-worth of Witte, Bought with a Million of Repentance*, a pamphlet published in the name of deceased playwright Robert Greene. 1592.
9. 人類是最特殊的特殊，最獨特的獨特：Alexander, R. D., 1990. *How Did Humans Evolve? Reflections on the Uniquely Unique Species*. Ann Arbor, MI: Museum of Zoology, University of Michigan, Special Publication No. 1.
10. 關於悖論的有趣之處，在於悖論本身不可能是真實的。在這個宇宙的結構下，悖論不可能是真正的矛盾，所有事實需要彼此和諧。這是科學研究工作的基本設想。科學就是在研究能夠調和矛盾的見解。就如同波耳（Niels Bohr）所說：「發現了矛盾真好，這樣我們就有希望取得進展。」
11. See, for instance, any number of works on flow by Mihály Csíkzentmihályi.
12. The Sucker's Folly is related to the economic concept of discounting, as well as to that of the "progress trap," which is well laid out in O'Leary, D. B., 2007. *Escaping the Progress Trap*. Montreal: Geozone Communications.
13. 最近共同祖先（MRCA）是譜系系統學（phylogenetic systematics）中的專門術語，但是為了減少術語，我們使用小寫字體，意思就與字面上的相同。

注釋

引言

1. See Weinstein, E., 2021. "A Portal Special Presentation—Geometric Unity: A First Look." YouTube video, April 2, 2021. https://youtu.be/Z7rd04KzLcg.
2. 事實上，有三種關係相近的邏輯謬誤，分別是自然主義謬誤（naturalistic fallacy）、訴諸自然謬誤（the appeal to nature fallacy）以及應然謬誤（is-ought fallacy）。大部分的人沒有精確做出區別而使用時，會受到哲學家的責備。

第一章　人類的生態區位

1. Tamm, E., et al., 2007. Beringian standstill and spread of Native American founders. *PloS One*, 2(9): e829.
2. 這個主張仍有爭議存在，不過這篇非基礎的文章清楚說明了一些證據：Wade, L., 2017. On the trail of ancient mariners. *Science*, 357(6351): 542– 545.
3. Carrara, P. E., Ager, T. A., and Baichtal, J. F., 2007. Possible refugia in the Alexander Archipelago of southeastern Alaska during the late Wisconsin glaciation. *Canadian Journal of Earth Sciences*, 44(2): 229– 244.
4. 人類何時居住到美洲是個關乎傳奇故事的問題。下面有三篇經過同儕審查的文章，利用不同的證據指出白令亞陸人至少在一萬六千年前抵達了新世界：Dillehay, T. D., et al., 2015. New archaeological evidence for an early human presence at Monte Verde, Chile. *PloS One*, 10(11): e0141923; Llamas, B., et al., 2016. Ancient mitochondrial DNA provides high-resolution time scale of the peopling of the Americas. Science Advances, 2(4): e1501385; Davis, L. G., et al., 2019. Late Upper Paleolithic occupation at Cooper's Ferry, Idaho, USA, ~16,000 years ago. Science, 365(6456): 891–897.
5. 在墨西哥高海拔地區的洞穴中留下的文化製品，可成為人類更早抵達美洲的證據：Ardelean, C. F., et al., 2020. 人類約在末次冰盛期就住在墨西哥的證據：*Nature*, 584(7819): 87–92; Becerra-Valdivia, L., and Higham, T., 2020. 人類最初

鷹之喙 06

21世紀狩獵採集者的生存指南：讓演化生物學為你的人生效力

A Hunter-Gatherer's Guide to the 21st Century：Evolution and the Challenges of Modern Life

作　　者　希瑟・赫因（HEATHER HEYING）、
　　　　　布萊特・韋恩斯坦（BRET WEINSTEIN）
譯　　者　鄧子衿

總 編 輯　成怡夏
責任編輯　成怡夏
行銷總監　蔡慧華
封面設計　莊謹銘
內頁排版　宸遠彩藝

出　　版　遠足文化事業股份有限公司 鷹出版
發　　行　遠足文化事業股份有限公司（讀書共和國出版集團）
　　　　　231 新北市新店區民權路 108 之 2 號 9 樓
客服信箱　gusa0601@gmail.com
電　　話　02-22181417
傳　　真　02-86611891
客服專線　0800-221029

法律顧問　華洋法律事務所 蘇文生律師
印　　刷　成陽印刷股份有限公司

初　　版　2024 年 3 月
定　　價　520 元

I S B N　978-626-7255-32-2
　　　　　978-626-7255-31-5（PDF）
　　　　　978-626-7255-30-8（EPUB）

國家圖書館出版品預行編目 (CIP) 資料

21 世紀狩獵採集者的生存指南：讓演化生物學為你的人生效力 / 希瑟 . 赫因 (Heather Heying), 布萊特 . 韋恩斯坦 (Bret Weinstein) 作 ; 鄧子衿譯 . -- 初版 . -- 新北市 : 遠足文化事業股份有限公司鷹出版 : 遠足文化事業股份有限公司發行 , 2024.03
面 ; 公分 . -- (鷹之喙 ; 6)

譯自 : A hunter-gatherer'sguide to the 21st century : evolution and the challenges of modern life.
ISBN 978-626-7255-32-2(平裝)

1. 人類生態學　2. 演化生物學　3. 人類演化　4. 生物多樣性

391.5　113001421